水资源管理与环境监测技术

武 建 代永辉 郭金星◎ 著

吉林科学技术出版社

图书在版编目（CIP）数据

水资源管理与环境监测技术 / 武建，代永辉，郭金
星著. -- 长春：吉林科学技术出版社，2021.10
ISBN 978-7-5578-8853-4

Ⅰ. ①水… Ⅱ. ①武… ②代… ③郭… Ⅲ. ①水资源
管理②水环境－环境监测 Ⅳ. ①TV213.4②X832

中国版本图书馆 CIP 数据核字(2021)第 211184 号

水资源管理与环境监测技术
SHUIZIYUAN GUANLI YU HUANJING JIANCE JISHU

著　武　建　代永辉　郭金星
责任编辑　程　程
幅面尺寸　185mm×260mm　1/16
字　　数　386 千字
印　　张　17
版　　次　2023 年 6 月第 1 版
印　　次　2023 年 6 月第 1 次印刷

出　　版　吉林科学技术出版社
发　　行　吉林科学技术出版社
地　　址　长春市净月区福祉大路 5788 号
邮　　编　130118
发行部电话/传真　0431-81629529　81629530　81629531
　　　　　　　　　　81629532　81629533　81629534

储运部电话　0431-86059116

编辑部电话　0431-81629518
印　　刷　北京四海锦诚印刷技术有限公司

书　　号　ISBN 978-7-5578-8853-4
定　　价　70.00 元

前　言

近些年来，随着我国社会经济的快速发展，水资源环境污染逐渐变得严重，越来越多的人开始认识到了水资源对人类日常生产和生活产生的关键性影响。而水资源监测工作就是为了有效管理水资源，确保水体质量的安全性。水资源不仅满足了经济社会发展的需求，也有利于防汛抗旱和保护生态环境。相关部门要结合我国水资源的实际情况，来对水资源环境监测工作加以重视，加大监测设施的投资力度和科技研发力度，及时掌握其发展动态，有效提升水资源的测报和服务能力，从而让我国的水资源能够有效地发挥其应有的作用。本书《水资源管理与环境监测技术》围绕着水资源环境监测进行了探究，积极寻找能够有效的保障人们的用水安全的措施。

水资源是生态环境中的重要组成部分之一，其受到国家和社会的高度重视，而水资源环境的检测是一种非常重要的保护措施，也是保障水质安全，预防水体污染的重要方法。因此本文阐述了水资源环境的检测内容和水资源环境检测工作的重要性，详细分析了水资源环境监测工作中所存在的问题，并提出了提升水资源环境监测工作质量的策略，衷心希望本书能够为水资源环境监测工作提供参考性的意见。

本书由山东省水利勘测设计院有限公司武建、黄河水利委员会山东水文水资源局代永辉、黄河水利委员会山东水文水资源局郭金星、黄河水利委员会河南水文水资源局张团结和邵松涛共同撰写。具体撰写分工如下：第一章和第七章由武建撰写，共计十一万字；第二章和第三章由张团结撰写，共计六万字；第四章和第五章由邵松涛撰写，共计六万字；第六章由郭金星撰写，共计六万字；第八章由代永辉撰写，共计九万字。全书由武建负责审校、统稿。

在本书的编写过程中，参阅了大量的著作、论文，查阅和引用了网络、期刊等相关资料，因涉及内容较多，无法一一列出，在此谨向这些作者致以衷心的感谢！此外，由于水平有限，书中的疏漏甚至错误在所难免，恳请读者和专家批评指正。

目　录

第一章　水资源保护

第一节　水资源保护概述

水是生命的源泉，它滋润了万物，哺育了生命。我们赖以生存的地球有 70% 是被水覆盖着，而其中 97% 为海水，与我们生活关系最为密切的淡水只有 3%，而淡水中又有 70% ~ 80% 为川淡水，目前很难利用。因此，我们能利用的淡水资源是十分有限的，并且受到污染的威胁。

中国水资源分布存在如下特点：总量不丰富，人均占有量更低；地区分布不均，水土资源不相匹配；年内年际分配不匀，旱涝灾害频繁。而水资源开发利用中的供需矛盾日益加剧。首先是农业干旱缺水，随着经济的发展和气候的变化，中国农业特别是北方地区农业干旱缺水状况加重，干旱缺水成为影响农业发展和粮食安全的主要制约因素。其次是城市缺水，中国城市缺水，特别是改革开放以来，城市缺水愈来愈严重。同时，农业灌溉造成水的浪费，工业用水浪费也很严重，城市生活污水浪费惊人。

目前，中国的水资源环境污染已经十分严重，根据中国环保局的有关报道：中国的主要河流有机污染严重，水源污染日益突出。大型淡水湖泊中大多数湖泊处在富营养状态，水质较差。另外，全国大多数城市的地下水受到污染，局部地区的部分指标超标。由于一些地区过度开采地下水，导致地下水位下降，引发地面的坍塌和沉陷、地裂缝和海水入侵等地质问题，并形成地下水位降落漏斗。

农业、工业和城市供水需求量不断提高导致了有限的淡水资源更为紧张。为了避免水危机，我们必须保护水资源。水资源保护是指为防止因水资源不恰当利用造成的水源污染和破坏而采取的法律、行政、经济、技术、教育等措施的总和。水资源保护的主要内容包括水量保护和水质保护两方面。在水量保护方面，主要是对水资源统筹规划、涵养水源、调节水量、科学用水、节约用水、建设节水型工农业和节水型社会。在水质保护方面，主要是制订水质规划，提出防治措施。具体工作内容是制定水环境保护法规和标准；进行水质调查、监测与评价；研究水体中污染物质迁移、污染物质转化和污染物质降解与水体自净作用的规律；建立水质模型，制定水环境规划；实行科学的水质管理。

水资源保护的核心是根据水资源时空分布、演化规律，调整和控制人类的各种取用水行为，使水资源系统维持一种良性循环的状态，以达到水资源的可持续利用。水资源保护不是以恢复或保持地表水、地下水天然状态为目的的活动，而是一种积极的、促进水资源开发利用更合理、更科学的问题。水资源保护与水资源开发利用是对立统一的，两者既相互制约，又相互促进。保护工作做得好，水资源才能可持续开发利用；开发利用科学合理了，也就达到了保护的目的。

水资源保护工作应贯穿在人与水的各个环节中。从更广泛的意义上讲，正确客观地调查、评价水资源，合理地规划和管理水资源，都是水资源保护的重要手段，因为这些工作是水资源保护的基础。从管理的角度来看，水资源保护主要是"开源节流"、防治和控制水资源污染。它一方面涉及水资源、经济、环境三者平衡与协调发展的问题，另一方面还涉及各地区、各部门、集体和个人用水利益的分配与调整。这里面既有工程技术问题，也有经济学和社会学问题。同时，还要广大群众积极响应，共同参与，就这一点来说，水资源保护也是一项社会性的公益事业。

第二节　天然水的组成与性质

一、水的基本性质

1. 水的分子结构

水分子是由一个氧原子和两个氢原子过共价键键合所形成。由于氧原子的电负性大于氢原子，O–H 的成键电子对更趋向于氧原子而偏离氢原子，从而氧原子的电子云密度大于氢原子，使得水分子具有较大的偶极矩（$\mu=1.84D$），是一种极性分子。水分子的这种性质使得自然界中具有极性的化合物容易溶解在水中。水分子中氧原子的电负性大，O–H 的偶极矩大，使氢原子部分正电荷，可以把另一个水分子中的氧原子吸引到很近的距离形成氢键。水分子间氢键能为 18.81KJ/mol，约为 O–H 共价键的 1/20 氢键的存在，增强了水分子之间的作用力。冰融化成水或者水汽化生成水蒸气，都需要在环境中吸收能量来破坏氢键。

2. 水的物理性质

水是一种无色、无味、透明的液体，主要以液态、固态、气态三种形式存在。水本身也是良好的溶剂，大部分无机化合物可溶于水。由于水分子之间氢键的存在，使水具有许多不同于其他液体的物理、化学性质，从而决定了水在人类生命过程和生活环境中无可替代的作用。

（1）凝固（熔）点和沸点

在常压条件下，水的凝固点为 0℃，沸点为 100℃。水的凝固点和沸点与同一主族元素的其他氢化物熔点、沸点的递变规律不相符，这是由于水分子间存在氢键的作用。水的分子间形成的氢键会使物质的熔点和沸点升高，这是因为固体熔化或液体汽化时必须破坏分子间的氢键，从而需要消耗较多能量的缘故。水的沸点会随着大气压力的增加而升高，而水的凝固点随着压力的增加而降低。

（2）密度

在大气压条件下，水的密度在4℃时最大，为$1 \times 10^3 kg/m^3$，温度高于4℃时，水的密度随温度升高而减小，在0～4℃时，密度随温度的升高而增加。

水分子之间能通过氢键作用发生缔合现象。水分子的缔合作用是一种放热过程，温度降低，水分子之间的缔合程度增大。当温度≤0℃，水以固态的冰的形式存在时，水分子缔合在一起成为一个大的分子。冰晶体中，水分子中的氧原子周围有四个氢原子，水分子之间构成了一个四面体状的骨架结构。冰的结构中有较大的空隙，所以冰的密度反比同温度的水小。

当冰从环境中吸收热量，融化生成水时，冰晶体中一部分氢键开始发生断裂，晶体结构崩溃，体积减小，密度增大。当进一步升高温度时，水分子间的氢键被进一步破坏，体积进而继续减小，使得密度增大；同时，温度的升高增加了水分子的动能，分子振动加剧，水具有体积增加而密度减小的趋势。在这两种因素的作用下，水的密度在4℃时最大。

水的这种反常的膨胀性质对水生生物的生存发挥了重要的作用。因为寒冷的冬季，河面的温度可以降低到冰点或者更低，这是无法适合动植物生存的。当水结冰的时候，冰的密度小，浮在水面，4℃的水由于密度最大，而沉降到河底或者湖底，可以保水下生物的生存。而当天暖的时候，冰在上面也是最先融化。

（3）高比热容、高汽化热

水的比热容为$4.18 \times 10^3 J/(kg \cdot K)$，是常见液体和固体中最大的。水的汽化热也极高，在2℃下为$2.4 \times 10^3 (KJ/kg)$。正是由于这种高比热容、高汽化热的特性，地球上的海洋、湖泊、河流等水体白天吸收到达地表的太阳光热能，夜晚又将热能释放到大气中，避免了剧烈的温度变化，使地表温度长期保持在一个相对恒定的范围内。通常生产上使用水做传热介质，除了它分布广外，主要是利用水的高比热容的特性。

（4）高介电常数

水的介电常数在所有的液体中是最高的，可使大多数蛋白质、核酸和无机盐能够在其中溶解并发生最大限度的电离，这对营养物质的吸收和生物体内各种生化反应的进行具有重要意义。

（5）水的依数性

水的稀溶液中，由于溶质微粒数与水分子数的比值的变化，会导致水溶液的蒸汽压、凝固点、沸点和渗透压发生变化。

（6）透光性

水是无色透明的，太阳光中可见光和波长较长的近紫外线部分可以透过，使水生植物光合作用所需的光能够到达水面以下的一定深度，而对生物体有害的短波远紫外线则几乎不能通过。这在地球上生命的产生和进化过程中起到了关键性的作用，对生活在水中的各种生物具有至关重要的意义。

　　3. 水的化学性质

　　（1）水的化学稳定性

　　在常温常压下，水是化学稳定的，很难分解产生氢气和氧气。在高温和催化剂存在的条件下，水会发生分解，同时电解也是水分解的一种常用方式。

　　水在直流电作用下，分解生成氢气和氧气，工业上用此法制纯氢和纯氧。

　　（2）水合作用

　　溶于水的离子和极性分子能够与水分子发生水合作用，相互结合，生成水合离子或者水合分子。这一过程属于放热过程。水合作用是物质溶于水时必然发生的一个化学过程，只是不同的物质水合作用方式和结果不同。

　　（3）水解反应

　　物质溶于水所形成的金属离子或者弱酸根离子能够与水发生水解反应，弱酸根离子发生水解反应，生成相应的共轭酸。

二、天然水的组成

　　天然水在形成和迁移的过程中与许多具有一定溶解性的物质相接触，由于溶解和交换作用，使得天然水体富含有各种化学组分。天然水体所含有的物质主要包括无机离子、溶解性气体、微量元素、水生生物、有机物以及泥沙和黏土等。

　　1. 天然水中的主要离子

　　重碳酸根离子和碳酸根离子在天然水体中的分布很广，几乎所有水体都有它的存在，主要来源于碳酸盐矿物的溶解。一般河水与湖水中 HCO_3 不超过 250mg/L，而在地下水中的含量则略高。造成这种现象的原因在于在水中如果要保持大量的重碳酸根离子，则必须有大量的二氧化碳，而空气中二氧化碳的分压很小、二氧化碳很容易从水中逸出。

　　天然水中的氯离子是水体中常见的一种阴离子，主要来源于火成岩的风化产物和蒸发盐矿物。它在水中有广泛分布，在水中含量变化范围很大，一般河流和湖泊中含量很小，要用 mg/L 来表示。但随着水矿化度的增加，氯离子的含量也在增加，在海水以及部分盐湖中，氯离子含量达到十几 g/L 以上，而且成为主要阴离子。

　　硫酸根离子是天然水中重要的阴离子，主要来源于石膏的溶解、自然硫的氧化、硫化物的氧化、火山喷发产物、含硫植物及动物体的分解和氧化。硫酸盐含量不高时，对人体健康几乎没有影响，但是当含量超过 250mg/L 时，有致泻作用，同时高浓度的硫酸盐会使水有微苦涩味，因此，国家饮用水水质标准规定饮用水中的硫酸盐含量不超过 250mg/L。

　　钙离子是大多数天然淡水的主要阳离子。钙广泛地分布于岩石中，沉积岩中方解石、石膏和萤石的溶解是钙离子的主要来源。河水中的钙离子含量一般为 20mg/L 左右。镁离子主要来自白云岩以及其他岩石的风化产物的溶解，大多数天然水中镁离子的含量在 1 ~ 40mg/L，一般很少有以镁离子为主要阳离子的天然水。通常在淡水中的阳离子以钙离子为主；在咸水中则以钠离子为主。水中的钙离子和镁离子的总量称为水体的总硬度。硬度的单位为度，硬度为 1 度的水体相当于含有 10mg/L 的 CaO。

水体过软时，会引起或加剧身体骨骼的某些疾病。因此，水体中适当的钙含量是人类生活不可或缺的。但水体的硬度过高时，饮用会引起人体的肠胃不适，同时也不利于人们生活中的洗涤和烹饪；当高硬度水用于锅炉时，会在锅炉的内壁结成水垢，影响传热效率，严重时还会引起爆炸，所以高硬度水用于工业生产中应该进行必要的软化处理。

钠离子主要来自火成岩的风化产物，天然水中的含量在 1~500 mg/L 范围内变化。含钠盐过高的水体用于灌溉时，会造成土壤的盐渍化，危害农作物的生长。同时，钠离子具有固定水分的作用，原发性高血压病人和浮肿病人需要限制钠盐的摄取量。钾离子主要分布于酸性岩浆岩及石英岩中，在天然水中的含量要远低于钠离子。在大多数饮用水中，钾离子的含量一般小于 20 mg/L；而某些溶解性固体含量高的水和温泉中，钾离子的含量可高达到 10~100 mg/L。

2. 溶解性气体

天然水体中的溶解性气体主要有氧气、二氧化碳、硫化氢等。

天然水中的溶解性氧气主要来自大气的复氧作用和水生植物的光合作用。溶解在水体中的分子氧称为溶解氧，溶解氧在天然水中起着非常重要的作用。水中动植物及微生物需要溶解氧来维持生命，同时溶解氧是水体中发生的氧化还原反应的主要氧化剂，此外水体中有机物的分解也是好氧微生物在溶解氧的参与下进行的。水体的溶解氧是一项重要的水质参数，溶解氧的数值不仅受大气复氧速率和水生植物的光合速率影响，还受水体中微生物代谢有机污染物的速率影响。当水体中可降解的有机污染物浓度不是很高时，好氧细菌消耗溶解氧分解有机物，溶解氧的数值降低到一定程度后不再下降；而当水体中可降解的有机污染物较高，超出了水体自然净化的能力时，水体中的溶解氧可能会被耗尽，厌氧细菌的分解作用占主导地位，从而产生臭味。

天然水中的二氧化碳主要来自水生动植物的呼吸作用。从空气中获取的二氧化碳几乎只发生在海洋中，陆地上的水体很少从空气中获取二氧化碳，因为陆地水中的二氧化碳含量经常超过它与空气中二氧化碳保持平衡时的含量，水中的二氧化碳会逸出。河流和湖泊中二氧化碳的含量一般不超过 20~30 mg/L。

天然水中的硫化氢来自水体底层中各种物残骸腐烂过程中含硫蛋白质的分解，水中的无机硫化物或硫酸盐在缺氧条件下，也可还原成硫化氢。一般来说硫化氢位于水体的底层，当水体受到扰动时，硫化氢气体就会从水体中逸出。当水体中的硫化氢含量达到 10 mg/L 时，水体就会发出难闻的臭味。

3.微量元素

所谓微量元素是指在水中含量小于 0.1% 的元素。在这些微量元素中比较重要的有卤素（氟、溴、碘）、重金属（铜、锌、铅、钴、镍、钛、汞、镉）和放射性元素等。尽管微量元素的含量很低，但与人的生存和健康息息相关，对人的生命起至关重要的作用。它们的摄入过量、不足、不平衡或缺乏都会不同程度地引起人体生理的异常或发生疾病。

4.水生生物

天然水体中的水生生物种类繁多，有微生物、藻类以及水生高等植物、各种无脊椎动物和脊椎动物。水体中的微生物是包括细菌、病毒、真菌以及一些小型的原生动物、微藻类等在内的一大类生物群体，它个体微小，却与水体净化能力关系密切。微生物通过自身的代谢作用（异化作用和同化作用）使水中悬浮和溶解在水里的有机物污染物分解成简单、稳定的无机物二氧化碳。水体中的藻类和高级水生植物通过吸附、利用和浓缩作用去除或者降低水体中的重金属元素和水体中的氮、磷元素。生活在水中的较高级动物如鱼类，对水体的化学性质影响较小，但是水质对鱼类的生存影响却很大。

5.有机物

天然水体的有机物主要来源于水体和土壤中的生物的分泌物和生物残体以及人类生产生活所产生的污水，包括碳水化合物、蛋白质、氨基酸、脂肪酸、色素、纤维素、腐殖质等。水中的可降解有机物的含量较高时，有机物的降解过程中会消耗大量的溶解氧，导致水体腐败变臭。当饮用水源水有机物含量比较高时，会降低水处理工艺的处理效果，并且会增加消毒副产物的生成量。

第三节　水体污染

一、天然水的污染及主要污染物

1.水体污染

水污染主要是由于人类排放的各种外源性物质进入水体后，而导致其化学、物理、生物或者放射性等方面特性的改变，超出了水体本身自净作用所能承受的范围，造成水质恶化的现象。

2.污染源

造成水体污染的因素是多方面的，如向水体排放未经妥善处理的城市污水和工业废水；施用化肥、农药及城市地面的污染物被水冲刷而进入水体；随大气扩散的有毒物质通过重力沉降或降水过程而进入水体等。

按照污染源的成因进行分类，可以分成自然污染源和人为污染源两类。自然污染源是因自然因素引起污染的，如某些特殊地质条件（特殊矿藏、地热等）、火山爆发等。由于现代人们还无法完全对许多自然现象实行强有力的控制，因此也难控制自然污染源。人为污染源是指由于人类活动所形成的污染源，包括工业、农业和生活等所产生的污染源。人为污染源是可以控制的，但是不加控制的人为污染源对水体的污染远比自然污染源所引起的水体污染程度严重。人为污染源产生的污染频率高、污染的数量大、污染的种类多、污染的危害深，是造成水环境污染的主要因素。

按污染源的存在形态进行分类，可以分为点源污染和面源污染。点源污染是以点状形式排放而使水体造成污染，如工业生产水和城市生活污水。它的特点是排污经常，污染物量多且成分复杂，依据工业生产废水和城市生活污水的排放规律，具有季节性和随机性，它的量可以直接测定或者定量化，其影响可以直接评价。而面源污染则是以面积形式分布和排放污染物而造成水体污染，如城市地面、农田、林田等。面源污染的排放是以扩散方式进行的，时断时续，并与气象因素有联系，其排放量不易调查清楚。

3. 天然水体的主要污染物

天然水体中的污染物质成分极为复杂，从化学角度分为四大类：

（1）无机无毒物：酸、碱、一般无机盐、氮、磷等植物营养物质。

（2）无机有毒物：重金属、砷、氰化物、氟化物等。

（3）有机无毒物：碳水化合物、脂肪、蛋白质等。

（4）有机有毒物：苯酚、多环芳烃、PGB 有机氯农药等。

水体中的污染物从环境科学角度可以分为耗氧有机物、重金属、营养物质、有毒有机污染物、酸碱及一般无机盐类、病原微生物等。

（1）耗氧有机物

生活污水、牲畜饲料及污水和造纸、制革、奶制品等工业废水中含有大量的碳水化合物、蛋白质、脂肪、木质素等有机物，它们属于无毒有机物。但是如果不经处理直接排入自然水体中，经过微生物的生化作用，最终分解为二氧化碳和水等简单的无机物。在有机物的微生物降解过程中，会消耗水体中大量的溶解氧，水中溶解氧浓度下降。当水中的溶解氧被耗尽时，会导致水体中的鱼类及其他需氧生物因缺氧而死亡，同时在水中厌氧微生物的作用下，会产生有害的物质如甲烷、氨和硫化氢等，使水体发臭变黑。

（2）重金属污染物

矿石与水体的相互作用以及采矿、冶炼、电镀等工业废水的泄漏会使得水体中有一定量的重金属物质，如汞、铅、铜、锌等。这些重金属物质在水中达到很低的浓度便会产生危害，这是由于它们在水体中不能被微生物降解，而只能发生各种形态相互转化和迁移。

重金属物质除被悬浮物带走外，会由于沉淀作用和吸附作用而富集于水体的底泥中，成为长期的次生污染源；同时，水中氯离子、硫酸离子、氢氧离子、腐殖质等无机和有机配位体会与其生成络合物或整合物，导致重金属有更大的水溶解度而从底泥中重新释放出来。人类如果长期食用重金属污染的水、农作物、鱼类、贝类，有害重金属为人体所摄取，积累于体内，对身体健康产生不良影响，致病甚至危害生命。例如，金属汞中毒所引起的水俣病。1956年，日本一家氮肥公司排放的废水中含有汞，这些废水排入海湾后经过生物的转化，形成甲基汞，经过海水底泥和鱼类的富集，又经过食物链使人中毒，中毒后产生发疯痉挛症状。人长期饮用被镉污染的河水或者食用含镉河水浇灌生产的稻谷，就会得"骨痛病"。病人骨骼严重畸形、剧痛，身长缩短，骨脆易折。

（3）植物营养物质

营养性污染物是指水体中含有的可被水体中微型藻类吸收利用并可能造成水体中藻类大量繁殖的植物营养元素，通常是指含有氮元素和磷元素的化合物。

（4）有毒有机物

有毒有机污染物指酚、多环芳烃和各种人工合成的并具有积累性生物毒性的物质，如多氯农药、有机氯化物等持久性有机毒物，以及石油类污染物质等。

（5）酸碱及一般无机盐类

这类污染物主要是使水体pH值发生变化，抑制细菌及微生物的生长，降低水体自净能力。同时，增加水中无机盐类和水的硬度，给工业和生活用水带来不利因素，也会引起土壤盐渍化。

酸性物质主要来自酸雨和工厂酸洗水、硫酸、黏胶纤维、酸法造纸厂等产生的酸性工业废水。碱性物质主要来自造纸、化纤、炼油、皮革等工业废水。酸碱污染不仅可腐蚀船舶和水上构筑物，而且改变水生生物的生活条件，影响水的用途，增加工业用水处理费用等。含盐的水在公共用水及配水管留下水垢，增加水流的阻力和降低水管的过水能力。硬水将影响纺织工业的染色、啤酒酿造及食品罐头产品的质量。碳酸盐硬度容易产生锅垢，因而降低锅炉效率。酸性和碱性物质会影响水处理过程中絮体的形成，降低水处理效果。长期灌溉pH>9的水，会使蔬菜死亡。可见水体中的酸性、碱性以及盐类含量过高会给人类的生产和生活带来危害。但水体中的盐类是人体不可缺少的成分，对于维持细胞的渗透压和调节人体的活动起到重要意义，同时，适量的盐类亦会改善水体的口感。

（6）病原微生物污染物

病原微生物污染物主要是指病毒、病菌、寄生虫等，主要来源于制革厂、生物制品厂、洗毛厂、屠宰场、医疗单位及城市生活污水等。危害主要表现为传播疾病：病菌可引起痢疾、伤寒、霍乱等；病毒可引起病毒性肝炎、小儿麻痹等；寄生虫可引起血吸虫病，钩端螺旋体病等。

二、水体自净

污染物随污水排入水体后，经过物理、化学与生物的作用，使污染物的浓度降低，受污染的水体部分地或完全地恢复到受污染前的状态，这种现象称为水体自净。

1. 水体自净作用

水体自净过程非常复杂，按其机理可分为物理净化作用、化学及物理化学净化作用和生物净化作用。水体的自净过程是三种净化过程的综合，其中以生物净化过程为主。水体的地形和水文条件、水中微生物的种类和数量、水温和溶解氧的浓度、污染物的性质和浓度都会影响水体自净过程。

（1）物理净化作用

水体中的污染物质由于稀释、扩散、挥发、沉淀等物理作用而使水体污染物质浓度降低的过程，其中稀释作用是一项重要的物理净化过程。

（2）化学及物理化学作用

水体中污染物通过氧化、还原、吸附、酸碱中和等反应而使其浓度降低的过程。

（3）生物净化作用

由于水生生物的活动，特别是微生物对有机物的代谢作用，使得污染物的浓度降低的过程。

影响水体自净能力的主要因素有污染物的种类和浓度、溶解氧、水温、流速、流量、水生生物等。当排放至水体中的污染物浓度不高时，水体能够通过水体自净功能使水体的水质部分或者完全恢复到受污染前的状态。

但是当排入水体的污染物的量很大时，在没有外界干涉的情况下，有机物的分解会造成水体严重缺氧，形成厌氧条件，在有机物的厌氧分解过程中会产生硫化氢等有毒臭气。水中溶解氧是维持水生生物生存和净化能力的基本条件，往往也是衡量水体自净能力的主要指标。水温影响水中饱和溶解氧浓度和污染物的降解速率。水体的流量、流速等水文水力学条件，直接影响水体的稀释、扩散能力和水体复氧能力。水体中的生物种类和数量与水体自净能力关系密切，同时也反映了水体污染自净的程度和变化趋势。

2. 水环境容量

水环境容量指在不影响水的正常用途的情况下，水体所能容纳污染物的最大负荷量，因此又称为水体负荷量或纳污能力。水环境容量是制定地方性、专业性水域排放标准的依据之一，环境管理部门还利用它确定在固定水域到底允许排入多少污染物。水环境容量由两部分组成，一是稀释容量也称差值容量，二是自净容量也称同化容量。稀释容量是由于水的稀释作用所致，水量起决定作用。自净容量是水的各种自净作用综合的去污容量。对于水环境容量，水体的运动特性和污染物的排放方式起决定作用。

第四节　水质模型

一、水质模型的发展

水质模型是根据物理守恒原理，用数学的语言和方法描述参加水循环的水体中水质组分所发生的物理、化学、生物化学和生态学诸方面的变化、内在规律和相互关系的数学模型。它是水环境污染治理、规划决策分析的重要工具。对现有模型的研究是改良其功效、设计新型模型所必需的，为水环境规划治理提供更科学更有效决策的基础，是设计出更完善更能适应复杂水环境预测评价模型的依据。

自 1925 年建立的第一个研究水体 BOD-DO 变化规律的 Streeter-Phelps 水质模型以来，水质模型的研究内容与方法不断改进与完善。在对水体的研究上，从河流、河口到湖泊水库、海湾；在数学模型空间分布特性上，从零维、一维发展到二维、三维；在水质模型的数学特性上，由确定性发展为随机模型；在水质指标上，从比较简单的生物需氧量和溶解氧两个指标发展到复杂多指标模型。

其发展历程可以分为以下三个阶段：

第一阶段（20 世纪 20 年代中期～70 年代初期）：是地表水质模型发展的初级阶段，该阶段模型是简单的氧平衡模型，主要集中于对氧平衡的研究，也涉及一些非耗氧物质，属于一种维稳态模型。

第二阶段（20 世纪 70 年代初期～80 年代中期）：是地表水质模型的迅速发展阶段，随着对污染水环境行为的深入研究，传统的氧平衡模型已不能满足实际工作的需要，描述同一个污染物由于在水体中存在状态和化学行为的不同而表现出完全不同的环境行为和生态效应的形态模型出现。由于复杂的物理、化学和生物过程，释放到环境中的污染物在大气、水、土壤和植被等许多环境介质中进行分配，由污染物引起的可能的环境影响与他们在各种环境单元中的浓度水平和停留时间密切相关，为了综合描述它们之间的相互关系，产生了多介质环境综合生态模型，同时由一维稳态模型发展到多维动态模型，水质模型更接近于实际。

第三阶段（20 世纪 80 年代中期至今）：是水质模型研究的深化、完善与广泛应用阶段，科学家的注意力主要集中在改善模型的可靠性和评价能力的研究。该阶段模型的主要特点是考虑水质模型与面源模型的对接，并采用多种新技术方法，如随机数学、模糊数学、人工神经网络、专家系统等。

二、水质模型的分类

自第一个水质数学模型 Streeter-Phelps 模型应用于环境问题的研究以来，已经历了 70 多年。科学家已研究了各种类型的水体并提出了许多类型的水质模型，用于河流、河口、水库以及湖泊的水质预报和管理。根据其用途、性质以及系统工程的观点，大致有以下几种分类：

1. 根据水体类型分类

以管理和规划为目的，水质模型可分为三类，即河流的、河口的（包括潮汐的和非潮汐的）和湖泊（水库）的水质模型。河流的水质模型比较成熟，研究得亦比较深，而且能较真实地描述水质行为，所以用得较普遍。

2. 根据水质组分分类

根据水质组分划分，水质模型可以分为单一组分的、耦合的和多重组分的三类。其中 BOD-DO 耦合水质模型是能够比较成功地描述受有机物污染的河流的水质变化。多重组分水质模型比较复杂，它考虑的水质因素比较多，如综合的水生生态模型。

3. 根据系统工程观点分类

从系统工程的观点，可以分为稳态和非稳态水质模型。这两类水质模型的不同之处在于水力学条件和排放条件是否随时间变化。不随时间变化的为稳态水质模型，反之为非稳态水质模型。对于这两类模型，科学研究工作者主要研究河流水质模型的边界条件，即在什么条件下水质处于较好的状态。稳态水质模型可用于模拟水质的物理、化学、生物和水力学的过程，而非稳态模型可用于计算径流、暴雨等过程，即描述水质的瞬时变化。

4. 根据所描述数学方程解分类

根据所描述的数学方程的解，水质模型有准理论模型和随机水质模型。以宏观的角度来看，准理论模型用于研究湖泊、河流以及河口的水质，这些模型考虑了系统内部的物理、化学、生物过程及流体边界的物质和能量的交换。随机模型来描述河流中物质的行为是非常困难的，因为河流水体中各种变量必须根据可能的分布，而不是它们的平均值或期望值来确定。

5. 根据反应动力学性质分类

根据反应动力学性质，水质模型分为纯化反应模型、迁移和反应动力学模型、生态模型，其中生态模型是一个综合的模型。它不仅包括化学、生物的过程，而且包括水质迁移以及各种水质因素的变化过程。

6. 根据模型性质分类

根据模型的性质，可以分为黑箱模型、白箱模型和灰箱模型。黑箱模型由系统的输入直接计算出输出，对污染物在水体中的变化一无所知；白箱模型对系统的过程和变化机制有完全透彻的了解；灰箱模型界于黑箱与白箱之间，目前所建立的水质数学模型基本上都属于灰箱模型。

三、水质模型的应用

水质模型之所以受到科学工作者的高度重视，除了其应用范围广外，还因为在某些情况下它起着重要作用。例如，新建一个工业区，为了评估它产生的污水对受纳水体所产生的影响，用水质模型来进行评价就至关重要，以下将对水质模型的应用进行简要评述。

1. 污染物水环境行为的模拟和预测

污染物进入水环境后，由于物理、化学和生物作用的综合效应，其行为的变化是十分复杂的，很难直接认识它们。这就需要用水质模型（水环境数学模型）对污染物水环境的行为进行模拟和预测，以便给出全面而清晰的变化规律及发展趋势。用模型的方法进行模拟和预测，既经济又省时，是水环境质量管理科学决策的有效手段。但由于模型本身的局限性，以及对污染物水环境行为认识的不确定性，计算结果与实际测量之间往往有较大的误差，所以模型的模拟和预测只是给出了相对变化值及其趋势。对于这一点，水质管理决策者们应特别注意。

2. 水质管理规划

水质规划是环境工程与系统工程相结合的产物，它的核心部分是水环境数学模型。确定允许排放量等水质规划，常用的是氧平衡类型的数学模型。求解污染物去除率的最佳组合，关键是目标函数的线性化。而流域的水质规划是区域范围的水资源管理，是一个动态过程，必须考虑三方面的问题：首先，水资源利用利益之间的矛盾；其次，水文随机现象使天然系统动态行为（生活、工业、灌溉、废水处置、自然保护）预测的复杂化；最后，技术、社会和经济的约束。为了解决这些问题，可将一般水环境数学模型与最优化模型相结合，形成所谓的水质管理模型。目前，水质管理模型已有很成功的应用。

3. 水质评价

水质评价是水质规划的基本程序。根据不同的目标，水质模型可用来对河流、湖泊（水库）、河口、海洋和地下水等水环境的质量进行评价。现在的水质评价不仅给出水体对各种不同使用功能的质量，而且还会给出水环境对污染物的同化能力以及污染物在水环境浓度和总量的时空分布。水污染评价已由点源污染转向非点源污染，这就需要用农业非点源污染评价模型来评价水环境中营养物质和沉积物以及其他污染物。如利用贝叶斯概念

（Bayesian Concepts）和组合神经网络来预测集水流域的径流量。研究的对象也由过去的污染物扩展到现在的有害物质在水环境的积累、迁移和归宿。

4. 污染物对水环境及人体的暴露分析

由于许多复杂的物理、化学和生物作用以及迁移过程，在多介质环境中运动的污染物会对人体或其他受体产生潜在的毒性暴露，因此出现了用水质模型进行污染物对水环境即人体的暴露分析（Exposure Analysis）。目前已有许多学者对此展开了研究，但许多研究都是在实验室条件下的模拟，研究对象也比较单一，并且范围也不广泛，如何才能够建立经济有效的针对多种生物体的综合的暴露分析模型，还有待于环境科学工作者们去探索。

5. 水质监测网络的设计

水质监测数据是进行水环境研究和科学管理的基础，对于一条河流或一个水系，准确的监测网站设置的原则应当是：在最低限量监测断面和采样点的前提下获得最大限量的具有代表性的水环境质量信息，既经济又合理、省时。对于河流或水系的取样点的最新研究，采用了地理信息系统和模拟的退火算法等来优化选择河流采样点。

第五节　水环境标准

一、水质指标

各种天然水体是工业、农业和生活用水的水源。作为一种资源来说，水质、水量和水能是度量水资源可利用价值的三个重要指标，其中与水环境污染密切相关的则是水质指标。在水的社会循环中，天然水体作为人类生产、生活用水的水源，需要经过一系列的净化处理，满足人类生产、生活用水的相应的水质标准；当水体作为人类社会产生的污水的受纳水体时，为降低对天然水体的污染，排放的污水都需要进行相应的处理，使水质指标达到排放标准。

水质指标是指水中除去水分子外所含杂的种类和数量，它是描述水质状况的一系列指标，可分为物理指标、化学指标、生物指标和放射性指标。有些指标用某一物质的浓度来表示，如溶解氧、溶解铁等；而有些指标则是根据某一类物质的共同特性来间接反映其含量，称为综合指标，如化学需氧量、总需氧量、硬度等。

1. 物理指标

（1）水温

水的物理化学性质与水温密切相关。水中的溶解性气体（如氧、二氧化碳等）的溶解度、水中生物和微生物的活动，非离子态、盐度、pH 值以及碳酸钙饱和度等都受水温变化的影响。

温度为现场监测项目之一，常用的测量仪器有水温计和颠倒温度计，前者用于地表水、污水等浅层水温的测量，后者用于湖、水库、海洋等深层水温的测量。此外，还有热敏电阻温度计等。

（2）臭

臭是一种感官性指标，是检验原水和处理水质的必测指标之一，可借以判断某些杂质或者有害成分是否存在。水体产生臭的一些有机物和无机物，主要是由于生活污水和工业废水的污染物与天然物质的分解或细菌活动的结果。某些物质的浓度只要达到每升零点几微克时即可察觉。然而，很难鉴定臭物质的组成。

臭一般是依靠检查人员的嗅觉进行检测，目前尚无标准单位。臭阈值是指用无臭水将水样稀释至可闻出最低可辨别臭气的浓度时的稀释倍数，如水样最低取 25 mL 稀释至 200 mL 时，可闻到臭气，其臭阈值为 8。

（3）色度

色度是反映水体外观的指标。纯水为无透明，天然水中存在腐殖酸、泥土、浮游植物、铁和锰等金属离子，能够使水体呈现一定的颜色。纺织、印染、造纸、食品、有机合成等工业废水中，常含有大量的染料、生物色素和有色悬浮微粒等，通常是环境水体颜色的主要来源。有色废水排入环境水体后，使天然水体着色，降低水体的透光性，影响水生生物的生长。水的颜色定义为改变透射可见光光谱组成的光学性质。水中呈色的物质可处于悬浮态、胶体和溶解态，水体的颜色可以用真色和表色来描述。真色是指水体中悬浮物质完全移去后水体所呈现的颜色。水质分析中所表示的颜色是指水的真色，即水的色度是对水的真色进行测定的一项水质指标。

中国生活饮用水的水质标准规定色度小于 15 度，工业用水对水的色度要求更严格，如染色用水色度小于 5 度，纺织用水色度小于 10~12 度等。水的颜色的测定方法有铂钴标准比色法、稀释倍数法、分光光度法。水的颜色受 pH 值的影响，因此测定时需要注明水样的 pH 值。

（4）浊度

浊度是表现水中悬浮性物质和胶体对光线透过时所发生的阻碍程度，是天然水和饮用水的一个重要水质指标。浊度是由于水含有泥土、粉砂、有机物、无机物、浮游生物和其他微生物等悬浮物和胶体物质所造成的。中国饮用水标准规定浊度不超过 1 度，特殊情况不超过 3 度。测定浊度的方法有分光光度法、目视比浊法、浊度计法。

（5）残渣

残渣分为总残渣（总固体）、可滤残渣（溶解性总固体）和不可滤残渣（悬浮物）三种。它们是表征水中溶解性物质、不溶性物质含量的指标。

残渣在许多方面对水和排出水的水质有不利影响。残渣高的水不适于饮用，高矿化度的水对许多工业用水也不适用。残渣采用重量法测定，适用于饮用水、地面水、盐水、生活污水和工业废水的测定。

总残渣是将混合均匀的水样，在称至恒重的蒸发皿中置于水浴上，蒸干并于103-105℃烘干至恒重的残留物质，它是可滤残渣和不可滤残渣的总和。可滤残渣（可溶性固体）指过滤后的滤液于蒸发皿中蒸发，并在103-105℃或180±2℃烘干至恒重的固体，包括103～105℃烘干的可滤残渣和180℃烘干的可滤残渣两种。不可滤残渣又称悬浮物，不可滤残渣含量一般可表示废水污染的程度。将充分混合均匀的水样过滤后，截留在标准玻璃纤维滤膜（0.45μm）上的物质，在103-105℃烘干至恒重。如果悬浮物堵塞滤膜并难于过滤，不可滤残渣可由总残渣与可滤残渣之差计算。

（6）电导率

电导率是表示水溶液传导电流的能力。因为电导率与溶液中离子含量大致呈比例的变化，电导率的测定可以间接地推测离解物总浓度。电导率用电导率仪测定，通常用于检验蒸馏水、去离子水或高纯水的纯度、监测水质受污染情况以及用于锅炉水和纯水制备中的自动控制等。

2.化学指标

（1）pH值

pH值是水体中氢离子活度的负对数。pH值是最常用的水质指标之一。

由于pH值受水温影响而变化，测定时应在规定的温度下进行，或者校正温度。通常采用玻璃电极法和比色法测定pH值。天然水的pH值多在6～9范围内，这也是中国污水排放标准中的pH值控制范围。饮用水的pH值规定在6.5～8.5范围内，锅炉用水的pH值要求大于7。

（2）酸度和碱度

酸度和碱度是水质综合性特征指标之一，水中酸度和碱度的测定在评价水环境中污染物质的迁移转化规律和研究水体的缓冲容量等方面有重要的意义。

水体的酸度是水中给出质子物质的总量，水的碱度是水中接受质子物质的总量。只有当水样中的化学成分已知时，它才被解释为具体的物质。

酸度和碱度均采用酸碱指示剂滴定法或电位滴定法测定。

地表水中由于溶入二氧化碳或由于机械、选矿、电镀、农药、印染、化工等行业排放的含酸废水的进入，致使水体的pH值降低。由于酸的腐蚀性，破坏了鱼类及其他水生生物和农作物的正常生存条件，造成鱼类及农作物等死亡。含酸废水可腐蚀管道，破坏建筑物。因此，酸度是衡量水体变化的一项重要指标。

水体碱度的来源较多，地表水的碱度主要由碳酸盐和重碳酸盐以及氢氧化物组成，所以总碱度被当作这些成分浓度的总和。当中含有硼酸盐、磷酸盐或硅酸盐等时，则总碱度的测定值也包含它们所起的作用。废水及其他复杂体系的水体中，还含有有机碱类、金属水解性盐等，均为碱度组成部分。有些情况下，碱度就成为一种水体的综合性指标代表能被强酸滴定物质的总和。

二、水质标准

水质标准是由国家或地方政府对水中污染物或其他物质的最大容许浓度或最小容许浓度所作的规定，是对各种水质指标做出的定量规范。水质标准实际上是水的物理、化学和生物学的质量标准，为保障人类健康的最基本卫生，分为水环境质量标准、污水排放标准、饮用水水质标准、工业用水水质标准。

1. 水环境质量标准

目前，中国颁布并正在执行的水环境质量标准有《地表水环境质量标准》（GB3838-2002）、《海水水质标准》（GB3097-1997）、《地下水质量标准》（GB/T14848-93）等。

《地表水环境质量标准》（GB3838-2002）将标准项目分为地表水环境质量标准项目、集中式生活饮用水地表水源地补充项目和集中式生活饮用水地表水源地特定项目。地表水环境质量标准基本项目适用于全国江河、湖泊、运河、渠道、水库等具有使用功能的地表水水域；集中式生活饮用水地表水源地补充项目和特定项目适用于集中式生活饮用水地表水源地一级保护区和二级保护区。《地表水环境质量标准》（GB3838-2002）依据地表水水域环境功能和保护目标，按功能高低依次划分为五类。

Ⅰ类：主要适用于源头水、国家自然保护区。

Ⅱ类：主要适用于集中式生活饮用水地表水源地一级保护区、珍稀水生生物栖息地、鱼虾类产场、仔稚幼鱼的索饵场等。

Ⅲ类：主要适用于集中式生活饮用水地表水源地二级保护区、鱼虾类越冬场、水产养殖区等渔业水域及游泳区。

Ⅳ类：主要适用于一般工业用水区及人体非直接接触的娱乐用水区。

Ⅴ类：主要适用于农业用水区及一般景观要求水域。

对应地表水，上述五类水域功能，将地表水环境质量标准基本项目标准值分为五类，不同功能类别分别执行相应类别的标准值。水域功能类别高的标准值严于水域功能类别低的标准值。同一水域兼有多类使用功能的，执行最高功能类别对应的标准值。

《海水水质标准》（GB3097-1997）规定了海域各类使用功能的水质要求。该标准按照海域的不同使用功能和保护目标，海水水质分为四类。

Ⅰ类：适用于海洋渔业水域，海上自然保护区和珍稀濒危海洋生物保护区。

Ⅱ类：适用于水产养殖区、海水浴场、人体直接接触海水的海上运动或娱乐区，以及与人类食用直接有关的工业用水区。

Ⅲ类：适用于一般工业用水、海滨风景旅游区。

Ⅳ类：适用于海洋港口水域、海洋开发作业区。

《地下水质量标准》（GB/T14848-93）适用于一般地下水，不适用于地下热水、矿水、盐卤水。根据中国地下水水质现状、人体健康基准值及地下水质量保护目标，并参照了生活饮用水、工业用水水质要求，将地下水质量划分为五类。

Ⅰ类：主要反映地下水化学组分的天然低背景含量，适用于各种用途。

Ⅱ类：主要反映地下水化学组分的天然背景含量，适用于各种用途。

Ⅲ类：以人体健康基准值为依据，主要适用于集中式生活饮用水水源及工农业用水。

Ⅳ类：以农业和工业用水要求为依据，除适用于农业和部分工业用水外，适当处理后可作生活饮用水。

Ⅴ类：不宜饮用，其他用水可根据使用目的选用。

2. 污水排放标准

为了控制水体污染，保护江河、湖泊、运河、渠道、水库和海洋等地面水以及地下水水质的良好状态，保障人体健康，维护生态环境平衡，国家颁布了《污水综合排放标准》（GB89781996）和《城镇污水处理厂污染物排放标准》（GB18918-2002）等。《污水综合排放标准》（GB8978-19）根据受纳水体的不同划分为三级标准。排入 GB3838 中Ⅱ类水域（划定的保护区和游泳区除外）和排入 GB3097 中的Ⅱ类海域执行一类标准；排入 GB3838 中Ⅳ、Ⅴ类水和排入 GB3097 中的Ⅱ类海域执行二级标准；排入设置二级污水处理厂的城镇排水系统的污水执行三级标准。排入未设置二级污水处理厂的城镇排水系统的污水，必须根据排水系统出水受纳水域的功能要求，执行上述相应的规定。GB3838 中Ⅰ、Ⅱ类水域和Ⅲ类水域中划定的保护区，GB3097 中Ⅰ类海域，禁止新建排污口，现有排污口应按水体功能要求，实行污染物总量控制，以保证受纳水体水质符合规定用途的水质标准。同时该标准将污染物按照其性质及控制方式分为两类，第一类污染物不分行业和污水排放方式，也不分受纳水体的功能类别，一律在车间或车间处理设施排放口采样，最高允许浓度必须达到该标准要求；第二类污染物在排污单位排放口采样，其最高允许排放浓度必须达到本标准要求。

《城镇污水处理厂污染物排放标准》（B18918-2002）规定了城镇污水处理厂出水废气排放和污泥处置（控制）的污染物限值，适用于城镇污水处理厂出水、废气排放和污泥处置（控制）的管理。该标准根据污染物的来源及性质，将污染物控制项目分为基本控制项目和选择控制项目两类。根据城镇污水处理厂排入地表水域环境功能和保护目标，以及污水处理厂的处理工艺，将基本控制项目的常规污染物标准值分为一级标准、二级标准、三级标准。一级标准分为 A 标准和 B 标准。一类重金属污染物和选择控制项目不分级。

3. 生活饮用水水质标准

《生活饮用水卫生标准》（GB5749-2006）规定了生活饮用水水质卫生要求、生活饮用水水源水质卫生要求、集中式供水单位卫生要求、二次供水卫生要求，涉及生活饮用水卫生安全产品卫生要求，水质监测和水质检验方法。

该标准主要从以下几方面考虑保证饮用水的水质安全：生活饮用水中不得含有病原微生物；饮用水中化学物质不得危害人体健康；饮用水中放射性物质不得危害人体健康；饮用水的感官性状良好；饮用水应经消毒处理；水质应该符合生活饮用水水质常规指标及非常规指标的卫生要求。该标准项目共计 106 项，其中感官性状指标和一般化学指标 20 项，饮用水消毒剂 4 项，毒理学指标 74 项，微生物指标 6 项，放射性指标 2 项。

4. 农业用水与渔业用水

农业用水主要是灌溉用水，要求在农田灌溉后，水中各种盐类被植物吸收后，不会因食用中毒或引起其他影响，并且其含盐量不得过多，否则会导致土壤盐碱化。渔业用水除保证鱼类的正常生存、繁殖以外，还要防止有毒有害物质通过食物链在水体内积累、转化而导致食用者中毒。相应地，国家制定颁布了《农田灌溉水质标准》（GB5084-2005）和《渔业水质标准》（GB11607-1989）。

三、水资源系统分析问题的提出

（一）水资源开发利用的历史

水资源是与人类的生产生活关系最为密切的自然资源，人类对于水资源的开发利用，经历了极为漫长的发展过程。

公元前 3000 年，埃及人在尼罗河首设水尺观察水位涨落，并筑堤开渠。公元前 21 世纪，黄河泛滥，鲧被推荐来负责治理洪水泛滥工作，他采用堤工降水，作三仞之城，九年而不得成功，禹总结父亲鲧的治水经验，改鲧"围堵障"为"疏顺导滞"的方法，把洪水引入疏通的河道、洼地或湖泊，然后合通四海，从而平息了水患。公元前 256 年，战国时期秦国蜀郡太守李冰率众修建了都江堰水利工程，都江堰水利工程位于中国四川成都平原西部都江堰市西侧的岷江上，距成都 56km，是现存的最古老而且依旧在灌溉田畴、造福人民的伟大水利工程。

19 世纪末 20 世纪初开始，近代意义的大坝水库在世界许多河流上纷纷筑造。胡佛水坝是美国综合开发科罗拉多河水资源的一项关键性工程，位于内华达州和亚利桑那州交界之处的黑峡，具有防洪、灌溉、发电、航运、供水等综合效益。大坝系混凝土重力拱坝，坝高 221.4 m，总库容 348.5 亿 m^3，水电站装机容量原为 134 万 kW，现已扩容到 245.2 万 kW，胡佛水坝于 1931 年 4 月开始由第三十一任总统赫伯特·胡佛为化解美国大萧条以来的困境及加速西南部地区的繁荣，动工 5000 人兴建，1936 年 3 月建成，1936 年 10 月第一台机组正式发电。

佛子岭水库位于中国安徽省霍山县西南 15 km，是一座具防洪、灌溉、供水、发电等功能的大型水利枢纽工程，坝址以上控制流域面积 1 840 km²，水库总库容 4.91 亿 m³ 大坝全长 510m，最大坝高 76m，发电厂总装机 7 台共 3.1 万 kW，国际大坝委员会主席托兰称佛子岭大坝为"国际一流的防震连拱坝"。水库夹于两岸连绵起伏的群山之间，大坝修建在佛子岭打鱼冲口，佛子岭水库始建于 1952 年 1 月，1954 年 11 月竣工，是新中国乃至当时亚洲第一座钢筋混凝土连拱坝。

三峡水电站，又称三峡工程、三峡大坝。位于中国重庆市市区到湖北省宜昌市之间的长江干流上，是世界上规模最大的水电站，也是中国有史以来建设的最大规模的工程项目，三峡水电站具有防洪、发电、航运等多种功能。三峡水电站于 1994 年正式动工兴建。2003 年开始蓄水发电，2009 年全部完工。水电站大坝高 185 m，蓄水高 175 m，水库长 600 余 km，安装 32 台单机容量为 70 万 kW 的水电机组，是全世界最大的（装机容量）水力发电站。

田纳西河是美国东南部俄亥俄河的第一大支流，源出阿巴拉契亚高地西坡，由霍尔斯顿河和弗伦奇布罗德河汇合而成，流经田纳西州和亚拉巴马州，于肯塔基州帕迪尤卡附近纳入俄亥俄河。田纳西河以霍尔斯顿河源头计，长约 1450 km，流域面积 10.6 万 km²，成立于 1933 年 5 月的田纳西流域管理局，对流域进行综合治理，使其成为一个具有防洪、航运、发电、供水、养鱼、旅游等综合效益的水利网。田纳西河流域规划和治理开发的特点，在于具有广泛的综合性。它在综合利用河流水资源的基础上，结合本地区的优势和特点，强调以国土治理和以地区经济的综合发展为目标、规划的内容和重点也不断调整和充实。初期以解决航运和防洪为主，结合发展水电，以后又进一步发展火电、核电，并开办了化肥厂、炼铝厂、示范农场、良种场和渔场等，为流域农业和工业的迅速发展奠定了基础。

珠江水系干流西江上游的红水河，流域内山岭连绵，地形崎岖，水力资源十分丰富，它的梯级开发被中国政府列为国家重点开发项目。红水河梯级开发河段，从南盘江的天生桥到黔江的大藤峡，全长 1050km，总落差 756.6m，可开发利用水能约 13030MW 红水河共分 10 级开发，从上游到下游为天生桥一级、天生桥二级、平班、龙滩、岩滩、大化、百龙滩、恶滩、桥巩、大藤峡，其中装机 1000 MW 以上的有 5 座。红水河是中国十二大水电基地之一，被誉为水力资源的"富矿"，是水电开发、防洪及航运规划中的重点河流。

（二）整体——综合——优化思想的产生

早期（截至到 20 世纪 30 年代）的水资源开发利用策略思想的特点是：单一水利工程的规划、设计和运行，功能上以单用途单目标开发为较多。例如，单纯的防洪滞洪水库或航运，以灌溉引水或发电为目的的水库、堰闸等。20 世纪 30 年代末，由于生产的需要及高坝技术和高压输电技术的发展，水库综合利用的思想已开始萌芽。

近代水资源开发利用策略思想的一个重要的发展，就是综合利用思想的发展、落实和整体观点的兴起。田纳西河流域综合开发。三峡水利枢纽的建设就是这一思想的体现。水资源本质上具有多功能、多用途的特点，因此一库多用、一水多效的策略思想迅速推广、扩大。水资源利用的趋势，是向多单元、多目标发展，规模和范围也在不断增大，但水资源的多用途、多目标开发和综合利用的同时，也带来了很多矛盾，需要协调多用途、多目标之间的冲突，因此需要整体地、综合地考虑水资源的综合利用，自然地带来了如何在规划管理中处理多个目标或多个优化准则的问题，而这些目标可能是各种各样，多半是不可公度的，有些甚至不能定量而只能定性，这就需要把多目标规划的理论和方法引入和应用于水资源规划和管理工作之中。流域或地区范围的水资源问题，往往是一个大的复杂的系统。例如，流域的干支流的梯级库群，兴利除害的各种水利水电开发管理目标、地面地下水各种水源的联合共用等，利用大系统分解协调优化技术是非常必要的。由此可见，近代水资源开发利用的思想经历了一个从局部到整体，从一般到综合，从追求单目标最优到多目标最佳协调的发展过程。水资源的研究对象越来越复杂，系统分析的方法在水资源的研究中起到了越来越重要的作用。

（三）水资源可持续开发利用的理念

现代意义的水资源开发利用还与可持续发展紧密相连，当代水资源开发利用已涉及社会和环境问题，其内容、意义、目标比以往的水利水电工程研究的范围更为广泛。走可持续发展道路必然要求对水资源进行统一的管理和可持续的开发利用。

水资源可持续利用的理念，就是为保证人类社会、经济和生存环境可持续发展对水资源实行永续利用的原则，可持续发展的观点是 20 世纪 80 年代在寻求解决环境与发展矛盾的出路中提出的，并在可再生的自然资源领域相应提出可持续利用问题，其基本思路是在自然资源的开发中，注意因开发所致的不利于环境的副作用和预期取得的社会效益相平衡。在水资源的开发与利用中，为保持这种平衡就应遵守供饮用的水源和土地生产力得到保护的原则，保护生物多样性不受干扰或生态系统平衡发展的原则，对可更新的淡水资源不可过量开发使用和污染的原则。因此，在水资源的开发利用活动中，绝对不能损害地球上的生命支持系统和生态系统，必须保证为社会和经济可持续发展合理供应所需的水资源，满足各行各业用水要求并持续供水。此外，水在自然界循环过程中会受到干扰，应注意研究对策，使这种干扰不致影响水资源的可持续利用。

为适应水资源可持续利用的原则，在进行水资源规划和水工程设计时应使建立的工程系统体现如下特点：天然水源不因其被开发利用而造成水源逐渐衰竭；水工程系统能较持久地保持其设计功能，因自然老化导致的功能减退能有后续的补救措施；对某范围内水供需问题能随工程供水能力的增加及合理用水、需水管理、节水措施的配合，使其能较长期地保持相互协调的状态；因供水及相应水量的增加而致废污水排放量的增加，须相应增加处理废污水能力的工程措施，以维持水源的可持续利—用效能。

水资源可持续利用的思想和战略是，"整体—综合—优化"思想的进一步发展和提高，研究的系统更宠大、更复杂，牵涉的学科也更加广泛。

四、系统的概念

（一）系统的定义

所谓系统，就是由相互作用和相互联系的若干个组成部分结合而成的具有特定功能的整体。

例如，水资源系统是流域或地区范围内在水文、水力和水利上相互联系的水体（河流、湖泊、水库、地下水等）有关水工建筑物（大坝、堤防、泵站、输水渠道等）及用水部门（工农业生产、居民生活、生态环境、发电、航运等）所构成的综合体。

系统是普遍存在的，在宇宙间，从基本粒子到河外星系，从人类社会到人的思维，从无机界到有机界，从自然科学到社会科学，系统无所不在。

（二）系统的特征

我们可以从以下几方面理解系统的概念：

1. 系统由相互联系、相互影响着的部件所组成

系统的部件可能是一些个体、元件、零件，也可能其本身就是一个系统（或称之为子系统），如水系、水库、大坝、溢洪道、水电机组、堤防、下游保护区。蓄滞洪区等组成了流域防洪发电系统。

2. 系统具有一定的结构

一个系统是其构成要素的集合，这些要素相互联系、相互制约。系统内部各要素之间相对稳定的联系方式、组织秩序及失控关系的内在表现形式，就是系统的结构。例如，水电机组是由压力钢管、水轮机、发电机、调速器等部件按一定的方式装配而成的，但压力钢管、水轮机、发电机、调速器等部件随意放在一起却不能构成水电机组；人体由各个器官组成，各单个器官简单拼凑在一起不能成为一个有行为能力的人。

3. 系统具有一定的功能，或者说系统要有一定的目的性

系统的功能是指系统在与外部环境相互联系和相互作用中表现出来的性质、能力和功能。例如，流域防洪发电系统的功能，一方面是对洪水进行调节和安排，使洪灾损失最小；另一方面是充分利用水能发电，使发电效益最佳。

4. 系统具有一定的界限

系统的界限把系统从所处的环境中分离出来，系统通过该界限可以与外界环境发生能

量、信息和物质等的交流。

（三）构成系统的要素

任何一个存在的系统都必须具备三个要素，即系统的诸部件及其属性、系统的环境及其界限、系统的输入和输出。

1. 系统的部件及其属性

系统的部件可以分为结构部件、操作部件和流部件。结构部件是相对固定的部分，操作部件是执行过程处理的部分，流部件是作为物质流、能量流和信息流的交换用的，交换的能力要受到结构部件和操作部件等条件的限制。

结构部件、操作部件和流部件都有不同的属性，同时又相互影响。它们的组合结构从整体上影响着系统的特征和行为，例如，电阻、电感、电容等电子元件以及电源、导线、开关等部件的连接或组合，就形成了电路系统的属性。

系统是由许多部件组成的，当系统中的某个部件本身也是一个系统时，就可以称此部件为该系统的子系统。子系统的定义与上述一般系统的定义类似。例如，水资源系统是由水体、有关水工建筑物及用水部门等部件组成的，而这些部件本身又可各自成为一个独立的系统。因此，可以把水体系统（河流、湖泊、水库、地下水等）、水工程系统（大坝、堤防、泵站、输水渠道等）、用水系统（工农业生产、居民生活、生态环境、发电、航运等）都称为水资源系统的子系统。

2. 系统的环境及其界限

所有系统都是在一定的外界条件下运行的。系统既受到环境的影响，同时也对环境施加影响。

对于物质系统来说，划分系统与环境的界限很自然地可以由基本系统结构及系统的目标来有形地确定，例如：水库防洪系统，对于防洪预案的决策者来说，主要的任务是针对典型洪水或设计洪水分析水库的调洪方案，生成防洪预案，于是就圈定该决策分析系统（水库防洪预案分析系统）的系统界限为水库大坝至下游防洪控制断面，但是对于实时防洪调度的决策者来说，入库洪水和区间洪水过程是通过流域面上的实时降雨信息预报而得。在这种情况下，水库防洪决策分析系统的界限为水库上游流域，水库大坝至下游防洪控制断面及区间。

（四）系统的分类

1. 按系统组成部分的属性分类：自然系统、人造系统、复合系统

按照系统的起源，自然系统是由自然过程产生的系统，例如生态链系统、河流上游天然子流域降雨径流系统等。

人造系统则是人们为了达到某个目的按属性和相互关系将有关部件（或元素）组合而

成的系统，例如城市系统、灌排系统、水电站系统等。当然，所有的人造系统都存在于自然世界之中，同时人造系统与自然系统之间存在着重要的联系。

复合系统是由不同属性的子系统复合而成的大系统，如水资源系统是由水体系统（自然系统）、水工建筑物系统（人造系统）及用水系统（社会经济系统）等子系统复合而成，复合系统的协调性是体现复合系统中子系统间及各种要素间关系的一个重要特征。当前人类所面临的水环境污染、水生态破坏、水资源匮乏等多种问题都是由于水资源系统的严重不协调而导致的。

2. 按系统组成部分的形态分类：实体系统、概念系统

一般的理解：实体系统是由一些实物和有形部件构成的系统；概念系统是用一些思想、规划、政策等的概念或符号来反映系统的部件及其属性的系统。

3. 按系统与环境的关系分类：封闭系统、开放系统

封闭系统是指该系统与外部环境之间没有物质、能量和信息交换的系统，由系统的界限将环境与系统隔开，因而呈一种封闭状态。

开放系统是指该系统与外部环境之间存在物质、能量和信息交换的系统，开放系统往往具有自调节和自适应功能。

4. 按系统所处的状态分类：静态系统、动态系统

静态系统一般是指存在一定的结构但没有活动性的系统，动态系统是指既有结构和部件又有活动性的系统。

5. 按系统的规模分类：简单系统、复杂系统

内含子系统个数少，子系统之间相互作用简单的系统属于简单系统。

凡是不能或不宜用还原论方法而要用或宜用新的科学方法去处理和解决的系统就属于复杂系统。

五、系统分析的概念和内容

1. 系统分析的概念

系统分析是系统方法中的一个重要内容，指把要解决的问题作为一个系统，对系统要素进行综合分析，对系统进行量化研究，找出解决问题的可行方案和咨询方法。系统分析与系统工程、系统管理一起，与有关的专业知识和技术相结合，综合应用于解决各个专业领域中的规划设计和管理问题。

2. 系统分析的内容

系统分析的内容包括系统研究作业、系统设计作业、系统量化作业、系统评价作业和系统协调作业。

（1）系统研究作业

系统研究作业的任务就是限定所研究的问题，明确问题的本质或特性、问题存在范围和影响程度、问题产生的时间和环境、问题的症状和原因。，通过广泛的资料处理，获得有关信息，进而使资料所代表的意义明确化，利用一些有效方法进行比较和分析，以确定和发现所提出问题的目标，找出系统环境与系统及目标之间的联系及其相互转换关系。

（2）系统设计作业

系统设计作业的任务就是对系统研究作业所界定的系统环境、决策系统和目标的特性进一步结构化，同时采用合理的、合乎逻辑的设计过程和方法反映系统的行为特征及其效果，并利用与信息源内容相关的各类专业知识充分和有效地扩展和掌握信息源可知部分，以达到使信息源的不可知部分减少到最低限度的目的，系统设计时，要考虑系统的准确性和可操作性两个原则。

（3）系统量化作业

系统设计作业完成后，便展示了系统目标覆盖范围内的各个系统部件以及部件之间的关系组合，描述了系统环境、决策系统与目标间的互相联系与影响，建立了系统的数据流图和系统结构图等。但是，系统的数据流图和系统结构图等只能描述系统的结构，而无法描述和展示系统的行为，因而使决策者难于了解系统的主要特性、功能和效果。系统量化作业作为系统分析中的一项工作，就是运用运筹学、数理统计等工具，对系统结构进行属性的量化工作，例如系统结构关系式的表示及其参数辨识、系统优化求解、系统经济效果的计算等，再配合系统评价活动，从而把彼此间具有相互竞争性的方案呈现在决策者面前，建立系统模型是系统量化作业的基础工作。数学模型是经常应用的一类模型，不同类别的模型适用于不同系统。到目前为止，还不可能找到一个通用性的模型。模型化的目的是模拟真实的物理系统，把最优决策施加在真实系统上。

系统动力学和系统仿真是系统动态行为模拟的有效工具，能对系统未来行为起到预测作用。

回归分析是预测工作的主要手段。在因果关系分析中，要在专业理论指导下通过数据的回归分析得到回归模型，以确定因变量和自变量的关系。在时间序列分析中，预测的因变量通过对历时上的时间序列数据的回归分析得到各类时间系列模型，但是一般系统既有系统结构上的因果关系，同时又有系统时间序列上的统计规律，因此提出了由因果分析与时间序列分析相结合以及几种预测方法相结合的组合预测模型，目的是希望提高预测精度，各类预测方法和技术都有自己的应用范围和不足之处。对于复杂的社会系统，由于多方面因素的相互影响，往往需要综合应用各类预测方法的长处来弥补某些方法的不足。故而，以系统分析为基础的综合预测（或反馈性预测）必将不断发展和完善。人工神经网络模型和支持向量机模型对于一些很难发现周期性规律的非线性动态过程或者混沌时间序列的短期预测是一种较为有效的工具。

系统优化是系统工程中的经典方法，复杂的社会系统往往具有多方面需要和多个目标，而且经常是不可公度和相互矛盾的，所以多目标规划问题在系统分析中将占有不可低估的地位。又由于系统分析工作中系统研究和设计作业很大程度上是一种创造性的工作，即要设计一个优化系统，交互式多目标规划可以作为系统量化作业活动中处理复杂系统的补充方法，它的根本点是系统分析人员与决策者可以进行信息交互和有助于设计一个优化的系统。对于一类组合优化问题，也可应用人工神经网络模型求解。

系统经济分析是系统量化所必需的方案的比较，结果的反映，最为具体和直观的将是经济指标。

第六节　水质监测与评价

一、水质监测

水质监测是为了掌握水体质量动态，对水质参数进行的测定和分析。作为水源保护的项重要内容是对各种水体的水质情况进行监测，定期采样分析有毒物质含量和动态，包括—水温、pH值、COD、溶解氧、氨氮、酚、砷、汞、铬、总硬度、氟化物、氯化物、细菌、大肠菌群等。根据依监测目的可分为常规监测和专门监测两类。

常规监测是为了判别、评价水体环境质量，掌握水体质量变化规律，预测发展趋势和积累本底值资料等，须对水体水质进行定点、定时的监测。常规监测是水质监测的主体，具有长期性和连续性。专门监测是指为某一特定研究服务的监测。通常，监测项目与影响水质因素同时观察，需要周密设计，合理安排，多学科协作。

水质监测的主要内容有水环境监测站网布设、水样的采集与保存、确定监测项目、选用分析方法及水质分析、数据处理与资料整理等。

（一）水环境监测站网的布设

建立水环境监测站网应具有代表性、完整性。站点密度要适宜，以能全面控制水系水质基本状况为原则，并应与投入的人力、财力相适应。

1.水质站及分类

水质站是进行水环境监测采样和现场测定以及定期收集和提供水质、水量等水环境资料的基本单元，可由一个或者多个采样断面或采样点组成。

水质站根据设置的目的和作用分为基本站和专用站。基本站是为水资源开发利用与保护提供水质、水量基本资料，并与水文站、雨量站、地下水水位观测井等统一规划设置的站。基本站长期掌握水系水质的历年变化，搜集和积累水质基本资料而设立的，其测定项目和次数均较多。专用站是为某种专门用途而设置的，其监测项目和次数根据站的用途和要求而确定。

水质站根据运行方式可分为：固定监测站、流动监测站和自动监测站。固定监测站是利用桥、船、缆道或其他工具，在固定的位置上采样。流动监测站是利用装载检测仪器的车、船或飞行工具，进行移动式监测，搜集固定监测站以外的有关资料，以弥补固定监测站的不足。自动监测站主要设置在重要供水水源地或主要河流的干(支)流，依据管理标准，进行连续自动监测，以控制供水用水或排污的水质。

水质站根据水体类型可分为地表水水质站、地下水水质站和大气降水水质站。地表水水质站是以地表水为监测对象的水质站。地表水水质站可分为河流水质站和湖泊（水库）水质站。地下水水质站是以地下水为监测对象的水质站。大气降水水质监测是以大气降水为监测对象的水质站。

2.水质站的布设

水质站的布设关系着水质监测工作的成败。水质在空间上和时间上的分布是不均匀的，具有时空性。水质站的布设是在区域的不同位置布设各种监测站，控制水质在区域的变化。在一定范围内布设的测站数量越多，则越能反映水体的质量状况，但需要较高的经济代价；监测站数量越少，则经济上越节约，但不能正确地反映水体的质量状况。所以，布设的测站数量既要能正确地反映水体的质量状况，又要满足经济性。

在设置水质站前，应调查并收集本地区有关基本资料，如水质、水量、地质、地理、工业、城市规划布局，主要污染源与入河排污口以及水利工程和水产等资料，用作设置具有代表性水质站的依据。

（1）地表水水质站的布设

①河流水质站的布设。水质站应该布设于河流的上游河段，受人类活动的影响较小。干支流的水质站一般设在下列水域，区域：干流控制河段，包括主要一、二级支流汇入处、重要水源地和主要退水区；大中城市河段或主要城市河段和工矿企业集中区；已建或即将兴建大型水利设施河段，大型灌区或引水工程渠首处；入海河口水域；不同水文地质或植被区、土壤盐碱化区、地方病发病区、地球化学异常区、总矿化度或总硬度变化率超过 50% 的地区。

②湖泊（水库）水质站的布设。湖泊（水库）水质站应设在下列水域：面积大于 $100km^2$ 的湖泊；梯级水库和库容大于 1 亿 m^3 的水库；具有重要供水、水产养殖、旅游等功能或污染严重的湖泊（水库）；重要国际河流、湖泊，流入、流出行政区界的主要河流、湖泊（水库），以及水环境敏感水域，应布设界河（湖、库）水质站。

（2）地下水水质监测站的布设

地下水水质站的布设应根据本地区水文地质条件及污染源分布状况，与地下水水位观测井结合起来进行设置。

地下水类型不同的区域、地下水开采度不同的区域应分别设置水质站。

（3）降水水质站的布设

应根据水文气象、风向、地形、地貌及城市大气污染源分布状况等，与现有雨量观测站相结合设置。下列区域应设置降水水质站：不同水文气象条件、不同地形与地貌区；大型城市区与工业集中区；大型水库、湖泊区。

3.水环境监测站网

水环境监测站网是按一定的目的与要求，由适量的各类水质站组成的水环境监测网络。水环境监测站网可分为地表水、地下水和大气降水三种基本类型。根据监测目的或服务对象的不同，各类水质站可组成不同类型的专业监测网或专用监测网。水环境监测站网规划应遵循以下原则：以流域为单元进行统一规划，与水文站网、地下水水位观测井网、雨量观测站网相结合；各行政区站网规划应与流域站网规划相结合。各省、市、自治区环境站网规划应不断进行优化调整，力求做到多用途，多功能，具有较强的代表性。目前，中国地表水的监测主要由水利和生态环境部门承担。

（二）水样的采集与保存

水样的代表性关系着水质监测结果的正确性。采样位置、时间、频率、方法及保存等都影响着水质监测的结果。中国水利部门规定：基本测站至少每月采样一次；湖泊（水库）一般每两个月采样一次；污染严重的水体，每年应采样 8 ~ 12 次；底泥和水生生物，每年在枯水期采样一次。

水样采集后，由于环境的改变、微生物及化学作用，水样水质会受到不同程度的影响，所以，应尽快进行分析测定，以免在存放过程中引起较大的水质变化。有的监测项目要在采样现场采用相应方法立即测定，如水温、pH 值、溶解氧、电导率、透明度、色嗅及感官性状等。有的监测项目不能很快测定，需要保存一段时间。水样保存的期限取决于水样的性质、测定要求和保存条件。未采取任何保存措施的水样，允许存放的时间分别为：清洁水样 72h；轻度污染的水样 48h；严重污染的水样 12h。为了最大限度地减少水样水质的变化，应采取正确有效的保存措施。

（三）监测项目和分析方法

水质监测项目包括反映水质状况的各项物理指标、化学指标、微生物指标等。选测项目过多可造成人力、物力的浪费，过少则不能正确反映水体水质状况。所以，必须合理地确定监测项目，使之能正确地反映水质状况。确定监测项目时要根据被测水体和监测目的综合考虑。通常按以下原则确定监测项目：

1.国家与行业水环境与水资源质量标准或评价标准中已列入的监测项目。

2.国家及行业正式颁布的标准分析方法中列入的监测项目。

3.反映本地区水体中主要污染物的监测项目。

4.专用站应依据监测目的选择监测项目。

水质分析的基本方法有化学分析法（滴定分析、重量分析等）、仪器分析法（光学分析法、色谱分析法、电化学分析法等），分析方法的选用应根据样品类型、污染物含量以及方法适用范围等确定。分析方法的选择应符合以下原则：

（1）国家或行业标准分析方法。

（2）等效或者参照适用 ISO 分析方法或其他国际公认的分析方法。

（3）经过验证的新方法，其精密度、灵敏度和准确度不得低于常规方法。

（四）数据处理与资料整理

水质监测所测得的化学、物理以及生物学的监测数据，是描述和评价水环境质量，进行环境管理的基本依据，必须进行科学的计算和处理，并按照要求的形式在监测报告中表达出来。水质资料的整编包括两个阶段：一是资料的初步整编；二是水质资料的复审汇编。习惯上称前者为整编，后者为汇编。

1. 水质资料整编

水质资料整编工作是以基层水环境监测中心为单位进行的，是对水质资料的初步整理，是整编全过程中最主要最基础的工作，它的工作内容有搜集原始资料（包括监测任务书、采样记录、送样单至最终监测报告及有关说明等一切原始记录资料）、审核原始资料编制有关整编图表（水质站监测情况说明表及位置图、监测成果表、监测成果特征值年统计表）。

2. 水质资料汇编

水质资料汇编工作一般以流域为单位，是流域水环境监测中心对所辖区内基层水环境监测中心已整编的水质资料的进一步复查审核。它的工作内容有抽样、资料合理性检查及审核、编制汇编图表。汇编成果一般包括的内容有资料索引表、编制说明、水质站及监测断面一览表、水质站及监测断面分布图、水质站监测情况说明表及位置图、监测成果表、监测成果特征值年统计表。

经过整编和汇编的水质资料可以用纸质、磁盘和光盘保存起来，如水质监测年鉴、水环境监测报告、水质监测数据库、水质检测档案库等。

二、水质评价

水质评价是水环境质量评价的简称，是根据水的不同用途，选定评价参数，按照一定的质量标准和评价方法，对水体质量定性或定量评定的过程。目的在于准确地反映水质的情况，指出发展趋势，为水资源的规划、管理、开发、利用和污染防治提供依据。

水质评价是环境质量评价的重要组成部分，其内容很广泛，工作目的和研究角度的不同，分类的方法不同。

1. 水质评价分类

水质评价分类：水质评价按时间分，有回顾评价、预断评价；按水体用途分，有生活饮用水质评价、渔业水质评价、工业水质评价、农田灌溉水质评价、风景和游览水质评价；按水体类别分，有江河水质评价、湖泊（水库）水质评价、海洋水质评价、地下水水质评价；按评价参数分，有单要素评价和综合评价。

2. 水质评价步骤

水质评价步骤一般包括：提出问题、污染源调查及评价、收集资料与水质监测、参数选择和取值、选择评价标准、确定评价内容和方法、编制评价图表和报告书等。

（1）提出问题

包括明确评价对象、评价目的、评价范围和评价精度等。

（2）污染源调查及评价

查明污染物排放地点、形式、数量、种类和排放规律，并在此基础上结合污染物毒性，确定影响水体质量的主要污染物和主要污染源，做出相应的评价。

（3）收集资料与水质监测

水质评价要收集和监测足以代表研究水域水体质量的各种数据。将数据整理验证后，用适当方法进行统计计算，以获得各种必要的参数统计特征值。监测数据的准确性和精确度以及统计方法的合理性，是决定评价结果可靠程度的重要因素。

（4）参数选择和取值

水体污染的物质很多，一般可根据评价的目的和要求，选择对生物、人类及社会经济危害大的污染物作为主要评价参数。常选用的参数有水温、pH 值、化学耗氧量、生化需氧量、悬浮物、氨、氮、酚、氰、汞、砷、铬、铜、镉、铅、氟化物、硫化物、有机氯、有机磷、油类、大肠杆菌等。参数一般取算术平均值或几何平均值。水质参数受水文条件和污染源条件影响，具有随机性，故从统计学角度看，参数按概率取值较为合理。

（5）选择评价标准

水质评价标准是进行水质评价的主要依据。根据水体用途和评价目的，选择相应的评价标准。一般地表水评价可选用地表水环境质量标准；海洋水质评价可选用海洋水质标准；专业用途水体评价可分别选用生活饮用水卫生标准、渔业水质标准、农田灌溉水质标准、工业用水水质标准以及有关流域或地区制定的各类地方水质标准等。地质目前还缺乏统一评价标准，通常可参照清洁区土壤自然含量调查资料或地球化学背景值来拟定。

（6）确定评价内容及方法

评价内容一般包括感观性、氧平衡、化学指标、生物学指标等。评价方法的种类繁多，常用的有：生物学评价法、以化学指标为主的水质指数评价法、模糊数学评价法等。

（7）编制评价图表及报告书

评价图表可以直观反映水体质量好坏。图表的内容可根据评价目的确定，一般包括评价范围图、水系图、污染源分布图、监测断面（或监测点）位置图、污染物含量等值线图、水质、底质、水生物质量评价图、水体质量综合评价图等。图表的绘制一般采用符号法、定位图法、类型图法、等值线法、网格法等。评价报告书编制内容包括：评价对象、范围、目的和要求，评价程序，环境概况，污染源调查及评价，水体质量评价，评价结论及建议等。

第七节　水资源保护措施

一、加强节约用水管理

依据《中华人民共和国水法》和《中华人民共和国水污染防治法》有关节约用水的规定，从四方面抓好落实。

1.落实建设项目节水"三同时"制度

即新建、扩建、改建的建设项目，应当制订节水措施方案并配套建设节水设施：节水设施与主体工程同时设计、同时施工同时投产；今后新、改、扩建项目，先向水务部门报送节水措施方案，经审查同意后，项目主管部门才批准建设，项目完工后，对节水设施验收合格后才能投入使用，否则供水企业不予供水。

2.大力推广节水工艺、节水设备和节水器具

新建、改建、扩建的工业项目，项目主管部门在批准建设和水行政主管部门批准取水许可时，以生产工艺达到省规定的取水定额要求为标准；对新建居民生活用水、机关事业及商业服务业等用水强制推广使用节水型用水器具，凡不符合要求的，不得投入使用。通过多种方式促进现有非节水型器具改造，对现有居民住宅供水计量设施全部实行户表外移改造，所需资金由地方财政、供水企业和用户承担，对新建居民住宅要严格按照"供水计量设施户外设置"的要求进行建设。

3.调整农业结构，建设节水型高效农业

推广抗旱、优质农作物品种，推广工程措施、管理措施、农艺措施和生物措施相结合的高效节水农业配套技术，农业用水逐步实行计量管理、总量控制，实行节奖超罚的制度，适时开征农业水资源费，由工程节水向制度节水转变。

4.启动节水型社会试点建设工作

突出抓好水权分配、定额制定、结构调整、计量监测和制度建设，通过用水制度改革，建立与用水指标控制相适应的水资源管理体制，大力开展节水型社区和节水型企业创建活动。

二、合理开发利用水资源

1.严格限制自备井的开采和使用

已被划定为深层地下水严重超采区的城市，今后除为解决农村饮水困难确需取水的不

再审批开凿新的自备井，市区供水管网覆盖范围内的自备井，限时全部关停；对于公共供水不能满足用户需求的自备井，安装监控设施，实行定额限量开采，适时关停。

2. 贯彻水资源论证制度

国民经济和社会发展规划以及城市总体规划的编制，重大建设项目的布局，应与当地水资源条件相适应，并进行科学论证。项目取水先期进行水资源论证，论证通过后方能由项目主管部门立项。调整产业结构、产品结构和空间布局，切实做到以水定产业、以水定规模、以水定发展，确保水资源保护与管理用水安全，以水资源可持续利用支撑经济可持续发展。

3. 做好水资源优化配置

鼓励使用再生水、微咸水、汛期雨水等非传统水资源；优先利用浅层地下水，控制开采深层地下水，综合采取行政和经济手段，实现水资源优化配置。

三、加大污水处理力度，改善水环境

1. 根据《入河排污口监督管理办法》的规定，对现有入河排污口进行登记，建立入河排污口管理档案。此后设置入河排污口的，应当在向环境保护行政主管部门报送建设项目环境影响报告书之前，向水行政主管部门提出入河排污口设置申请，水行政主管部门审查同意后，合理设置。

2. 积极推进城镇居民区、机关事业及商业服务业等再生水设施建设。建筑面积在万平方米以上的居民住宅小区及新建大型文化、教育、宾馆、饭店设施，都必须配套建设再生水利用设施；没有再生水利用设施的在用大型公建工程，要完善再生水配套设施。

3. 足额征收污水处理费。各省、市应当根据特定情况，制定并出台《污水处理费征收管理办法》。要加大污水处理费征收力度，为污水处理设施运行提供资金支持。

4. 加快城市排水管网建设，要按照"先排水管网、后污水处理设施"的建设原则，加快城市排水管网建设。在新建设时，必须建设雨水管网和污水管网，推行雨污分流排水体系。要在城市道路建设改造的同时，对城市排水管网进行雨、污分流改造和完善，提高污水收水率。

四、深化水价改革，建立科学的水价体系

1. 利用价格杠杆促进节约用水、保护水资源。逐步提高城市供水价格，不仅包括供水合理成本和利润，还要包括户表改造费用、居住区供水管网改造等费用。

2. 合理确定非传统水源的供水价格。再生水价格以补偿成本和合理收益原则，结合水质、用途等情况，按城市供水价格的一定比例确定。要根据非传统水源的开发利用进展情况，及时制定合理的供水价格。

3. 积极推行"阶梯式水价（含水资源费）"。电力、钢铁、石油、纺织、造纸、啤酒、酒精七个高耗水行业，应当实施"定额用水"和"阶梯式水价（水资源费）"。水价分三级，级差为 1 : 2 : 10。工业用水的第一级含量，按《省用水定额》确定，第二、三级水量为超出基本水量 10（含）和 10 以上的水量。

五、加强水资源费征管和使用

1. 加大水资源费征收力度。征收水资源费是优化配置水资源、促进节约用水的重要措施。使用自备井（农村生活和农业用水除外）的单位和个人都应当按规定缴纳水资源费（含南水北调基金）。水资源费（含南水北调基金）主要用于水资源管理、节约、保护工作和南水北调工程建设，不得挪作他用。

2. 加强取水的科学管理工作，全面推动水资源远程监控系统建设、智能水表等科技含量高的计量设施安装工作，所有自备井都要安装计量设施，实现水资源计量，收费和管理科学化、现代化、规范化。

六、加强领导，落实责任，保障各项制度落实到位

水资源管理、水价改革和节约用水涉及面广、政策性强、实施难度大，各部门要进一步提高认识，确保责任到位、政策到位。落实建设项目节水措施"三同时"和建设项目水资源论证制度，取水许可和入河排污口审批、污水处理费和水资源费征收、节水工艺和节水器具的推广都需要有法律、法规做保障，对违法、违规行为要依法查处，确保各项制度措施落实到位。要大力做好宣传工作，使人民群众充分认识中国水资源的严峻形势，增强水资源的忧患意识和节约意识，形成"节水光荣，浪费可耻"的良好社会风尚，形成共建节约型社会的合力。

第二章 水资源管理

第一节 水资源管理概述

1. 水资源管理的含义

对水资源管理的含义，国内外专家学者有着不同的理解和定义，还没有统一的认识，目前关于水资源管理的定义有：

（1）《中国大百科全书：大气科学、海洋科学、水文科学》：水资源管理是水资源开发利用的组织、协调、监督和调度。运用行政、法律、经济、技术和教育等手段，组织各种社会力量开发水利和防治水害；协调社会经济发展与水资源开发利用之间的关系，处理各地区、各部门之间的用水矛盾；监督、限制不合理的开发水资源和危害水源的行为；制定供水系统和水库工程的优化调度方案，科学分配水量。

（2）《中国大百科全书：环境科学》：水资源管理是防止水资源危机，保证人类生活和经济发展的需要，运用行政、技术立法等手段对淡水资源进行管理的措施。水资源管理工作的内容包括调查水量，分析水质，进行合理规划、开发和利用，保护水源，防止水资源衰竭和污染等。同时也涉及水资源密切相关的工作，如保护森林、草原、水生生物、植树造林、涵养水源、防止水土流失、防止土地盐渍化、沼泽化、沙化等。

（3）董增川：水资源管理是水行政主管部门综合运用法律、行政、经济、技术等手段，对水资源的分配、开发、利用、调度和保护进行管理，以求可持续地满足社会经济发展和生态环境改善对水的需求的各种活动的总称。

（4）王双银等：水资源管理就是为保证特定区域内可以得到一定质和量的水资源，使之能够持久开发和永续利用，以最大限度地促进经济社会的可持续发展和改善环境而进行的各项活动（包括行政、法律、经济、技术等方面）。

（5）冯尚友：水资源管理是为支持实现可持续发展战略目标，在水资源及水环境的开发、治理、保护、利用过程中所进行的统筹规划、政策指导、组织实施、协调控制、监督检查等一系列规范性活动的总称。统筹规划是合理利用有限水资源的整体布局、全面策划的关键；政策指导是进行水事活动决策的规则与指南；组织实施是通过立法、行政经济、技术和教育等形式组织社会力量，实施水资源开发利用的一系列活动实践；协调控制是处理好资源、环境与经济、社会发展之间的协同关系和水事活动之间的矛盾关系、控制好社会用水与供水的平衡和减轻水旱灾害损失的各种措施；监督检查则是不断提高水的利用率和执行正确方针政策的必需手段。

（6）孙金华：水资源管理就是协调人水关系，是为了人类满足生命、生活、生产和生态等方面的水资源需求所采取的一系列工程和非工程措施之总和。

（7）于万春等：依据水资源环境承载能力，遵循水资源系统自然循环功能，按照经济社会规律和生态环境规律，运用法规、行政、经济、技术、教育等手段，通过全面系统的规划优化配置水资源，对人们的涉水行为进行调整与控制，保障水资源开发利用与经济社会和谐持续发展。

（8）联合国教科文组织国际水文计划工作组将可持续水资源管理定义为：支撑从现在到未来社会及其福利而不破坏他们赖以生存的水文循环及生态系统的稳定性的水的管理与使用。

2. 水资源管理的目标

水资源管理的最终目标是使有限的水资源创造最大的社会经济效益和生态环境效益，实现水资源的可持续利用和促进经济社会的可持续发展。

《中国 21 世纪议程》中对水资源管理的总要求是：水量与水质并重，资源和环境管理一体化。水资源管理的基本目标如下：

（1）形成能够高效利用水的节水型社会

在对水资源的需求有新发展的形势下，必须把水资源作为关系到社会兴衰的重要因素来对待，并根据中国水资源的特点，计划用水和节约用水，大力保护并改善天然水质。

（2）建设稳定、可靠的城乡供水体系

在节水战略指导下，预测社会需水量的增长率将保持或略高于人口的增长率。在人口达到高峰以后，随着科学技术的进步，需水增长率将相对也有所降低。并按照这个趋势制订相应计划以求解决各个时期的水供需平衡，提高枯水期的供水安全度，及对于特殊干旱的相应对策等，并定期修正计划。

（3）建立综合性防洪安全的社会保障制度

由于人口的增长和经济的发展，如再遇洪水，将给社会经济造成的损失比过去加重很多。在中国的自然条件下江河洪水的威胁将长期存在。

因此，要建立综合性防洪安全的社会保障体制，以有效地保护社会安全、经济繁荣和人民生命财产安全，以求在发生特大洪水情况下，不致影响社会经济发展的全局。

（4）加强水环境系统的建设和管理，建成国家水环境监测网

水是维系经济和生态系统的最大关键性要素。通过建设国家和地方水环境监测网和信息网，掌握水环境质量状况，努力控制水污染发展的趋势，加强水资源保护，实行水量与水质并重、资源与环境一体化管理，以应付缺水与水污染的挑战。

3. 水资源管理的原则

水资源管理要遵循以下原则：

（1）维护生态环境，实施可持续发展战略

生态环境是人类生存、生产与生活的基本条件，而水是生态环境中不可缺少的组成要素之一，在对水资源进行开发利用与管理保护时，应把维护生态环境的良性循环放到突出位置，才可能为实施水资源可持续利用，保障人类和经济社会的可持续发展战略奠定坚实的基础。

（2）地表水与地下水、水量与水质实行统一规划调度

地球上的水资源分为地表水资源与地下水资源，而且地表水资源与地下水资源之间存在一定关系，联合调度、统一配置和管理地表水资源和地下水资源，可以提高水资源的利用效率。水资源的水量与水质既是一组不同的概念，又是一组相辅相成的概念，水质的好坏会影响水资源量的多少，人们谈及水资源量的多少时，往往是指能够满足不同用水要求的水资源量，水污染的发生会减少水资源的可利用量；水资源的水量多少会影响水资源的水质。将同样量的污物排入不同水量的水体，由于水体的自净作用，水体的水质会产生不同程度的变化。在制定水资源开发利用规划时，水资源的水量与水质也须统一考虑。

（3）加强水资源统一管理

水资源的统一管理包括：水资源应当按流域与区域相结合，实行统一规划、统一调度，建立权威、高效、协调的水资源管理体制；调蓄径流和分配水量，应当兼顾上下游和左右岸用水、航运、竹木流放、渔业和保护生态环境的需要；统一发放取水许可证与统一征收水资源费，取水许可证和水资源费体现了国家对水资源的权属管理，水资源配置规划和水资源有偿使用制度的管理；实施水务纵向一体化管理是水资源管理的改革方向，建立城乡水源统筹规划调配，从供水、用水、排水，到节约用水、污水处理及再利用、水源保护的全过程管理体制，以把水源开发、利用、治理、配置、节约、保护有机地结合起来，实现水资源管理在空间与时间的统一、水质与水量的统一、开发与治理的统一、节约与保护的统一。达到开发利用和管理保护水资源的最佳的经济、社会、环境效益的结合。

（4）保障人民生活和生态环境基本用水，统筹兼顾其他用水

水资源的用途主要有农业用水、工业用水、生活用水、生态环境用水、发电用水、航运用水、旅游用水、养殖用水等。《中华人民共和国水法》规定，开发、利用水资源，应当首先满足城乡居民生活用水，并兼顾农业、工业、生态环境用水以及航运等需要。在干旱和半干旱地区开发、利用水资源，应当充分考虑生态环境用水需要。

（5）坚持开源节流并重，节流优先治污为本的原则

中国水资源总量虽然相对丰富，但人均拥有量少，而在水资源的开发利用过程中，又面临着水污染和水资源浪费等水问题，严重影响水资源的可持续利用，因此，进行水资源管理时，坚持开源节流并重，以及节流优先治污为本的原则，才能实现水资源的可

持续利用。

（6）坚持按市场经济规律办事，发挥市场机制对促进水资源管理的重要作用

水资源管理中的水资源费和水费经济制度，以及谁耗费水量谁补偿、谁污染水质谁补偿、谁破坏生态环境谁补偿的补偿机制，确立全成本水价体系的定价机制和运行机制，水资源使用权和排水权的市场交易运作机制和规则等，都应在政府宏观监督管理下，运用市场机制和社会机制的规则，管理水资源，发挥市场调节在配置水资源和促进合理用水、节约用水中的作用。

（7）坚持依法治水的原则

进行水资源管理时，必须严格遵守相关的法律法规和规章制度，如《中华人民共和国水法》《中华人民共和国水污染防治法》《中华人民共和国水土保持法》和《中华人民共和国环境法》等。

（8）坚持水资源属于国家所有的原则

《中华人民共和国水法》规定水资源属于国家所有，水资源的所有权由国务院代表国家行使，这从根本上确立了中国的水资源所有权原则。坚持水资源属于国家所有，是进行水资源管理的基本点。

（9）坚持公众参与和民主决策的原则

水资源的所有权属于国家，任何单位和个人引水、截（蓄）水、排水，不得损害公共利益和他人的合法权益，这使得水资源具有公共性的特点。

水资源是社会的共同财富，任何单位和个人都有享受水资源的权利。因此，公共参与和民主决策是实施水资源管理工作时需要坚持的一个原则。

4. 水资源管理的内容

水资源管理是一项复杂的水事行为，涉及的内容很多，综合国内外学者的研究，水资源管理主要包括水资源水量与质量管理、水资源法律管理、水资源水权管理、水资源行政管理、水资源规划管理、水资源合理配置管理、水资源经济管理、水资源投资管理、水资源统一管理、水资源管理的信息化、水灾害防治管理、水资源宣传教育、水资源安全管理等。

（1）水资源水量与质量管理

水资源水量与质量管理是水资源管理的基本组成内容之一，水资源水量与质量管理包括水资源水量管理、水资源质量管理，以及水资源水量与水资源质量的综合管理。

（2）水资源法律管理

法律是国家制定或认可的，由国家强制力保证实施的行为规范，以规定当事人权利和义务为内容的具有普遍约束力的社会规范。法律是国家和人民利益的体现和保障。水资源法律管理是通过法律手段强制性管理水资源行为。水资源的法律管理是实现水资源价值和可持续利用的有效手段。

（3）水资源水权管理

水资源水权是指水的所有权、开发权、使用权以及与水开发利用有关的各种用水权利

的总称。水资源水权是调节个人之间、地区与部门之间以及个人、集体与国家之间使用水资源及相邻资源的一种权益界定的规则。《中华人民共和国水法》规定水资源属于国家所有，水资源的所有权由国务院代表国家行使。

（4）水资源行政管理

水资源行政管理是指与水资源相关的各类行政管理部门及其派出机构，在宪法和其他相关法律、法规的规定范围内，对于与水资源有关的各种社会公共事务进行的管理活动，不包括水资源行政组织对内部事务的管理。

（5）水资源规划管理

开发、利用、节约、保护水资源和防治水害，应当按照流域、区域统一制定规划。规划分为流域规划和区域规划，流域规划包括流域综合规划和流域专业规划，区域规划包括区域综合规划和区域专业规划。综合规划是指根据经济社会发展需要和水资源开发利用现状编制的开发、利用、节约、保护水资源和防治水害的总体部署。专业规划是指防洪、治涝、灌溉、航运、供水、水力发电、竹木流放、渔业、水资源保护、水土保持、防沙治沙、节约用水等规划。

（6）水资源合理配置管理

水资源合理配置方式是水资源持续利用的具体体现。水资源配置如何，关系到水资源开发利用的效益、公平原则和资源、环境可持续利用能力的强弱。《中华人民共和国水法》规定全国水资源的宏观调配由国务院发展计划主管部门和国务院水行政主管部门负责。

（7）水资源经济管理

水资源是有价值的，水资源经济管理是通过经济手段对水资源利用进行调节和干预。水资源经济管理是水资源管理的重要组成部分，有助于提高社会和民众的节水意识和环境意识，对于遏止水环境恶化和缓解水资源危机具有重要作用，是实现水资源可持续利用的重要经济手段。

（8）水资源投资管理

为维护水资源的可持续利用，必须保证水资源的投资。此外，在水资源投资面临短缺时，如何提高水资源的投资效益也是非常重要的。

（9）水资源统一管理

对水资源进行统一管理，实现水资源管理在空间与时间的统一、质与量的统一、开发与治理的统一、节约与保护的统一，为实施水资源的可持续利用提供基本支撑条件。

（10）水资源管理的信息化

水资源管理是一项复杂的水事行为，需要收集和处理大量的信息，在复杂的信息中又需要及时得到处理结果，提出合理的管理方案，使用传统的方法很难达到这一要求。基于现代信息技术，建立水资源管理信息系统，能显著提高水资源的管理水平。

（11）水灾害防治管理

水灾害是影响中国最广泛的自然灾害，也是中国经济建设、社会稳定敏感度最大的自然灾害。危害最大、范围最广、持续时间较长的水灾害有干旱、洪水、涝渍、风暴潮、灾害性海浪、泥石流、水生态环境灾害。

（12）水资源宣传教育

通过书刊、报纸、电视、讲座等多种形式与途径，向公众宣传有关水资源信息和业务准则，提高公众对水资源的认识。同时，搭建不同形式的公众参与平台，提高公众对水资源管理的参与意识。为实施水资源的可持续利用奠定广泛与坚实的群众基础。

（13）水资源安全管理

水资源安全是水资源管理的最终目标。水资源是人类赖以生存和发展的不可缺少的一种宝贵资源，也是自然环境的重要组成部分，因此，水资源安全是人类生存与社会可持续发展的基础条件。

第二节　国内外水资源管理概况

一、国外水资源管理概况

世界上不同国家的水资源管理都有自己的特点，其中美国、法国、澳大利亚的水资源管理概况如下：

1. 美国水资源管理

（1）水资源概况

美国水资源比较丰富，在 936.3 万 km² 的国土面积上，多年平均年降水量为 760mm，东部多雨，年降雨量为 800 ~ 2000mm，部分地区达到 2500mm；西部干旱少雨，年降雨量一般在 500mm 以下，部分地区仅 5-100mm。全国河川年径流总量为 29702 亿 m³，径流总量居世界第 4 位。

（2）水资源管理概况

美国水资源管理机构，分为联邦政府机构、州政府机构和地方（县、市）三级机构。在州政府一级强调流域与区域相结合，突出流域机构对水土资源开发利用与保护的管理与协调职能。1965 年根据《水资源规划法》成立了直属总统领导、内政部长为首的水资源理事会，水资源理事会系部一级的权力机构，负责制定统一的水政策，全面协调联邦政府、州政府、地方政权、私人企业和组织的涉水工作，促进水资源和土地资源的保护管理及开发利用。

经过多年的发展，美国的水资源管理形成了如下特点：由重治理转为重预防，强调政府和企业及民众合作，研究开发对环境无害的新产品、新技术；重视水资源数据和情报的利用及分享；利用正规和非正规教育两种途径进行水资源教育。

2. 法国水资源管理

（1）水资源概况

法国境内有塞纳河、莱茵河、罗纳河和卢瓦尔河等六条大河。法国每年可更新的淡水约为 1850 亿 m^3，每人的可用水约为 $31903/m^3$。法国水资源时空分布具有一定差异，部分地区干旱现象时有出现，但是，即使在干旱年份，干旱地区的年降雨量也不低于 600mm。

（2）水资源管理概况

法国的水管理体制包括国家级、流域级、地区级和地方级四个层面。法国水资源管理具有四项原则：水的管理应是总体的（或统筹的），既要管理地表水，又要管理地下水；既管水量又管水质，并要着眼于开发利用水资源的长远利益，考虑生态系统的物理、化学及生物学等的平衡；管理水资源的最适宜范围是以流域为区域；水政策的成功实施要求各个层次的用户共同协商和积极参与；作为管理水的规章和计划的补充，应积极采用经济手段，具体讲就是谁污染谁付费、谁用水谁付费的原则。

法国水资源管理总结起来，主要有以下六个特点：注重水资源的权属管理；注重以法治手段来规范水资源管理；注重以流域为单元的水质水量综合管理；通过市场调节手段优化水资源配置；水资源管理决策的民主化；公司企业进行水资源项目经营管理。

3. 澳大利亚水资源管理

（1）水资源概况

澳大利亚国土面积 768.23 万 km^2，是一块最平坦、最干旱又是四面环水的大陆，年平均降雨量约 460mm，雨量分布在地理上、季节上和年份上都差别很大。澳大利亚水资源总量为 3430 亿 m^3，目前已开发利用量 15 亿 m^3，人均水资源量 $18743m^3$。人均水资源量居世界前 50 名，属水资源相对丰富的国家，但从国土范围平均看，水资源又很不富裕。

（2）水资源管理概况

澳大利亚的水资源管理大体上分为联邦、州和地方三级，但基本上以州为主。澳大利亚各州对水资源的管理都是自治的，各州都有自己的水法及水资源委员会或类似机构，负责水资源评价、规划、分配、监督、开发和利用；建设州内所有与水有关的工程，如供水灌溉、排水和河道整治等。

澳大利亚的水资源管理具有如下三个特点：在联邦政府，水管理职能属于农林渔业部和环境部，联邦政府对于跨行政区域（州）的河流，实行流域综合管理；由各州负责自然资源的管理，州政府是所有水资源的拥有者，负责管理；州政府以下，各地设立水管理局，水管理局是水资源配额的授权管理者，包括城市和乡村水资源的管理。

二、国外水资源管理的经验借鉴

不同国家的水资源管理各有自己的特色，不同国家的水资源管理经验能够为中国水资源管理提供以下几方面的借鉴意义：

1. 实行水资源公有制，增强政府控制能力

水资源的特点之一是具有公共性。目前，国际上普遍重视水资源的这一特点，提倡所有的水资源都应为社会所公有，为社会公共所用，并强化国家对水资源的控制和管理。

2. 完善水资源统一管理体制

水资源管理的一个原则就是加强水资源统一管理，完善水资源统一管理体制，统一管理和调配水资源，有利于保护和节约水资源，大大提高水资源的利用效益与利用效率。

3. 实行以取水许可制度或水权登记制度为核心的水权管理制度

实行以取水许可制度或水权登记制度为核心的水权管理制度，改变了长期以来任意取水和用水的历史习惯，实现国家水管理机关统一管理水权，合理统筹资源配置。

4. 重视立法工作

水资源法律管理是水资源管理的基础。在进行水资源管理的过程中，必须坚持依法治水的原则，重视立法工作，正确制定水资源相关法律法规，是有效实施水资源管理的根本手段。

5. 引导和改变大众用水观念

水资源短缺是许多国家和地区面临的水问题之一，造成水资源短缺的其中一个原因就是水资源利用效率不高，水资源浪费严重。因此，必须采取各种措施，实行高效节约用水，改变大众用水观念。

6. 强调水环境的保护

水资源的不合理开发利用会对水环境造成破坏，应借鉴其他国家水环境管理的先进经验，避免走"先污染、后治理"的道路，保护水环境不被破坏。

三、中国水资源管理概况

中国是世界上开发水利、防治水患最早的国家之一。中华人民共和国成立后，水利建设有了很大发展。中国的水资源管理概况如下：

国家对水资源实行流域管理与行政区域管理相结合的体制。国务院水行政主管部门负责全国水资源的统一管理和监督管理工作，水利部为国务院水行政主管部门。国务院水行

政主管部门在国家确定的重要河流、湖泊设立的流域管理机构，在所管辖的范围内行使法律、行政法规规定的国务院水行政主管部门授予的水资源管理和监督管理职责。县级以上地方人民政府水行政主管部门按照规定的权限，负责本行政区域内水资源的统一管理和监督管理。国务院有关部门按照职责分工，负责水资源开发、利用、节约和保护的有关工作。县级以上地方人民政府有关部门按照职责分工，负责本行政区域内水资源开发、利用、节约和保护的有关工作。

全国水资源与水土保持工作领导小组负责审核大江大河的流域综合规划；审核全国水土保持工作的重要方针、政策和重点防治的重大问题；处理部门之间有关水资源综合利用方面的重大问题；处理协调省际的重大水事矛盾。

七大江河流域机构是水利部的派出机构，被授权对所在的流域行使《水法》赋予水行政主管部门的部分职责。按照统一管理和分级管理的原则，统一管理本流域的水资源和河道。负责流域的综合治理，开发管理具控制性的重要水利工程，搞好规划、管理、协调、监督、服务。促进江河治理和水资源的综合开发、利用和保护。

中国水资源管理主要实行以下九个基本制度：水资源优化配置制度；取水许可制度；水资源有偿使用制度；计划用水、超定额用水累进加价制度；节约用水制度；水质管理制度；水事纠纷调理制度；监督检查制度；水资源公报制度。

第三节　水资源法律管理

一、水资源法律管理的概念

水资源法律管理是水资源管理的基础，在进行水资源管理的过程中，必须通过依法治水才能实现水资源开发、利用和保护目的，满足社会经济和环境协调发展的需要水资源法律管理的概念。

水资源法律管理是以立法的形式，通过水资源法规体系的建立，为水资源的开发、利用、治理、配置、节约和保护提供制度安排，调整与水资源有关的人与人的关系，并间接调整人与自然的关系。

水法有广义和狭义之分，狭义的水法是《中华人民共和国水法》。广义的水法是指调整在水的管理、保护、开发、利用和防治水害过程中所发生的各种社会关系的法律规范的总称。

二、水资源法律管理的作用

水资源法律管理的作用是借助国家强制力，对水资源开发、利用、保护、管理等各种行为进行规范，解决与水资源有关的各种矛盾和问题，实现国家的管理目标。具体表现在以下几方面：规范、引导用水部门的行为，促进水资源可持续利用；加强政府对水资源的管理和控制，同时对行政管理行为产生约束；明确的水事法律责任规定，为解决各种水事冲突提供了依据；有助于提高人们保护水资源和生态环境的意识。

三、中国水资源管理的法规体系构成

中国在水资源方面颁布了大量具有行政法规效力的规范性文件，如《中华人民共和国水法》《中华人民共和国水污染防治法》《中华人民共和国水土保持法》《中华人民共和国防洪法》《中华人民共和国环境保护法》《中华人民共和国河道管理条例》和《取水许可证制度实施办法》等一系列法律法规，初步形成了一个由中央到地方、由基本法到专项法再到法规条例的多层次的水资源管理的法规体系。按照立法体制、效力等级的不同，中国水资源管理的法规体系构成如下：

1. 宪法中有关水的规定

宪法是一个国家的根本大法，具有最高法律效力，是制定其他法律法规的依据。《中华人民共和国宪法》中有关水的规定也是制定水资源管理相关的法律法规的基础。《中华人民共和国宪法》第 9 条第 1.2 款分别规定，"水流属于国家所有，即全民所有"，"国家保障自然资源的合理利用"。这是关于水权的基本规定以及合理开发利用、有效保护水资源的基本准则。对于国家在环境保护方面的基本职责和总政策，第 26 条做了原则性的规定，"国家保护和改善生活环境和生态环境，防治污染和其他公害"。

2. 全国人大制定的有关水的法律

由全国人大制定的有关水的法律主要包括与（水）资源环境有关的综合性法律和有关水资源方面的单项法律。目前，中国还没有一部综合性资源环境法律，《中华人民共和国环境保护法》可以认为是中国在环境保护方面的综合性法律；《中华人民共和国水法》是中国第一部有关水的综合性法律，是水资源管理的基本大法。针对中国水资源洪涝灾害频繁、水资源短缺和水污染现象严重等问题，中国专门制定了《中华人民共和国水污染防治法》《中华人民共和国水土保持法》和《中华人民共和国防洪法》等有关水资源方面的单项法律，为中国水资源保护、水土保持、洪水灾害防治等工作的顺利开展提供法律依据。

（1）《中华人民共和国水法》

《中华人民共和国水法》于 1988 年 1 月 21 日经第六届全国人民代表大会常务委员会第 24 次会议审议通过，于 2002 年 8 月 29 日第九届全国人民代表大会常务委员会第二十九次会议修订通过，修订后的《中华人民共和国水法》自 2002 年 10 月 1 日起施行。

《中华人民共和国水法》包括八章：总则（第一章）、水资源规划（第二章）、水资源开发利用（第三章）、水资源、水域和水工程的保护（第四章）、水资源配置和节约使用（第五章）、水事纠纷处理与执法监督检查（第六章）、法律责任（第七章）、附则（第八章）。

（2）《中华人民共和国环境保护法》

《中华人民共和国环境保护法》于 1989 年 12 月 26 日经第七届全国人民代表大会常务委员会第十一次会议通过，从 1989 年 12 月 26 日起施行。

《中华人民共和国环境保护法》包括六章：总则（第一章）、环境监督管理（第二章）、保护和改善环境（第三章）、防治环境污染和其他公害（第四章）、法律责任（第五章）、附则（第六章）。《中华人民共和国环境保护法》是为保护和改善生活环境与生态环境，防治污染和其他公害，保障人体健康，促进社会主义现代化建设的发展而制定的。《中华人民共和国环境保护法》中的环境，是指影响人类生存和发展的各种天然的和经过人工改造的自然因素的总体，包括大气、水、海洋、土地、矿藏、森林、草原、野生生物、自然遗迹、人文遗迹、自然保护区、风景名胜区、城市和乡村等。《中华人民共和国环境保护法》适用于中华人民共和国领域和中华人民共和国管辖的其他海域。

（3）《中华人民共和国水污染防治法》

《中华人民共和国水污染防治法》于 1984 年 5 月 11 日经第六届全国人民代表大会常务委员会第五次会议通过，根据 1996 年 5 月 15 日第八届全国人民代表大会常务委员会第十九次会议（关于修改《中华人民共和国水污染防治法》的决定）修正，2008 年 2 月 28 日第十届全国人民代表大会常务委员会第三十二次会议修订。

《中华人民共和国水污染防治法》包括八章：总则（第一章）、水污染防治的标准和规划（第二章）、水污染防治的监督管理（第三章）、水污染防治措施（第四章）、饮用水水源和其他特殊水体保护（第五章）、水污染事故处置（第六章）、法律责任（第七章）、附则（第八章）。《中华人民共和国水污染防治法》是为了防治水污染，保护和改善环境，保障饮用水安全，促进经济社会全面协调可持续发展而制定的；《中华人民共和国水污染防治法》适用于中华人民共和国领域内的江河、湖泊、运河、渠道、水库等地表水体以及地下水体的污染防治；水污染防治应当坚持预防为主、防治结合、综合治理的原则，优先保护饮用水水源，严格控制工业污染、城镇生活污染，防治农业面源污染，积极推进生态治理工程建设，预防、控制和减少水环境污染和生态破坏。

（4）《中华人民共和国水土保持法》

《中华人民共和国水土保持法》于 1991 年 6 月 29 日经第七届全国人民代表大会常务委员会第二十次会议通过，2010 年 12 月 25 日第十一届全国人民代表大会常务委员会第十八次会议修订，修订后的《中华人民共和国水土保持法》自 2011 年 3 月 1 日起施行。

《中华人民共和国水土保持法》包括七章：总则（第一章）、规划（第二章）、预防（第三章）、治理（第四章）、监测和监督（第五章）、法律责任（第六章）、附则（第七章）。《中华人民共和国水土保持法》是为了预防和治理水土流失，保护和合理利用水土资源，减轻水、旱、风沙灾害，改善生态环境，保障经济社会可持续发展而制定的；在中华人民共和国境内从事水土保持活动，应当遵守本法。《中华人民共和国水土保持法》中的水土保持，是指对自然因素和人为活动造成水土流失所采取的预防和治理措施。水土保持工作实行预防为主、保护优先、全面规划、综合治理、因地制宜、突出重点、科学管理、注重效益的方针。

（5）《中华人民共和国防洪法》

《中华人民共和国防洪法》于1997年8月9日经第八届全国人民代表大会常务委员会第二十七次会议通过，自1998年1月1日起施行。

《中华人民共和国防洪法》包括八章：总则（第一章）、防洪规划（第二章）、治理与防护（第三章）、防洪区和防洪工程设施的管理（第四章）、防汛抗洪（第五章）、保障措施（第六章）、法律责任（第七章）、附则（第八章）。《中华人民共和国防洪法》是为了防治洪水，防御、减轻洪涝灾害，维护人民的生命和财产安全，保障社会主义现代化建设顺利进行而制定的。防洪工作实行全面规划、统筹兼顾、预防为主，综合治理、局部利益服从全局利益的原则。

3. 由国务院制定的行政法规和法规性文件

由国务院制定的与水相关的行政法规和法规性文件内容涉及水利工程的建设和管理水污染防治、水量调度分配、防汛、水利经济和流域规划等众多方面。如《中华人民共和国河道管理条例》和《取水许可证制度实施办法》等，与各种综合、单项法律相比，国务院制定的这些行政法规和法规性文件更为具体、详细，操作性更强。

（1）《中华人民共和国河道管理条例》

《中华人民共和国河道管理条例》于1988年6月3日经国务院第七次常务会议通过，从1988年6月10日起施行。

《中华人民共和国河道管理条例》包括七章：总则（第一章）、河道整治与建设（第二章）、河道保护（第三章）、河道清障（第四章）、经费（第五章）、罚则（第六章）、附则（第七章）。《中华人民共和国河道管理条例》是为加强河道管理，保障防洪安全，发挥江河湖泊的综合效益，根据《中华人民共和国水法》而制定的。《中华人民共和国河道管理条例》适用于中华人民共和国领域内的河道（包括湖泊、人工水道、行洪区、蓄洪区、滞洪区）。

（2）《取水许可证制度实施办法》

《取水许可证制度实施办法》于1993年6月11日经国务院第五次常务会议通过，自1993年9月1日施行。

《取水许可证制度实施办法》分为38条条款。《取水许可证制度实施办法》是为加强水资源管理，节约用水，促进水资源合理开发利用，根据《中华人民共和国水法》而制定的。《取水许可证制度实施办法》中的取水，是指利用水工程或者机械提水设施直接从江河、湖泊或者地下取水。一切取水单位和个人，除本办法第三条、第四条规定的情形外，都应当依照本办法申请取水许可证，并依照规定取水。水工程包括闸（不含船闸）、坝、跨河流的引水式水电站、渠道、人工河道、虹吸管等取水、引水工程。取用自来水厂等供水工程的水，不适用本办法。

《取水许可证制度实施办法》第三条，下列少量取水不需要申请取水许可证：

①为家庭生活、畜禽饮用取水的；

②为农业灌溉少量取水的；

③用人力、畜力或者其他方法少量取水的。少量取水的限额由省级人民政府规定。

《取水许可证制度实施办法》第四条，下列取水免予申请取水许可证：

①为农业抗旱应急必须取水的；

②为保障矿井等地下工程施工安全和生产安全必须取水的；

③为防御和消除对公共安全或者公共利益的危害必须取水的。

4. 由国务院所属部委制定的相关部门行政规章

由于中国水资源管理在很长的一段时间内实行的是分散管理的模式，因此，不同部门从各自管理范围、职责出发，制定了很多与水有关的行政规章，以生态环境部门和水利部门分别形成的两套规章系统为代表。生态环境部门侧重水质、水污染防治，主要是针对排放系统的管理，制定的相关行政规章有《环境标准管理》和《全国环境监测管理条例》等；水利部门侧重水资源的开发、利用，制定的相关行政规章有《取水许可申请审批程序规定》《取水许可水质管理办法》和《取水许可监督管理办法》等。

5. 地方性法规和行政规章

中国水资源的时空分布存在很大差异，不同地区的水资源条件、面临的主要水资源问题，以及地区经济实力等都各不相同，因此，水资源管理需因地制宜地展开，各地方可指定与区域特点相符合、能够切实有效解决区域问题的法律法规和行政规章。目前中国已经颁布很多与水有关的地方性法规、省级政府规章及规范性文件。

6. 其他部门中相关的法律规范

水资源问题涉及社会生活的各方面，其他部门中相关的法律规范也适用于水资源法律管理，如《中华人民共和国农业法》和《中华人民共和国土地法》中的相关法律规范。

7. 立法机关、司法机关的相关法律解释

立法机关、司法机关对以上各种法律、法规、规章、规范性文件做出的说明性文字，或是对实际执行过程中出现的问题解释、答复，也是水资源管理法规体系的组成部分。

8. 依法制定的各种相关标准

由行政机关根据立法机关的授权而制定和颁布的各种相关标准，是水资源管理法规体系的重要组成部分，如《地表水环境质量标准》《地下水质量标准》和《生活饮用水卫生标准》等。

第四节　水资源水量及水质管理

一、水资源水量管理

（一）水资源总量

水资源总量是地表水资源量和地下水资源量两者之和，这个总量应是扣除地表水与地下水重复量之后的地表水资源和地下水资源天然补给量的总和。由于地表水和地下水相互联系和相互转化，故在计算水资源总量时，须将地表水与地下水相互转化的重复水量扣除。

用多年平均河川径流量表示的中国水资源总量 27115 亿 m^3，居世界第六位，仅次于巴西、俄罗斯、美国、印度尼西亚、加拿大，水资源总量比较丰富。

水资源总量中可能被消耗利用的部分称为水资源可利用量，包括地表水资源可利用量和地下水资源可利用量，水资源可利用量是指在可预见的时期内，在统筹考虑生活、生产和生态环境用水的基础上，通过经济合理、技术可行的措施，在当地水资源中可一次性利用的最大水量。

（二）水资源供需平衡管理

水是基础性的自然资源和战略性的经济资源，是生态环境的控制性要素。水资源的可持续利用，是城市乃至国家经济社会可持续发展极为重要的保证，也是维护人类环境的极为重要的保证。中国人均、亩均占有水资源量少，水资源时空分布极为不均匀。特别是西北干旱、半干旱区，水资源是制约当地社会经济发展和生态环境改善的主要因素。

1. 水资源供需平衡分析的意义

城市水资源供需平衡分析是指在一定范围内（行政、经济区域或流域）不同时期的可供水量和需水量的供求关系分析。其目的：一是通过可供水量和需水量的分析，弄清楚水资源总量的供需现状和存在的问题；二是通过不同时期、不同部门的供需平衡分析，预测未来水资源余缺的时空分布；三是针对水资源供需矛盾，进行开源节流的总体规划，明确水资源综合开发利用保护的主要目标和方向，以实现水资源的长期供求计划。因此，水资源供需平衡分析是国家和地方政府制订社会经济发展计划和保护生态环境必须进行的行动，也是进行水源工程和节水工程建设，加强水资源、水质和水生态系统保护的重要依据。开展此项工作，有助于使水资源的开发利用获得最大的经济、社会和环境效益，满足社会经济发展对水量和水质日益增长的要求，同时在维护资源的自然功能，以及维护和改善生态环境的前提下，实现社会经济的可持续发展，使水资源承载力、水环境承载力相协调。

2.水资源供需平衡分析的原则

水资源供需平衡分析涉及社会、经济、环境生态等方面，不管是从可供水量还是需水量方面分析，牵涉面广且关系复杂。因此，水资源供需平衡分析必须遵循以下原则：

（1）长期与近期相结合原则

水资源供需平衡分析实质上就是对水的供给和需求进行平衡计算。水资源的供与需不仅受自然条件的影响，更重要的是受人类活动的影响。在社会不断发展的今天，人类活动对供需关系的影响已经成为基本的因素，而这种影响又随着经济条件的不断改善而发生阶段性的变化。因此，在进行水资源供需平衡分析时，必须有中长期的规划，做到未雨绸缪，不能临渴掘井。

在对水资源供需平衡做具体分析时，根据长期与近期原则，可以分成几个分析阶段：

①现状水资源供需分析，即对近几年来本地区水资源实际供水、需水的平衡情况，以及在现有水资源设施和各部门需水的水平下，对本地区水资源的供需平衡情况进行分析；

②今后五年内水资源供需分析，它是在现水资源供需分析的基础上结合国民经济五年计划对供水与需求的变化情况进行供需分析；

③今后 10 年或 20 年内水资源供需分析，这项工作必须紧密结合本地区的长远规划来考虑，同样也是本地区国民经济远景规划的组成部分。

（2）宏观与微观相结合原则

即大区域与小区域相结合，单一水源与多个水源相结合，单一用水部门与多个用水部门相结合。水资源具有区域分布不均匀的特点，在进行全省或全市（县）的水资源供需平衡分析时，往往以整个区域内的平衡值来计算，这就势必造成全局与局部矛盾。大区域内水资源平衡了，各小区域内可能有亏有盈。因此，在进行大区域的水资源供需平衡分析后，还必须进行小区域的供需平衡分析，只有这样才能反映各小区域的真实情况，从而提出切实可行的措施。

在进行水资源供需平衡分析时，除了对单一水源地（如水库、河闸和机井群）的供需平衡加以分析外，更应重视对多个水源地联合起来的供需平衡进行分析，这样可以最大限度地发挥各水源地的调解能力和提高供水保证率。

由于各用水部门对水资源的量与质的要求不同，对供水时间的要求也相差较大。因此在实践中许多水源是可以重复交叉使用的。例如，内河航运与养鱼、环境用水相结合，城市河湖用水、环境用水和工业冷却水相结合等。一个地区水资源利用得是否科学，重复用水量是一个很重要的指标。

因此，在进行水资供需平衡分析时，除考虑单一用水部门的特殊需要外，本地区各用水部门应综合起来统一考虑，否则往往会造成很大的损失。这对一个地区的供水部门尚未确定安置地点的情况尤为重要。这项工作完成后可以提出哪些部门设在上游，哪些部门设在下游，或哪些部门可以放在一起等合理的建议，为将来水资源合理调度创造条件。

（3）科技、经济、社会三位一体统一考虑原则

对现状或未来水资源供需平衡的分析都涉及技术和经济方面的问题、行业间的矛盾，以及省市之间的矛盾等社会问题。在解决实际的水资源供需不平衡的许多措施中，被采用的可能是技术上合理，而经济上并不一定合理的措施；也可能是矛盾最小，但技术与经济上都不合理的措施。因此，在进行水资源供需平衡分析，应统一考虑以下三种因素，即社会矛盾最小、技术与经济都较合理，并且综合起来最为合理（对某一因素而言并不一定是最合理的）。

（4）水循环系统综合考虑原则

水循环系统指的是人类利用天然的水资源时所形成的社会循环系统。人类开发利用水资源经历三个系统：供水系统、用水系统、排水系统。这三个系统彼此联系、相互制约。从水源地取水，经过城市供水系统净化，提升至用水系统；经过使用后，受到某种程度的污染流入城市排水系统；经过污水处理厂处理后，一部分退至下游，一部分达到再生水回用的标准重新返回到供水系统中，或回到用户再利用，从而形成了水的社会循环。

3. 水资源供需平衡分析的方法

水资源供需平衡分析必须根据一定的雨情、水情来进行，主要有两种分析方法：一种为系列法，一种为典型年法（或称代表年法）。系列法是按雨情、水情的历史系列资料进行逐年的供需平衡分析计算；而典型年法仅是根据有代表性的几个不同年份的雨情、水情进行分析计算，而不必逐年计算。这里必须强调，不管采用何种分析方法，所采用的基础数据（如水文系列资料、水文地质的有关参数等）的质量是至关重要的，其将直接影响到供需分析成果的合理性和实用性。下面介绍两种方法：一种叫典型年法，另一种叫水资源系统动态模拟法（系列法的一种）。在了解两种分析方法之前，首先介绍一下供水量和需水量的计算与预测。

（1）供水量的计算与预测

可供水量是指不同水平年、不同保证率或不同频率条件下通过工程设施可提供的符合一定标准的水量，包括区域内的地表水、地下水，外流域的调水，污水处理回用和海水利用等。它有别于工程实际的供水量，也有别于工程最大的供水能力，不同水平年意味着计算可供水量时，要考虑现状近期和远景的几种发展水平的情况，是一种假设的来水条件。不同保证率或不同频率条件表示计算可供水量时，要考虑丰、平、枯几种不同的来水情况，保证率是指工程供水的保证程度（或破坏程度），可以通过系列调算法进行计算的。频率一般表示来水的情况，在计算可供水量时，既表示要按来水系列选择代表年，也表示应用代表年法来计算可供水量。

可供水量的影响因素：

①来水条件：由于水文现象的随机性，将来的来水是不能预知的，因而将来的可供水

量是随不同水平年的来水变化及其年内的时空变化而变化。

②用水条件：由于可供水量有别于天然水资源量，例如只有农业用户的河流引水工程，虽然可以长年引水，但非农业用水季节所引水量则没有用户，不能算为可供水量；又例如河道的冲淤用水、河道的生态用水，都会直接影响到河道外的直接供水的可供水量；河道上游的用水要求也直接影响到下游的可供水量。因此，可供水量是随用水特性、合理用水和节约用水等条件的不同而变化的。

③工程条件：工程条件决定了供水系统的供水能力。现有工程参数的变化，不同的调度运行条件以及不同发展时期新增工程设施，都将决定出不同的供水能力。

④水质条件：可供水量是指符合一定使用标准的水量，不同用户有不同的标准。在供需分析中计算可供水量时要考虑到水质条件。例如从多沙河流引水，高含沙量河水就不宜引用；高矿化度地下水不宜开采用于灌溉；对于城市的被污染水、废污水在未经处理和论证时也不能算作可供水量。

总之，可供水量不同于天然水资源量，也等于可利用水资源量。一般情况下，可供水量小于天然水资源量，也小于可利用水源量。对于可供水量，要分类、分工程、分区逐项逐时段计算，最后还要汇总成全区域的总供水量。

（2）需水量的计算与预测

①需水量概述

需水量可分为河道内用水和河道外用水两大类。河道内用水包括水力发电、航运、放牧、冲淤、环境、旅游等，主要利用河水的势能和生态功能，基本上不消耗水量或污染水质，属于非耗损性清洁用水。河道外用水包括生活需水量、工业需水量、农业需水量、生态环境需水量等四种。

生活需水量是指为满足居民高质量生活所需要的用水量。生活需水量分为城市生活需水量和农村生活需水量，城市生活需水量是供给城市居民生活的用水量，包括居民家庭生活用水和市政公共用水两部分。居民家庭生活用水是指维持日常生活的家庭和个人需水，主要指饮用和洗涤等室内用水；市政公共用水包括饭店、学校、医院、商店、浴池、洗车场、公路冲洗、消防、公用厕所、污水处理厂等用。农村生活需水量可分为农村家庭需水量、家养禽畜需水量等。

工业需水量是指在一定的工业生产水平下，为实现一定的工业生产产品量所需要的用水量。工业需水量分为城市工业需水量和农村工业需水量。城市工业需水量是供给城市工业企业的工业生产用水，一般是指工业企业生产过程中，用于制造、加工、冷却、空调、制造、净化、洗涤和其他方面的用水，也包括工业企业内工作人员的生活用水。

农业需水量是指在一定的灌溉技术条件下供给农业灌溉、保证农业生产产量所需要的用水量，主要取决于农作物品种、耕作与灌溉方法。农业需水量分为种植业需水量、畜牧业需水量、林果业需水量和渔业需水量。生态环境需水量是指为达到某种生态水平，并维持这种生态系统平衡所需要的用水量。

生态环境需水量由生态需水量和环境需水量两部分构成。生态需水量是达到某种生态水平或者维持某种生态系统平衡所需要的水量，包括维持天然植被所需水量、水土保持及水保范围外的林草植被建设所需水量以及保护水生物所需水量；环境需水量是为保护和改善人类居住环境及其水环境所需要的水量，包括改善用水水质所需水量、协调生态环境所需水量、回补地下水量、美化环境所需水量及休闲旅游所需水量。

②用水定额

用水定额是用水核算单元规定或核定的使用新鲜水的水量限额，即单位时间内，单位产品、单位面积或人均生活所需要的用水量。用水定额一般可分为生活用水定额、工业用水定额和农业用水定额三部分。核算单元，对于城市生活用水可以是人、床位、面积等，对于城市工业用水可以是某种单位产品、单位产值等，对于农业用水可以是灌溉面积、单位产量等。用水定额随社会、科技进步和国民经济发展而变化，经济发展水平、地域、城市规模、工业结构、水资源重复利用率、供水条件、水价、生活水平、给排水及卫生设施条件、生活方式等，都是影响用水定额的主要因素。如生活用水定额随社会的发展、文化水平提高而逐渐提高。通常住房条件较好、给水设备较完善、居民生活水平相对较高的大城市，生活用水定额也较高。而工业用水定额和农业用水定额因科技进步而逐渐降低。

用水定额是计算与预测需水量的基础，需水量计算与预测的结果正确与否，与用水定额的选择有极大的关系，应该根据节水水平和社会经济的发展，通过综合分析和比较，确定适应地区水资源状况和社会经济特点的合理用水定额。

二、水资源水质管理

水体的水质标志着水体的物理（如色度、浊度、臭味等）、化学（无机物和有机物的含量）和生物（细菌、微生物、浮游生物、底栖生物）的特性及其组成的状况。在水文循环过程中，天然水水质会发生一系列复杂的变化，自然界中完全纯净的水是不存在的，水体的水质一方面决定于水体的天然水质，而更加重要的是随着人口和工农业的发展而导致的人为水质水体污染。因此，要对水资源的水质进行管理，通过调查水资源的污染源实行水质监测，进行水质调查和评价，制定有关法规和标准，制订水质规划等。

水资源水质管理的目标是注意维持地表水和地下水的水质是否达到国家规定的不同要求标准，特别是保证对饮用水源地不受污染，以及风景游览区和生活区水体不致发生富营养化和变臭。

水资源用途的广泛，不同用途对水资源的水质要求也不一致，为适用于各种供水目的，中国制定颁布了许多水质标准和行业标准，如《地表水环境质量标准》（GB3838-2002）、《地下水质量标准》（GB/T14848-93）、《生活饮用水卫生标准》（GB5749-2006）、《农业灌溉水质标准》（GB5084-92）和《污水综合排放标准》（GB8978-1996）等。

1.《地表水环境质量标准》

为贯彻执行《中华人民共和国环境保护法》和《中华人民共和国水污染防治法》，防治水污染，保护地表水水质，保障人体健康，维护良好的生态系统，制定《地表水环境质量标准》（GB3838-2002）。本标准运用于中华人民共和国领域内江河、湖泊、运河、渠道、水库等具有使用功能的地表水水域，具有特定功能的水域，执行相应的专业水质标准。

依据地表水水域环境功能和保护目标，按功能高低依次划分为五类：

Ⅰ类：主要适用于源头水、国家自然保护区。

Ⅱ类：主要适用于集中式生活饮用水水源地一级保护区、珍稀水生生物栖息地、鱼虾类产卵场、仔稚幼鱼的索饵场等。

Ⅲ类：主要适用于集中式生活饮用水水源地二级保护区、鱼虾类越冬场、洄游通道、水产养殖区等渔业水域及游泳区。

Ⅳ类：主要适用于一般工业用水区及人体非直接接触的娱乐用水区。

Ⅴ类：主要适用于农业用水区及一般景观要求水域。

对应地表水上述五类水域功能，将地表水环境质量标准基本项目标准值分为五类，不同功能类别分别执行相应类别的标准值。同一水域兼有多类使用功能的，执行最高功能类别对应的标准。

正确认识中国水资源质量现状，加强对水环境的保护和治理是中国水资源管理工作的一项重要内容。

2.《地下水质量标准》

为保护和合理开发地下水资源，防止和控制地下水污染，保障人民身体健康，促进经济建设，特制定《地下水质量标准》（GB/T14848-93）。本标准是地下水勘察评价、开发利用和监督管理的依据。本标准适用于一般地下水，不适用于地下热水、矿水、盐卤水。

依据中国地下水水质现状、人体健康基准值及地下水质量保护目标，并参照了生活饮用水、工业用水水质要求，将地下水质量划分为五类：

Ⅰ类：主要反映地下水化学组分的天然背景含量。适用于各种用途。

Ⅱ类：主要反映地下水化学组分的天然背景含量。适用于各种用途。

Ⅲ类：以人体健康基准值为依据。主要适用于集中式生活饮用水及工、农业用水。

Ⅳ类：以农业和工业用水要求为依据。除适用于农业和部分工业用水外，适当处理后可作生活饮用水。

Ⅴ类：不宜饮用，其他用水可根据使用目的选用。

对应地下水上述五类质量用途，将地下水环境质量标准基本项目标准值分为五类，不同质量类别分别执行相应类别的标准值。

据有关部门统计，中国地下水环境并不乐观，地下水污染问题日趋严重，中国北方丘陵山区及山前平原地区的地下水水质较好，中部平原地区地下水水质较差，滨海地区地下水水质最差，南方大部分地区的地下水水质较好，可直接作为饮用水饮用。中国约有7 000万人仍在饮用不符合饮用水水质标准的地下水。

三、水资源水量与水质统一管理

联合国教科文组织和世界气象组织共同制定的《水资源评价活动—国家评价手册》将水资源定义为：可以利用或有可能被利用的水源，具有足够的数量和可用的质量，并能在某一地点为满足某种用途而可被利用。从水资源的定义看，水资源包含水量和水质两方面的含义，是"水量"和"水质"的有机结合，互为依存，缺一不可。

造成水资源短缺的因素有很多，其中两个主要因素是资源性缺水和水质性缺水，资源性缺水是指当地水资源总量少，不能适应经济发展的需要，形成供水紧张；水质性缺水是大量排放的废污水造成淡水资源受污染而短缺的现象。很多时候，水资源短缺并不是由于资源性缺水造成的，而是由于水污染，使水资源的水质达不到用水要求。

水体本身具有自净能力，只要进入水体的污染物的量不超过水体自净能力的范围，便不会对水体造成明显的影响，而水体的自净能力与水体的水量具有密切的关系，同等条件下，水体的水量越大，允许容纳的污染物的量越多。

地球上的水体受太阳能的作用，不断地进行相互转换和周期性的循环过程。在水循环过程中，水不断地与其周围的介质发生复杂的物理和化学作用，从而形成自己的物理性质和化学成分，自然界中完全纯净的水是不存在的。

因此，进行水资源水量和水质管理时，须将水资源水量与水质进行统一管理，只考虑水资源水量或者水质，都是不可取的。

第五节　水价管理

一、水资源价值

1. 水资源价值论

水资源有无价值，国内外学术界有不同的解释。研究水资源是否具有价值的理论学说有劳动价值论、效用价值论、生态价值论和哲学价值论等，下面简要介绍劳动价值论与效用价值论。

（1）劳动价值论

马克思在其政治经济学理论中，把价值定义为抽象劳动的凝结，即物化在商品中的抽象劳动。价值量的大小决定于商品所消耗的社会必要劳动时间的多少，即在社会平均的劳动熟练程度和劳动强度下，制造某种使用价值所需的劳动时间。运用马克思的劳动价值论来考察水资源的价值，关键在于水资源是否凝结着人类的劳动。

对于水资源是否凝结着人类的劳动，存在两种观点：一种观点认为，自然状态下的水资源是自然界赋予的天然产物，不是人类创造的劳动产品，没有凝结着人类的劳动，因此，水资源不具有价值；另一种观点认为，随着时代的变迁，当今社会早已不是马克思所处的年代，在过去，水资源的可利用量相对比较充裕，不需要人们再付出具体劳动就会自我更新和恢复，因而在这一特定的历史条件下，水资源似乎是没有价值的。随着社会经济的高速发展，水资源短缺等问题日益严重，这表明水资源仅仅依靠自然界的自然再生产已不能满足日益增长的经济需求，我们必须付出一定的劳动参与水资源的再生产，水资源具有价值又正好符合劳动价值论的观点。上述两种观点都是从水资源是否物化人类的劳动为出发点展开论证，但得出的结论截然相反，究其原因，主要是劳动价值论是否适用于现代的水资源。随着时代的变迁和社会的发展与进步，仅仅单纯地利用劳动价值论，来解释水资源是否具有价值是有一定困难的。

（2）效用价值论

效用价值论是从物品满足人的欲望能力或人对物品效用的主观评价角度来解释价值及其形成过程的经济理论。物品的效用是物品能够满足人的欲望程度。价值则是人对物品满足人的欲望的主观估价。

效用价值论认为，一切生产活动都是创造效用的过程，然而人们获得效用却不一定非要通过生产来实现，效用不但可以通过大自然的赐予获得，而且人们的主观感觉也是效用的一个源泉。只要人们的某种欲望或需要得到了满足，人们就获得了某种效用。

边际效用论是效用价值论后期发展的产物，边际效用是指在不断增加某一消费品所取得一系列递减的效用中，最后一个单位所带来的效用。边际效用论主要包括四个观点：价值起源于效用，效用是形成价值的必要条件又以物品的稀缺性为条件，效用和稀缺性是价值得以出现的充分条件；价值取决于边际效用量，即满足人的最后的即最小欲望的那一单位商品的效用；边际效用递减和边际效用均等规律，边际效用递减规律是指人们对某种物品的欲望程度随着享用的该物品数量的不断增加而递减，边际效用均等规律（也称边际效用均衡定律）是指不管几种欲望最初绝对量如何，最终使各种欲望满足的程度彼此相同，才能使人们从中获得的总效用达到最大；效用量是由供给和需求之间的状况决定的，其大小与需求强度成正比例关系，物品价值最终由效用性和稀缺性共同决定。

根据效用价值理论，凡是有效用的物品都具有价值，很容易得出水资源具有价值。因为水资源是生命之源、文明的摇篮、社会发展的重要支撑和构成生态环境的基本要素，对人类具有巨大的效用。此外，水资源短缺已成为全球性问题，水资源满足既短缺又有用的条件。

根据效用价值理论，能够很容易得出水资源具有价值，但效用价值论也存在几个问题，如效用价值论与劳动价值论相对抗，将商品的价值混同于使用价值或物品的效用，效用价值论决定价值的尺度是效用。

2. 水资源价值的内涵

水资源价值可以利用劳动价值论、效用价值论、生态价值论和哲学价值论等进行研究和解释，但不管用哪种价值论来解释水资源价值，水资源价值的内涵主要表现在以下三方面：

（1）稀缺性

稀缺性是资源价值的基础，也是市场形成的根本条件，只有稀缺的东西才会具有经济学意义上的价值，才会在市场上有价格。对水资源价值的认识，是随着人类社会的发展和水资源稀缺性的逐步提高（水资源供需关系的变化）而逐渐发展和形成的，水资源价值也存在从无到有、由低向高的演变过程。

水资源价值首要体现的是其稀缺性。水资源具有时空分布不均匀的特点，水资源价值的大小也是其在不同地区不同时段稀缺性的体现。

（2）资源产权

产权是与物品或劳务相关的一系列权利和一组权利。产权是经济运行的基础，商品和劳务买卖的核心是产权的转让，产权是交易的基本先决条件。资源配置、经济效率和外部性问题都和产权密切相关。

从资源配置角度看，产权主要包括所有权、使用权、收益权和转让权。要实现资源的最优配置，转让权是关键。要体现水资源的价值，一个很重要的方面就是对其产权的体现。产权体现了所有者对其拥有的资源的一种权利，是规定使用权的一种法律手段。

《宪法》第一章第九条明确规定，水流等自然资源属于国家所有，禁止任何组织或者个人用任何手段侵占或者破坏自然资源。《中华人民共和国水法》第一章第三条明确规定，水资源属于国家所有，水资源的所有权由国务院代表国家行使；国家鼓励单位和个人依法开发、利用水资源，并保护其合法权益，开发、利用水资源的单位和个人有依法保护水资源的义务。

上述规定表明，国家对水资源拥有产权，任何单位和个人开发利用水资源，即是水资源使用权的转让，需要支付一定的费用，这是国家对水资源所有权的体现，这些费用也正是水资源开发利用过程中所有权及其所包含的其他一些权力（使用权等）的转让的体现。

（3）劳动价值

水资源价值中的劳动价值主要是指水资源所有者为了在水资源开发利用和交易中处于有利地位，需要通过水文监测、水资源规划和水资源保护等手段，对其拥有的水资源的数量和质量进行调查和管理，这些投入的劳动和资金，必然使得水资源价值中拥有一部分劳动价值。

水资源价值中的劳动价值是区分天然水资源价值和已开发水资源价值的重要标志，若水资源价值中含有劳动价值，则称其为已开发的水资源，反之则称其为尚未开发的水资源。尚未开发的水资源同样有稀缺性和资源产权形成的价值。

水资源价值的内涵包括稀缺性、资源产权和劳动价值三方面。对于不同水资源类型来讲，水资源的价值所包含的内容会有所差异，比如对水资源丰富程度不同的地区来说，水资源稀缺性体现的价值就会不同。

3. 水资源价值定价方法

水资源价值的定价方法包括影子价格法、市场定价法、补偿价格法、机会成本法、供求定价法、级差收益法和生产价格法等，下面简要介绍影子价格法、市场定价法、补偿价格法、机会成本法等方法。

（1）影子价格法

影子价格法是通过自然资源对生产和劳务所带来收益的边际贡献来确定其影子价格，然后参照影子价格将其乘以某个价格系数来确定自然资源的实际价格。

（2）市场定价法

市场定价法是用自然资源产品的市场价格减去自然资源产品的单位成本，从而得到自然资源的价值。市场定价法适用于市场发育完全的条件。

（3）补偿价格法

补偿价格法是把人工投入增强自然资源再生、恢复和更新能力的耗费作为补偿费用来确定自然资源价值定价的方法。

（4）机会成本法

机会成本法是按自然资源使用过程中的社会效益及其关系，将失去的使用机会所创造的最大收益作为该资源被选用的机会成本。

二、水价

1. 水价的概念与构成

水价是指水资源使用者使用单位水资源所付出的价格。

水价应该包括商品水的全部机会成本，水价的构成概括起来应该包括资源水价、工程水价和环境水价。目前多数发达国家都在实行这种机制。

资源水价、工程水价和环境水价的内涵如下：

（1）资源水价

资源水价即水资源价值或水资源费，是水资源的稀缺性、产权在经济上的实现形式。资源水价包括对水资源耗费的补偿；对水生态（如取水或调水引起的水生态变化）影响的补偿；为加强对短缺水资源的保护，促进技术开发，还应包括促进节水、保护水资源和海水淡化技术进步的投入。

（2）工程水价

工程水价是指通过具体的或抽象的物化劳动把资源水变成产品水，进入市场成为商品水所花费的代价，包括工程费（勘测、设计和施工等）、服务费（包括运行、经营、管理维护和修理等）和资本费（利息和折旧等）的代价。

（3）环境水价

环境水价是指经过使用的水体排出用户范围后污染了他人或公共的水环境，为污染治理和水环境保护所需要的代价。

资源水价作为取得水权的机会成本，受到需水结构和数量、供水结构和数量、用水效率和效益等因素的影响，在时间和空间上不断变化。工程水价和环境水价主要受取水工程和治污工程的成本影响，通常变化不大。

2. 水价制定原则

制定科学合理的水价，对加强水资源管理，促进节约用水和保障水资源可持续利用等具有重要意义。制定水价时应遵循以下四个原则：

（1）公平性和平等性原则

水资源是人类生存和社会发展的物质基础，而且水资源具有公共性的特点，任何人都享有用水的权利，水价的制定必须保证所有人都能公平和平等地享受用水的权利。此外，水价的制定还要考虑行业、地区以及城乡之间的差别。

（2）高效配置原则

水资源是稀缺资源，水价的制定必须重视水资源的高效配置，以发挥水资源的最大效益。

（3）成本回收原则

成本回收原则是指水资源的供给价格不应小于水资源的成本价格。成本回收原则是保证水经营单位正常运行，促进水投资单位投资积极性的一个重要举措。

（4）可持续发展原则

水资源的可持续利用是人类社会可持续发展的基础，水价的制定，必须有利于水资源的可持续利用，因此，合理的水价应包含水资源开发利用的外部成本（如排污费或污水处理费等）。

3. 水价实施种类

水价实施种类有单一计量水价、固定收费、两部制水价、季节水价、基本生活水价、阶梯式水价、水质水价、用途分类水价、峰谷水价、地下水保护价和浮动水价等。

第六节　水资源管理信息系统

一、信息化与信息化技术

1. 信息化

信息化是指培养、发展以计算机为主的智能化工具为代表的新生产力，并使之造福于社会的历史过程（百度百科）。

2. 信息化技术

信息化技术是以计算机为核心，包括网络、通信、3S 技术、遥测、数据库、多媒体等技术的综合。

二、水资源管理信息化的必要性

水资源管理是一项涉及面广、信息量大和内容复杂的系统工程，水资源管理决策要科学、合理、及时和准确。水资源管理信息化的必要性包括以下几方面：

1. 水资源管理是一项复杂的水事行为，需要收集、储存和处理大量的水资源系统信息，传统的方法难于济事，信息化技术在水资源管理中的应用，能够实现水资源信息系统管理的目标。

2. 远距离水信息的快速传输，以及水资源管理各个业务数据的共享也需要现代网络或无线传输技术。

3. 复杂的系统分析离不开信息化技术的支撑，它需要对大量的信息进行及时和可靠的分析，特别是对于一些突发事件的实时处理，如洪水问题，需要现代信息技术做出及时的决策。

4. 对水资源管理进行实时的远程控制管理等也需要信息化技术的支撑。

三、水资源管理信息系统

1. 水资源管理信息系统的概念

水资源管理信息系统是传统水资源管理方法与系统论、信息论、控制论和计算机技术的完美结合，它具有规范化、实时化和最优化管理的特点，是水资源管理水平的一个飞跃。

2.水资源管理信息系统的结构

为了实现水资源管理信息系统的主要工作，水资源管理信息系统一般有数据库、模型库和人机交互系统三部分组成。

3.水资源管理信息系统的建设

（1）建设目标

水资源管理信息系统建设的具体目标是：实时、准确地完成各类信息的收集、处理和存储；建立和开发水资源管理系统所需的各类数据库；建立适用于可持续发展目标下的水资源管理模型库；建立自动分析模块和人机交互系统；具有水资源管理方案提取及分析功能；能够实现远距离信息传输功能。

（2）建设原则

水资源管理信息系统是一项规模强大、结构复杂、功能强、涉及面广建设周期长的系统工程。为实现水资源管理信息系统的建设目标，水资源管理信息系统建设过程中应遵循以下八个原则：

实用性原则：系统各项功能的设计和开发必须紧密结合实际，能够运用于生产过程中，最大限度地满足水资源管理部门的业务需求。

先进性原则：系统在技术上要具有先进性（包括软硬件和网络环境等的先进性），确保系统具有较强的生命力，高效的数据处理与分析等能力。

简洁性原则：系统使用对象并非全都是计算机专业人员，故系统表现形式要简单直观、操作简便、界面友好、窗口清晰。

标准化原则：系统要强调结构化、模块化、标准化，特别是接口要标准统一，保证连接通畅，可以实现系统各模块之间、各系统之间的资源共享，保证系统的推广和应用。

灵活性原则：系统各功能模块之间能灵活实现相互转换，系统能随时为使用者提供所需的信息和动态管理决策。

开放性原则：系统采用开放式设计，保证系统信息不断补充和更新；具备与其他系统的数据和功能的兼容能力。

经济性原则：在保持实用性和先进性的基础上，以最小的投入获得最大的产出，如尽量选择性价比高的软硬件配置，降低数据维护成本，缩短开发周期，降低开发成本。

安全性原则：应当建立完善的系统安全防护机制，阻止非法用户的操作，保障合法用户能方便地访问数据和使用系统；系统要有足够的容错能力，保证数据的逻辑准确性和系统的可靠性。

第三章 水文观测

第一节 水位观测

一、水位观测的目的

水位是河流或其他水体的自由水面相对于某一基面的高程。水位是水流势能变化的标志，是一项基本的水文要素。支配着流量、含沙量等水文现象的河道输水能力、挟沙能力都与它有关系。水位是最基本的观测项目，其资料可以单独提供使用，也可配合其他项目使用。所以水位观测的目的，包含有两方面的意义：

1. 水位是水利建设、防汛抗旱和航运的重要依据。在水利建设中，堤防、水库、电站、堰闸、灌溉、排涝等工程的规划、设计、施工、管理运用都要应用水位资料。其他工程建设如航道、桥梁、船坞、港口、给水、排水等，也需要了解水位情况。

在防汛抗旱斗争中，水位是掌握水文情报和进行水文预报的依据。同时，水位也是为河道、航运、城市用水等服务的基本资料。

2. 水位是推算其他水文数据并掌握其变化过程的间接资料。在水文测验工作中，经常用水位资料按水位流量关系推算流量变化过程，用水位推算水面比降等。此外，在进行泥沙、水温等项目的测验工作中，也必须同时进行水位观测，以作为掌握水流变化的重要标志。

二、影响水位变化的因素

水位的变化主要决定于水体自身水量的变化，约束水体条件的改变以及水体受干扰的影响等三方面因素。

1. 在水体自身水量的变化方面，江河、渠道来水量的变化，水库、湖泊因入、出流量的变化和蒸发、渗漏等使总水量产生增减，都会使水位发生相应的涨落变化。

2. 在约束水体条件改变方面，河道的冲淤和水库、湖泊的淤积，改变了河、湖、水库底部的平均高程；闸门的开启与关闭等都会引起水位变化。

3. 在水体受干扰影响方面，如一些水流间发生相互顶托，会干扰水流的输送条件，潮汐、风浪的干扰作用等，都会影响水位的变化。

此外，有些特殊情况，如堤防的溃决，洪水时的分洪以及冰塞、冰坝的产生与消融等和潮水、风、波浪以及水生植物等，都会导致水位发生意外的变化。

三、水位观测要求

1. 水位观测精度必须满足以下使用要求：

（1）水位观测资料必须满足它单独使用时应具备的精度。

（2）水位观测配合其他项目使用时，还须满足其他项目对水位资料的精度要求。

如在一般的水位观测中，读数精度要求准确至 0.01 m，但对于一些平均水深较小的河流，上述精度指标会导致推算出的流量误差超过允许的误差，故须将水尺读数精度要求改为准确至 0.005 m。当上下比降断面的水位差小于 0.20 m 时，比降水位应读记至 0.005 m。

2. 水位是反映水体、水流变化的重要标志，要了解其变化规律，必须测得完整的水位变化过程。水位观测还要满足情报、预报和其他一些专用要求，如工程管理运用中的水位观测、某种研究目的的水位观测，应按专门规定的要求进行。

四、基面

基面是计算水位和高程的起始面。基面可以取用海滨某地的多年平均海平面或假定平面。常用的基面有绝对基面、假定基面、测站基面和冻结基面。

1. 绝对基面是将某一海滨地点平均海水面的高程定为零的水准基面。我国的标准基面是黄海基面。

2. 假定基面是为计算水文测站水位或高程而暂时假定的水准基面，常在测站附近没有国家水准点或者一时不具备接测条件的情况下使用。

3. 测站基面是水文测站专用的一种假定的固定基面。一般选在略低于历年最低水位或河床最低点的基面上。

4. 冻结基面是水文测站专用的一种固定基面。一般将测站第一次使用的基面固定下来，作为冻结基面。

采用冻结基面的好处是避免了水位资料的混乱和误用，堵塞了人为的漏洞，不论需要按什么基面提供水位特征值都可以。必要时，只需对特征值作一次订正，不涉及繁琐的勘误问题。例如，某站水准点高程第一次测量为吴淞基面以上 H_1 米；经过精密水准测量，其高程为米；后经过精密水准网平差，高程又为吴淞基面以上 H_3 米；最后将吴淞基面换为黄海基面，水准点高程又为黄海基面以上 H_4 米。由于 H_1 系第一基面即冻结基面以上米数，观测的水位一律由此推算，所以在发布水文特征值时，都是从冻结基面起算的。若需要换算为黄海基面以上米数，则只在使用时统一加一个基面位置的订正数即可。这个订正数也就是冻结基面本身在黄海基面以上的高程差 ΔH_{4-1}，$\Delta H_{4-1}=H_4-H_1$（m）。同理，仍需要吴淞基面的水位，并按水准网平差后的数值计算，则订正数 ΔH_{3-1} 为 $\Delta H_{3-1}=H_3-H_1$（m）。

五、迁移基本水尺断面时的水位比测

基本水尺断面不宜轻易迁移。当河岸崩裂、淘刷不能进行观测，或当河道发生较大变动，受到各种影响，使原断面水位失去代表性时，经上级主管部门批准后，可迁移断面。

迁移的新断面应设在原断面附近，并宜与原断面水位进行一段时间的比测。比测的水位变幅应达到平均年水位变幅的 75% 以上，并应包括涨落过程的各级水位。当新旧断面水位变化规律不一致或比测困难时，可不进行比测，作为新设站处理。

第二节 水温、岸上气温的观测

一、水温观测

（一）水温观测地点的选择

1. 一般要求

（1）江河水温观测地点，一般在基本水尺断面或其附近靠近岸边的水流畅通处。观测地点附近不应有泉水、工业废水、城镇污水等流入，使所测水温有一定的代表性。

（2）堰闸站水温观测地点，可选在闸上或闸下基本水尺断面附近符合上述条件的水流畅通处。水库的水温观测，可在坝上水尺附近便于观测并有代表性的地点。

2. 对比观测

（1）为了选择水温观测地点及检验其代表性，有条件的测站，在开始观测水温的第一年，应在高、中、低气温时期，分别进行一次沿河长和河宽的水温对比观测，这些对比观测应包括不同的水位和不同的水源等情况。对此观测的资料应做误差订正，以保证资料的一致性。

（2）沿河长的对比观测方法。进行对比观测的河段长度，小河一般可从水温观测断面往上 200m，大河则往上 1000 ~ 2000m。每次对比观测要连续 2 ~ 3d，每天 8 时开始在河流的中泓部分，沿河长观测 5 ~ 10 个点。同时在定位观测地点每 10 ~ 15min 观测水温一次，以便内插与沿河长观测同时的定点水温对比值。为减少日变化影响，应尽量缩短比测时间。

（3）沿河宽的对比观测，在岸边定位观测地点和同一断面上的中涨部分，连续 10 ~ 15d，每天都在 8：00 同时观测。用一支水温计比测时，大河应先测岸边水温，再测中泓水温，最后复测岸边水温。小河观测历时较短，可不对岸边复测。

（4）分析历次对比观测结果。如岸边与沿河长中泓部分各点水温或岸边与同断面中涨水温的系统偏离不超过 ±0.2℃，偶然离差不超过 ±0.5℃时，即认为岸边定位观测地点具有足够的代表性，否则应迁移岸边原观测地点，或改在断面中泓部分观测。如改变观测地点很困难时，可仍在原地点观测，但应将此情况在逐日水温表的附注栏内说明。

（二）水温观测的分类、时间和次数

1. 观测分类

水温观测视不同的测验目的分为以下三类：

（1）为了解水温的全年变化而进行的全年逐日水温观测。这类观测当积累了 10 年以上资料后，除保留一部分控制站和有特殊需要的站长期观测外，其他测站经领导机关批准后，可以停测或间测，但情况发生变化时，应恢复观测。

（2）为了防凌、冰情研究和预报而进行的观测，在冰期及其前后一段时间内进行。

（3）为其他专门目的而进行的观测。

2. 观测时间和次数

（1）水温一般于每日 8 时（西部地区冬季可改在其他时间）观测一次。有特殊要求者，可以另定观测时间和次数。

为研究 8 时水温与逐日平均水温、日最高最低水温的关系，有条件的测站可在不同季节，在定位观测地点，各选择典型的时段连续进行 3 ~ 5d 的逐时水温观测，并分析 8 时水温与日平均水温、最高最低水温的关系。

（2）为其他专门目的而进行的水温观测，应根据需要确定观测时间和次数。

3. 水温观测的方法

（1）水温观测一般用刻度不大于 0.2℃的框式水温计、深水温度计或半导体温度计，后两种适用于深水观测。

（2）当水深大于 1m 时，水温计应放在水面以下 0.5m 处；水深小于 1m 时，可放至半深处；水太浅时，可斜放入水中，但注意不要触及河底。水温计放入水中的时间应不少于 5min。

（3）水温读数一般应准确至 0.1 ~ 0.2℃。使用的水温计，须定期进行检定。

二、岸上气温观测

为了研究水温变化与气温的关系而进行的岸上气温观测，在观测水温地点的附近岸上进行。岸上气温可用置于岸上的小型百叶箱内的普通气温表观测，也可用手摇温度表观测。所用温度表应定期检定。如附近有气象台站，其气温资料能代表岸上气温时，可直接引用。

第三节　降水量观测

一、观测场地

（一）场地查勘

降水量观测场地的查勘工作应由有经验的技术人员进行。查勘前应了解设站目的，收集设站地区自然地理环境和交通等资料，并结合地形图确定查勘范围，做好查勘设站的各项准备工作。

1. 观测场地环境

（1）观测场地应避开强风区，其周围应空旷、平坦，不受突变地形、树木和建筑物以及烟尘的影响，使在该场地上观测的降水量能代表水平地面上的水深。

（2）观测场不能完全避开建筑物、树木等障碍物的影响时，要求雨量器（计）离开障碍物边缘的距离，至少为障碍物高度的两倍，保证在降水倾斜下降时，四周地形或物体不致影响降水落入观测仪器内。

（3）在山区，观测场不宜设在陡坡上或峡谷内，要选择相对平坦的场地，使仪器口至山顶的仰角不大于30°。

（4）难以找到符合上述要求的观测场时，可酌情放宽，即障碍物与观测仪器的距离不得小于障碍物与仪器器口高差的2倍，且应力求在比较开阔和风力较弱的地点设置观测场，或设立杆式雨量器（计）。如在有障碍物处设立杆式雨量器（计），应将仪器设置在当地雨期常年盛行风向过障碍物的侧风区，杆位离开障碍物边缘的距离，至少为障碍物高度的1.5倍。在多风的高山、出山口、近海岸地区的雨量站，不宜设置杆式雨量器（计）。

2. 观测场地查勘

查勘范围为2～3km。查勘内容有：

（1）地貌特征，河流、湖泊、水工程的分布，地形高差及其平均高程；

（2）森林、草地和农作物分布，岩土性质及水土流失情况；

（3）气候特征，降水和气温的年内变化及其地区分布，初、终霜，雪和结冰、融冰的大致日期，常年风向、风力及狂风暴雨、冰雹等情况；

（4）河流、村庄名称和交通、邮电通信条件；

（5）委托观测人员的文化水平和工作态度等。

通过查勘选定的观测场地应符合观测场地环境要求和设站目的。

（二）场地设置

1. 观测场地面积仅设一台雨量器（计）时为 4m×4m；同时设置雨量器和自记雨量计时为 4m×6m；雨量器（计）上防风圈测雪及设置测雪板或地面雨量器的雨量站，应根据需要或《水面蒸发观测规范》的规定加大观测场地面积。

2. 观测场地应平整，地面种草或作物的高度不宜超过 20cm，场地四周设置栅栏防护、场内铺设观测人行小路。栅栏条的疏密以不阻滞空气流通又能削弱通过观测场的风力为准，在多雪地区还应考虑在近地面不致形成雪堆。有条件的地区，可利用灌木防护。栅栏或灌木的高度一般为 1.2 ～ 1.5m，并应常年保持一定的高度。杆式雨量器（计），可在其周围半径为 1.0m 的范围内设置栅栏防护。

3. 观测场内的仪器安置要使仪器相互不受影响，观测场内的小路及门的设置方向，要便于进行观测工作。

4. 在观测场地周围有障碍物时，应测量障碍物所在的方位、高度及其边缘至仪器的距离，在山区应测量仪器口至山顶的仰角。

（三）场地保护

降水量观测场地及其仪器设备等是水文测验的基本设施，受有关法规保护，任何单位和个人不得侵占或损坏。在观测场四周按场地环境要求的障碍物距仪器最小限制距离内，属于保护范围，不得兴建建筑物，不得栽种树木和高秆作物。保持观测场内平整清洁，经常清除杂物杂草。在有可能积水的场地，在场地周围开挖浅排水沟，以防止场内积水。保护栅栏完整、牢固，定期油漆，及时更换废损的栅栏。

二、用人工雨量器观测降水量

（一）观测时段

1. 用雨量器观测降水量，可采用定时分段观测，时段次及相应时间按相关规定执行。各雨量站的降水量观测段次，一般少雨季节采用 1 段或 2 段次观测，多雨季节应根据需要选择 4 段或更多的段次观测。观测段次多于 4 段次，宜选用自记雨量计观测降水量。

2. 要求观测降水起止时间的雨量站，除了按规定时段观测降水量外，还应加测降水起止时间，并统计一次降水量。当降水中间有间歇，若间歇时间大于 15min，间歇前后就作为两次降水进行观测记载；若间歇时间等于或小于 15min，则作为一次降水进行观测记载。

（二）液态降水量观测

1. 观测员应在规定的观测时间之前携带备用储水器到观测场。在观测时间若有降雨，则取出储水筒内的储水器，放入备用储水器，然后到室内用量雨杯测记降水量。如降水很小或已停止，可携带量雨杯到观测场测记降水量。

2. 为减少蒸发损失，无论是否观测降水起止时间的雨量站，均应在降水停止后及时观测降水量，并记录在与降水停止时相应的时间（记起止时间者）或时段（不记起止时间者）降水量栏内。

3. 使用量雨杯应处于铅直状态，读数时视线与水面凹面最低处平齐，观读至量雨杯的最小刻度，并立即记入观测记载簿与观测时间相应的降水量栏内，然后校对读数一次。降水量很大时，可分数次量取，并分别记在备用纸上，然后累加得其总量，记入观测记载簿。

4. 用累积雨量器观测液态降水量

（1）宜按月累积观测，即于每月第1日8时观测一次，作为上月的月降水量。

（2）预先向储水筒加水，注满底部锥体部分，然后注入防蒸发油，油层深度为5～10mm。水和油的注入量，均应用量雨杯精确量测，并记在观测记载簿的备注栏内。

（三）固态降水量观测

1. 用雨量器观测固态降水量

（1）在降雪或雹时，应取去雨量器的漏斗和储水器，或换成承雪器，用储水筒承接雪或雹，在规定的观测时间以备用储水筒替换，并将换下来的储水筒加盖带回室内。

（2）固态降水量的量测方法：①待取回室内的储水筒内的雪或雹融化后（禁止用火烤），倒入量雨杯量测。②取定量温水加入储水筒融化雪或雹，用量雨杯测出总量，减去加入的温水量，即得雪或雹量。③配有感量为1g台秤的站，可用称重法。称重前应将附着筒外的降水物和泥土等清除干净。

2. 用累积雨量器观测降雪量

（1）交通特别困难时，可跨月累积观测。

（2）应预先向储水筒注入一定量的防冻液和防蒸发油，防冻液和防蒸发油的选择及其注入量，由试验决定。

（3）累积降雪量的量测方法：①拧开仪器底部的泄水阀，将储水筒内水量放入量雨杯量测。若分数次量测，应分别记在备用纸上，然后累加得时段降水量。②用刻度精确的直尺量测从承雨器口到储水筒内水面的垂直距离，与器口至储水筒锥体以上部分的高度相减，即得储水筒内的水深，然后在仪器安装后测定的储水筒水深与容积关系线上查得水量，换算为降水量。

（四）特殊观测

1. 冰雹直径。遇降较大冰雹时，应选测几颗能代表为数众多的冰雹粒径作为平均直径，并挑选测量最大冰雹直径。被测冰雹的直径，为三个不同方向直径的平均值，记至毫米，注在降水量观测记载簿与降雹时间相应的备注栏内。

2.降水强度。单位时间内的降水量，称为降水强度。仅使用雨量器观测降水量的测站，凡需要取得暴雨强度资料者，在暴雨时，可根据降水强度变化主动增加观测次数，并将加测降水的起止时间和降水量记入观测记载簿。

3.单纯的雾、露、霜可不测记；必要时，部分站应测记初、终霜日期。

（五）观测注意事项

1.每日观测时，应检查雨量器是否受碰撞变形，检查漏斗有无裂纹，储水筒是否漏水。

2.暴雨时，采取加测的办法，防止降水溢出储水器。如已溢流，应同时更换储水筒，并量测筒内降水量。

3.如遇特大暴雨灾害，无法进行正常观测工作时，应尽可能及时进行暴雨调查，调查估算值应记入降水量观测记载簿的备注栏内，并加文字说明。

4.在冬季结冰期，每次观测后，储水筒和量雨杯内不可有积水，以免冻裂。

三、每日自记雨量计观测降水量

（一）用虹吸式自记雨量计观测降水量

1.观测时间

每日 8 时观测一次，有降水之日应在 20 时巡视仪器运行情况，暴雨时适当增加巡视次数，以便及时发现和排除故障，防止漏记降雨过程。

2.观测程序

（1）观测前，在记录纸正面填写观测日期和月份，背面印上降水量观测记录统计表；洗净量雨杯和备用储水器。

（2）每日 8 时观测员提前到自记雨量计处，当时钟的时针运转至 8 时主点时，立即对着记录笔尖所在位置，在记录纸零线上画一短垂线，或轻轻上下移动自记笔尖画一短线，作为检查自记钟快慢的时间记号。

（3）用笔档将自记笔拨离纸面，换装记录纸。给笔尖加墨水，上紧自记钟发条，转动钟筒，拨回笔档对时，对准记录笔开始记录时间，画时间记号。有降雨之日，应在 20 时巡视仪器时，画注 20 时记录笔尖所在位置的时间记号。

（4）换纸时无雨或仅降小雨，应在换纸前慢慢注入一定量清水，使其发生人工虹吸。检查注入量与记录量之差是否在 ±0.05mm 以内，虹吸历时是否小于 14s，虹吸作用是否正常，检查或调整合格后才能换纸。

（5）自然虹吸水量观测。每日8时观测时，若有自然虹吸水量，应更换储水器，然后在室内用量雨杯测量储水器内降水，并记载在该日降水量观测记录统计表中。暴雨时，估计降雨量有可能溢出储水器时，应及时用备用储水器更换测记。

3.更换记录纸

（1）换装在钟筒上的记录纸，其底边必须与钟筒下缘对齐，纸面平整，纸头纸尾的纵横坐标衔接。

（2）连续无雨或降雨量小于5mm之日，一般不换纸，可在8时观测时，向承雨器注入清水，使笔尖升高至整毫米处开始记录，但每张记录纸连续使用日数一般不超过5d，并应在各日记录线的末端注明日期。降水量记录发生自然虹吸之日应换纸。

（3）8时换纸时，若遇大雨，可等到雨小或雨停时换纸。若记录笔尖已到达记录纸末端，雨强还是很大，则应拨开笔档，转动钟筒，转动笔尖越过压纸条，将笔尖对准时间坐标线继续记录，待雨强小时再换纸。

4.用雨量器观测降水量的条件

能保证虹吸式自记雨量计长期正常运转的雨量站，可停用人工雨量器，但有下列情况之一者，须使用人工雨量器观测降水量。

（1）少雨季节和固态降水期。

（2）当自记雨量计发生故障不能迅速排除时，用雨量器观测降水量，观测段次按《测站任务书》要求进行。

（3）需要同时用雨量器进行对比观测时，可按两段次观测。

（4）需要根据雨量器观测值报汛时，观测段次应符合报汛要求。用其他形式自记雨量计观测降水量均与上同。

5.雨量记录的检查

（1）正常的虹吸式雨量计的雨量记录线应是累积记录到10mm时即发生虹吸（允许误差±0.05mm），虹吸终止点恰好落到记录纸的零线上，虹吸线与时间坐标线平行，记录线粗细适当、清晰、连续光滑无跳动现象，无雨时必须呈水平线。

（2）记录雨量误差和每日时间误差应符合相关要求。若检查出不正常的记录线或时间误差超限，应分析查找故障原因，并进行排除。

6.观测注意事项

（1）每日8时（或其他换纸时间）观测对准北京时间开始记录时，应先顺时针后逆时针方向旋转自记钟筒，以避免钟筒的输出齿轮和钟筒支撑杆上的固定齿轮的配合产生间隙，给走时带来误差。

（2）降雨过程中巡视仪器时，如发现虹吸不正常，在 10mm 处出现平头或波动线，即将笔尖拨离纸面，用手握住笔架部件向下压，迫使仪器发生虹吸，虹吸终止后，使笔尖对准时间和零线的交点继续记录，待雨停后再对仪器进行检查和调整。

（3）经常用酒精洗涤自记笔尖，使墨水流畅。

（4）自记纸应平放在干燥清洁的橱柜中保存，不应使用潮湿、脏污和纸边发毛的记录纸。

（二）用翻斗式自记雨量计观测降水量

1. 观测时间

观测时间同虹吸式。

2. 观测程序

（1）观测前，在记录纸正面填写观测日期和月份，背面印上降水量观测记录统计表；洗净备用量雨杯和储水器。

（2）每日 8 时观测前，观测员提前到观测场巡视传感器工作是否正常，承雨器口内如有虫、草等杂物应及时清除，随即到室内记录器处，当时钟的时针运转至 8 时正点时，立即对准记录笔尖所在位置，在记录纸零线上画时间记号，然后更换记录纸，并对准记录笔开始记录的时间画时间记号。有降水之日，应在 20 时巡视仪器时，画注时间记号。

（3）换纸时无雨，应在换纸前慢慢注入一定量清水，检查仪器运转是否正常，若有故障，先进行排除，然后换纸。

（4）有必要对记录器和计数器对比观测时，有降水之日，应在 8 时读记计数器上显示的日降水量，然后按动按钮，将计数器字盘上显示的五个数字全部回复到零。如只为报汛需要，则按报汛要求时段读记，每次观读后，应将计数器全部复零。

（5）自然排水量观测同虹吸式。

3. 更换记录纸

（1）换纸时间和换装记录纸注意事项同虹吸式。

（2）换纸时若无雨，应在换纸前拧动笔位调整旋钮（即履带轮），将笔尖粗调到 9 ~ 9.5mm 处，按动底板上的回零按钮，细心把笔尖调至零线上，然后换纸。

4. 雨量记录的检查

（1）正常的翻斗式雨量计的记录笔跳动 100 次，即上升到 10mm（分辨力为 0.2mm 者为 20mm），同步齿轮履带推条与记录笔脱开，靠笔架滑动套管自身重力，记录笔快速下落到记录纸的零线上，下降线与时间坐标线平行。记录笔无漏跳。连跳或一次跳两小格的现象，呈 0.1mm（或 0.2mm）一个阶梯形或连续（雨强大时）的清晰迹线，无雨时必须呈水平线。

（2）记录笔每跳一次满量程，允许有 1 次误差，即记录笔跳动 99 次或 101 次，与推条脱开，视为正常。

（3）记录器（或计数器）记录的降水量与自然排水量的差值和记录时间日误差均应符合规定要求。

如查出与上述要求不符之处，应分析查找故障原因，并进行排除。

5. 观测注意事项

（1）保持翻斗内壁清洁无油污，翻斗内如有脏物可用水冲洗，禁止用手或其他物体抹拭。

（2）计数翻斗与计量翻斗在无雨时应保持同倾于一侧，以便有雨时，计数翻斗与计量翻斗同时启动，第一斗即送出脉冲信号。

（3）要保持基点长期不变，调节翻斗容量的两对调节定位螺钉的锁紧螺帽应拧紧。观测检查时，如发现任何一只有松动现象，应注水检查仪器基点是否正确。

（4）定期检查干电池电压，如电压低于允许值，应更换全部电池，以保证仪器正常工作。

四、长期自记雨量计观测降水量

（一）自记周期的选择

长期自记雨量计（以下简称长雨计）观测降水量的自记周期分为一个月、三个月等。

1. 高山、偏僻、人烟稀少、交通不方便地区的雨量站，宜选用三个月为一个自记周期。

2. 低山丘陵、平原地区、人口稠密、交通方便，宜选用一个月为一个自记周期。

3. 不计雨日的委托雨量站，实行间测或巡测的水文站、水位站，宜选用一个月为一个自记周期。

4. 仪器安全有保障的地区自记周期可长，仪器易受自然和人为影响的地区自记周期宜短。

（二）观测方法

1. 观测换纸时间

（1）用长雨计观测降水量的换纸时间，可选在自记周期末日无雨时进行。

（2）为了便于巡测工作安排，指导站可按巡测路线，逐站安排换纸日期。

（3）两个周期始末的记录线应衔接、连续，不允许任意改变换纸日期，以免引起资料混乱。

2. 观测和换纸

（1）观测人员应携带记录纸、记录笔、钢卷尺、水准器、必要的备件和检查维修仪器的工具等，提前到使用长雨计的雨量站，巡视观测场，观察仪器运转是否正常，测量器口安装高度是否变化，器口是否水平。如发现仪器已停止运转，应向委托人员了解故障原因，在测记仪器自身排水量后，进行检查维修，并做好记录。如仪器运转正常，对仪器的检查工作应在观测换纸之日进行。

（2）换纸前先对时，对准记录笔在记录纸零线上画注时间记号线，注记年、月、日、时、分和时差。换纸时，若雨强较大，则待雨停止或雨强小时换纸。

（3）量测仪器自身排水量。用量雨杯量测翻斗式或浮子式长期雨量计的储水器或浮子室积累的雨量，减去自记周期开始加入的底水，即为仪器自身排水量，其数量应等于或略小于记录的累积降水量。否则，应检查原因，并在记录纸上注明。量测时，应注意将积累的水量放净，量雨杯内雨水倒至无滴水后，能继续使用。

（4）从仪器记录机构取下记录纸，然后按备用记录纸上标明的运行方向装入记录机构。装入仪器的记录纸纸面应平整，上下对齐，准确进入走纸机构中的压导装置，以保证记录纸运转正常。更换记录笔和石英钟电池，清洗仪器各部件附着的尘沙杂物，对需要润滑的部件加少许润滑油。

（5）检查仪器运转是否正常。将记录笔调整到零位，然后徐徐向器口注入相当于 2 ~ 3 个满量程的水量，检查记录笔是否从零坐标线至满量程处做往复运动，记录线是否正常，如查出故障应进行排除。然后将注入翻斗式长雨计的水量倒净，或将注入浮子式长雨计的水量放出，至阀门无水流出为止，关闭底阀，注入底水至 5 ~ 10mm 深度，以消除浮子传动齿轮间的间隙影响，并将底水量记在记录纸上。

（6）为了防止自记周期内积累的降水量蒸发，在仪器开始使用时，向储水器或浮子室注入防蒸发油（可用仪表油）5 ~ 10mm 深度，并记录注油量。防蒸发油不能长期使用，应每年更换新油。换油前应将储水器或浮子室清洗干净。

（7）经检查维护仪器进入正常运转后，即操纵走纸机构将笔位调整到零线。在对时时，为了消除长雨计时钟的齿间间隙影响，应先将记录笔旋至起始记录时间的整小时位置，画出时间记号；注明月、日、时，然后关闭与石英钟连接的电源开关，在起始记录时间之前 10min 旋动时速筒对准北京时间，待石英钟走 10min 到记录笔所在的整小时位置，打开电源开关开始记录。

3. 雨量记录的检查和标注日、月界

（1）换纸后立即检查记录线，无雨时是否呈一条水平线；有雨时，记录线是否清晰、连续，记录笔往复升降是否都落到零线或满量程处，有无平顶或大台阶等不合理记录，时间是否超差。如不合要求，应认真检查仪器，排除故障。

（2）以记录纸上注记的自记周期始末时间记号为依据，从周期开始在每日 8 时处标注日期，换月第一日加注月份，检查记时误差，若每月时差超过 ±5min，应检查超差原因。

4. 使用固态存储器的长雨计降水量数据的收集和检查

使用固态存储器的长雨计，收集降水量数据的时间和检查维修等与采用长期图形记录相同。收集已采集降水量数据的方法，可采用更换固态存储器进行存盘，或将存储器采集的降水量数据输入微型计算机，然后及时将收集的降水量数据打印出来，进行合理性检查。

5. 观测注意事项

（1）为了仪器的安全和及时得知仪器发生故障等情况，无人驻守使用长雨计的雨量站，宜委托当地人员维护和监视仪器运行情况。若遇大暴雨，指导站应及时进行巡视检查。

（2）委托监护仪器人员，可每隔3～5d巡视仪器一次，在阴天和天气预报有降水时，应每日巡视仪器，观察仪器运转是否正常。承雨器内如有尘沙杂物，应立即清除。如仪器运转不正常或停止运转，应详细记录事故发生时间和故障排除方法，并及时报告指导站。

（3）观测人员在每次换纸、调整仪器后，应细心观察仪器运转情况，待仪器运转完全正常后才能离开。

第四节　水面蒸发量观测

一、陆上水面蒸发场的选择和设置

（一）陆上水面蒸发场的环境条件

1. 蒸发场的选择

（1）选择蒸发场，首先必须考虑其区域代表性。场地附近的下垫面条件和气象特点，应能代表和接近该站控制区的一般情况，反映控制区的气象特点，避免局部地形影响。必要时，可脱离水文站建立蒸发场。

（2）蒸发场应避免设在陡坡、洼地和有泉水溢出的地段，或邻近有丛林、铁路、公路和大工矿的地方。在附近有城市和工矿区时，观测场应选在城市或工矿区风向的上风向。

（3）陆上水面蒸发场离较大水体（水库、湖泊、海洋等）最高水位线的水平距离应大于100m。

（4）选择场地应考虑用水方便，水源的水质应符合观测用水要求。

2. 蒸发场四周障碍物的限制

蒸发场四周必须空旷平坦，以保证气流畅通。观测场附近的丘岗、建筑物、树木、篱笆等障碍物所造成的遮挡率应小于10%，凡新建蒸发场必须符合上述要求。原有蒸发场不符合上述要求的，应采取措施加以改善或搬迁。如受条件限制，无法改善或搬迁，其遮挡率小于25%的，仍可在原场地观测。但必须实测障碍物情况，并在每年的逐日蒸发量表的附注栏内，将遮挡率加以说明。凡遮挡率大于25%的，必须采取措施加以改善或搬迁。

3. 障碍物的测定

可用经纬仪进行。以蒸发器为圆心，以磁北方向为零度，以地面高度为零，测出每一障碍物两侧的方位角及其高度、距离，按顺时针方向依次记录每一障碍物的名称和折实系数（折实系数是指障碍物的实际遮挡面积与障碍物整体面积之比。如一般建筑物均无孔隙，其折实系数为1；而各种树木、篱笆等往往有一定孔隙，其折实系数就小于1。可根据实际情况进行估算）。

（二）陆上水面蒸发场的设置和维护

1. 蒸发场地的要求

（1）场地大小应根据各站的观测项目和仪器情况而定。设有气象辅助项目的场地应不小于16m（东西向）×20m（南北向）；没有气象辅助项目的场地应不小于12m×12m。

（2）为保护场内仪器设备，场地四周应设高约1.2m的围栅，并在北面安设小门。为减少围栅对场内气流的影响，围栅尽量用钢筋或铁纱网制作。

（3）为保护场地自然状态，场内应铺设0.3~0.5m宽的小路。进场时只准在路上行走。

（4）除沼泽地区外，为避免场内产生积水而影响观测，应采取必要的排水措施。

（5）在风沙严重的地区，可在风沙的主要来路上设置拦沙障。拦沙障可用秫秸等做成矮篱笆或栽植矮小灌木丛，目的是不影响场地气流畅通。

2. 仪器安置

仪器的安置应以相互之间不受影响和观测方便为原则。高的仪器安置在北面，低的仪器顺次安置在南面。仪器之间的距离，南北向不小于3m，东西向不小于4m，与围栅距离不小于3m。

3. 蒸发场的维护

（1）必须经常保持场地清洁，及时清除树叶、纸屑等垃圾，清除或剪短场内杂草，草高不超过20cm。不准在场内存放无关物件和晾晒东西以及种植其他农作物。

（2）经常保持围栅完整、牢固。发现有损坏时，应及时修整。在暴雨季节，必须经常疏通排水沟，防止场地积水。在冬季有积雪的地区，一般应保持积雪的自然状态。

（3）经常检查场内仪器设备安装是否牢固，是否保持垂直或水平状态。发现问题应及时整修。设有风障的站，应经常检修风障。

二、非冰期水面蒸发观测

（一）观测时间和次序

1. 观测时间和次数

水面蒸发量于每日 8 时观测一次。辅助气象项目于每日 8、14、20 时观测三次。雨量观测应在蒸发量观测的同时进行。炎热干燥的日子，应在降水停止后立即进行观测。

2. 观测程序

在每次观测前，必须巡视观测场，检查仪器设备。如发现不正常情况，应在观测之前予以解决。若某仪器不能在观测前恢复正常状态，则须立即更换仪器，并将情况记在观测记载簿内。在没有备用仪器更换时，除尽可能采取临时补救措施外，还应尽快报告上级机关。

（1）有辅助项目的陆上水面蒸发场的观测程序

①在正点前 20min，巡视观测场，检查所用仪器，尤其要注意检查湿球温度表球部的湿润状态，发现问题及时处理，以保证正常观测。

②正点前 10min，将风速表安装于风速表支架上，并将水温表置于蒸发器内。

③正点前 3～5min，测读蒸发器内水温，接着测定蒸发器水面高度和溢流水量，并在需要加（汲）水时进行加（汲）水，测记加（汲）水后的水面高度。

④正点测记干、湿球及最高、最低温度，毛发湿度表读数，换温、湿自记纸。

⑤观测蒸发量的同时测记降水量，换降水自记纸。

⑥降水观测后，进行风速测记。无降水时，可在温、湿度观测后立即测记风速。当14、20 时只进行辅助项目观测时，可将上述程序适当调整。但仍须提前 20min 进行观测场巡视。

（2）没有辅助项目的陆上水面蒸发场的观测程序

在正点前 10min 到达蒸发场，检查仪器设备是否正常，正点测记蒸发量，随后测记降水量和溢流水量。

各站的观测程序，可根据本站的观测项目和人员情况适当调整。一个站的观测程序一经确定，就不宜改变。

3. 进行加测或改变观测时间的条件

有下列情况者，应进行加测或改变观测时间。

（1）为避免暴雨对观测蒸发量的影响，预计要降暴雨时，应在降暴雨前加测蒸发器内水面高度，并检查溢流装置是否正常。如无溢流设施，则应从蒸发器内汲出一定水量，并测记汲出水量和汲水后的水面高度。如加测后 2h 内仍未降雨，则应在实际开始降雨时再加测一次水面高度。如未预计到降暴雨，降雨前未加测，则应在降雨开始时立即加测一次水面高度。降雨停止或转为小雨时，应立即加测器内水面高度，并测记降水量和溢流水量。

（2）遇大暴雨时，估计降水量已接近充满溢流桶时，应加测溢流水量。

（3）若观测正点时正在降暴雨，蒸发量的测记可推迟到雨止或转为小雨时进行。但辅助项目和降水量仍按时进行观测。

（二）观测方法和要求

1.E-601型蒸发器的观测

（1）将测针插到测针座的插孔内，使测针底盘紧靠测针座表面，将音响器的极片放入蒸发器的水中。先把针尖调离水面，将静水器调到恰好露出水面，如遇较大的风，应将静水器上的盖板盖上。待静水器内水面平静后，即可旋转测针顶部的刻度圆盘，使测针向下移动。当听到信号后，将刻度圆盘反向慢慢转动，直至音响停止后再向正向缓慢旋转刻度盘，第二次听到信号后立即停止转动并读数。每次观测应测读两次。在第一次测读后，应将测针旋转 90 ～ 180° 后再读第二次，要求读至 0.1mm，两次读数差不大于 0.2mm，即可取其平均值。否则应即检查测针座是否水平，待调平后重新进行两次读数。

（2）在测记水面高度后，应目测针尖或水面标志线露出或没入水面是否超过 1.0cm。超过时应向桶内加水或汲水，使水面与针尖（或水面标志线）齐平。每次调整水面后，都应按上述要求测读调整后的水面高度两次，并记入记载簿中，作为次日计算蒸发量的起点。如器内有污物或小动物时，应在测记蒸发量后捞出，然后进行加水或汲水，并将情况记于附注栏内。

（3）风沙严重的地区，风沙量对蒸发量影响明显时，可设置与蒸发器同口径、同高度的集沙器，收集沙量，然后进行订正。

（4）遇降雨溢流时，应测记溢流量。溢流量可用台秤称重、量杯量读或量尺测读。但经折算成与 E-601 型蒸发器相应的毫米数，其精度应满足 0.1mm 的要求。

2. 观测用水要求

（1）蒸发器的用水应取用能代表当地自然水体的水，水质一般要求为淡水。如当地的水源含有盐碱，为符合当地水体的水质情况，亦可使用。在取用地表水有困难的地区，可使用能供饮用的井水。当用水含有泥沙或其他杂质时，应待沉淀后使用。

（2）蒸发器中的水，要经常保持清洁，应随时捞取漂浮物，发现器内水体变色、有味或器壁上出现青苔时，即应换水，换水应在观测后进行。换水后应测记水面高度。换入的水体水温应与换前的水温相近。为此，换水前一二天就应将水盛放在场内的备用盛水器内。

（3）水圈内的水也要大体保持清洁。

三、气象辅助项目的观测

（一）空气的温度和湿度

设有气象辅助项目的蒸发站，一般只须进行 8、14、20 时三次温度和湿度的定时观测。如有需要，也可观测日最高、最低气温。配有温、湿度计的站，可做气温和相对湿度的连续记录。

1. 百叶箱

百叶箱是安置测定温、湿度仪器的防护设备。它的作用是防止太阳对仪器的直接辐射和地面对仪器的反射辐射，保护仪器免受强风、雨、雪等的影响，并使仪器感应部分有适当的通风，能真实地感应外界空气温度和湿度的变化。

2. 干湿球温度表

干湿球温度表是由两支型号完全一样的温度表组成。

（二）风

空气的水平运动称为风。风向是指风的来向，用 16 方位表示。风速是指空气水平运动的速度，以米每秒（m/s）计，取小数一位。一般站只进行风速的观测，如有需要，可同时进行风向观测。风速、风向观测一般可用 DEM6 型轻便风向风速表进行，每日 8、14、20 时观测三次。

当风向风速表（计）发生故障而无备用仪器时，可用目测法进行风向风力观测。

DEM6 型轻便风向风速表是用于测量风向和一分钟平均风速的仪器。它由风向仪（包括风向标、方向盘和制动小套）、风速表(包括护架、旋杯和风速主机)和手柄三部分组成。

（三）蒸发器内水温

水温是决定水分子活跃程度的主要因素，是计算水面饱和水汽压（e0）和水汽压力差（e0–e150）的主要数据。水温以摄氏度（℃）计，准确至 0.1℃。蒸发器内水温系指蒸发器水面以下 1cm 处的水温。水温于每日 8、14、20 时观测三次，可用漂浮水温表观测。

1. 漂浮水温表的结构

浮子为两根直径 2cm、长 25cm、用镀锌铁皮焊制的密封空心管，用两金属连接片连接。在两连接片中间，有一凹槽，为固定温度表用。金属遮阳板是为防止太阳直接辐射温度表球部而设，是一块直径 7cm 的圆形镀锌铁片，用两条铁片连接在金属连接片上。它盖在温度表球部上面，并高出球部 4cm。温度表可用带有器差订正表的干球温度表。安装后，应放入水中检查温度表球部中心线是否位于水面以下 1cm 处。如位置不准，可将连接片向上或向下弯曲，以调准温度表球部位置。浮子及金属片均应涂刷优质白油漆。

2. 观测

应在观测前 10min 将整个漂浮水温表在蒸发器的水圈内预湿（即将漂浮水温表浸入水圈后取出，待不再滴水滴的状态）后放入蒸发器内。蒸发量观测前 2～3min 进行测读，并记入记载簿。读数后轻轻从蒸发器中取出，防止搅动器内水面。提出水面后，应待不滴水滴时再拿出。读数要求与干球温度表相同。

3. 维护

应经常检查浮子是否渗漏和各焊接处是否牢固，发现问题应及时修理。各部位的白油漆如有剥落，应重新涂刷。温度表的维护与干球温度表相同。

第四章 水文资料整编

第一节 概述

水文资料整编是对原始水文资料按科学方法和统一规格进行整理、分析、统计、审查、复审、汇编、刊印或存储的全部技术工作。原始水文资料是在现场对各水文要素进行勘测、调查、测量及计算所获得的第一性基本成果。

根据资料的来源和成果质量，水文资料整编可分为实测资料整编和调查资料整编。实测资料是在现场对各水文要素进行测量所获得的成果。调查资料是采用勘测、调查、访问、考证等手段所获取的资料。

一、整编工作的内容

各项目的整编工作内容，视测验情况、工作方法而不尽相同，其共同的内容如下（不同的内容分别列入各项目之前）：

（一）整编阶段工作内容

1. 搜集有关资料，测站考证；

2. 审核原始资料。检查测验计算方法是否正确，实测成果是否合理，全面审核原始资料和各种整编图表的内容和数字计算是否有误；

3. 确定整编方法、绘制各种必要的分析用图、定线；

4. 手算时，进行推算、制表；电算时，进行数据整理、填制加工表、录入数据文件、上机计算及输出整编成果表；

5. 单站合理性检查，并编写单站资料整编说明书（只编写主要项目）和考证表。

（二）审查阶段工作内容

1. 抽查原始资料；

2. 对考证、定线、数据整理表和数据文件及整编成果进行全面检查；

3. 审查单站合理性检查图表；

4. 做整编范围内的流域、水系上下游站或邻站的综合合理性检查；

5. 编制测站一览表及整编说明书。

（三）复审阶段的各项工作内容

1. 抽取 10% 左右的站，对考证、定线、数据整理表、数据文件及成果表进行全面检查，其余只做主要项目检查；

2. 对全部整编成果进行表面统一检查；

3. 复审综合合理性检查图表，做复审范围内的综合合理性检查；

4. 评定质量，对整编成果进行验收。

二、整编工作的要求

1. 整编工序。各项目的原始资料，必须经过初做、一校、二校工序后方能进行整编；对于考证、定线、推算、制表及电算数据加工表、录入数据文件等整编工作内容，都必须做齐三道工序。

2. 进行资料分析。在整编过程中，要全面了解测验情况，深入进行分析，力求推算方法正确，符合测站特性；对整编成果，要重视合理性检查，分析研究各水文因素的变化规律，使成果合理可靠。

3. 水文资料整编软件编制应遵循《水文资料整编规范》规定，在使用范围内应经过各种典型测站资料的试算检验，并经复审汇编单位审查通过，方可投产使用。

4. 对于水文资料整编的新技术和新方法，应与用其他方法整编并行一年，并经综合检验符合《水文资料整编规范》精度要求，且须报复审汇编单位批准后方可投产使用。

三、测站迁移时的资料处理

（一）水文（位）站的迁移

1. 当水文（位）站的基本水尺断面在本河段上、下迁移 50m 以下，或虽超过 50m 但两断面相应水位不差超过 2cm 时，站名不变。则当年的流量、输沙率等项资料，可作为同一断面整编。

2. 当水文（位）站的基本水尺断面在本河段上、下迁移 50m 以上，且两断面相应水位差超过 2cm，但区间径流变化在原站的 5% ~ 10% 以内者，则应更名为 ×× （二）站。如新旧断面水位关系良好，则应将当年水位资料换算为新断面整编。否则，应分别按新旧断面整编。

3. 当水文（位）站的基本水尺断面在本河段上、下迁移后与原地名（县及其以上）不同，或区间径流变化在原站的 5% ~ 10% 以上者，应改名为新站名。本站的降水、蒸发站的站码也随之改变。

（二）降水、蒸发站的迁移

委托降水量、水面蒸发量观测站迁移时，如迁移前后的地形、气候条件等基本一致，且同时满足：1.属同一乡镇；2.山区水平距离不超过 5km，浅丘平原不超过 10km；迁移前后高差不超过 100m 者，其站名站码保持不变，两处观测的资料可合并为一站整编。否则应更名，资料按两站分别整编。

四、缺测资料的插补

缺测资料的时间较短、次数较少时，应尽可能通过相应的插补方法进行分析插补，以便资料完整，对插补的资料应加以说明。

五、整编说明书的编写

在整编阶段工作完成后，应编写主要项目的整编说明书。整编说明书的内容，视测验项目、资料情况而有所不同。其内容一般应包括：测验情况、当年水情说明、资料整编情况、资料质量评价及资料中的遗留问题等。

第二节　测站考证资料整编

测站考证是对水文测站有关水文测验的基本情况所做的检查和订正工作，以及作为选择水文资料整编方法和使用资料的依据。

一、测站考证的内容及要求

1. 测站沿革的考证

为让使用资料者全面了解测站的观测历史，对测站的设立、停测、恢复、迁移、测站性质和类别的变动、领导关系的转移等较大事件的发生日期、变动情况等，应于当年考证清楚。

2. 测验河段及其附近河流情况的考证

主要内容有：测验河段顺直长度及距弯道距离量高、中、水有无良好控制条件；河床组成；冲淤及河岸坍塌情况；高水有无分流、漫滩，回水和枯水有无浅滩、沙洲出现；附近有无支流汇入及引排水工程；上下游附近有无固定或临时性阻水建筑物。

3. 断面及主要测验设施布设情况的考证

（1）查清基本水尺断面、测流断面和比降水尺断面的布设情况及相对位置。如某个断面迁移，应查清其迁移的时间、原因、距离及方位等。

（2）查清主要测验设施建成年月及使用、更新、改建情况等。

4. 基面和水准点的考证

（1）基面考证：把本站采用的冻结基面（或测站基面，下同）与绝对基面（或假定基面）表示高程之间的换算关系考证清楚。本年如果因水准网复测、平差或变换绝对基面，使引据水准点高程数值变动时，则本站水准点的绝对高程和冻结基面与绝对基面间的高差应做相应的改变。而水准点用冻结基面表示的高程仍保持不变。

（2）水准点的考证：主要是查清本站水准点有无因自然或人为因素影响，使高程数值发生变动。如果某水准点发生上升或下沉等变动时，则其用冻结基面和绝对基面表示的高程均做相应的改变。考证时，应根据水准点校测记录，分析判断变动的原因与日期，以确定各个时期的正确高程数值。

局部地区地面发生上升或下沉时，国家水准点和本站水准点均发生变动，则用冻结基面和绝对基面表示的高程均须做相应改变。

5. 水库、堰闸考证

水库、堰闸站应对水库或堰闸工程指标进行考证。

6. 测站以上（区间）主要水利工程基本情况的考证

查清测站以上（区间）主要水利工程的分布及变动情况：如工程的名称、类别、标准和个数；有哪些新建或冲毁、废弃工程等。

7. 考证的时间

设站第一年和公历逢 5 年应进行全面考证，以后年份，仅对当年出现的新情况和发生重大变化部分进行考证。

二、测站技术档案的考证

测站档案在建站或迁移时就已建立，但内容不够完整，或者有的内容过时，在每年整编时应予补充和更正。

第三节　水位资料整编

一、概述

水位记录是反映江、河、湖、库的水情变化的最基本的资料之一，水位是水利建设、防汛、抗旱、航运等工作的重要依据，与国民经济的发展有着密切的关系，是水文开展服务工作的最基本的项目。水位资料整编虽然并不复杂，但它是流量和泥沙资料整编的基础。按现行的整编方法，大多数站的流量、泥沙整编都依赖于水位，水位整编中的差错将导致流量泥沙等资料整编的一系列差错，因此，对水位整编应予以高度重视。

二、工作内容

1.考证水尺零点高程；

2.绘制逐时或逐日平均水位过程线；

3.编制逐日平均水位表或水位月年统计表和洪水水位摘录表；

4.单站合理性检查及综合合理性检查；

5.编制水位资料整编说明书。

三、水尺零点高程的考证

引起水尺零点高程变动的原因较多，如水准点高程变动、水准测量错误、水尺本身被碰撞或冰冻上拔等。考证时，要对本年水尺零点高程的接测和校测记录全面了解，列表比较，查明有无变动。如有变动，要分析变动的原因和日期，以确定两次校测间各时段采用的水尺零点高程。

四、缺测水位的插补

水位短时间缺测，可根据不同情况，分别选用以下方法插补：

1.直线插补法

当缺测期间水位变化平缓，或虽变化较大，但呈一致的上涨或下落趋势时，可用缺测时段两端的观测值按时间比例内插求得。另外，用面积包围法计算日平均水位时，如 0 时或 24 时没有实测水位记录，亦可用此法进行插补。

2. 连过程线插补法

当缺测期间水位有起伏变化，如上下游站区间径流增减不多、冲淤变化不大、水位过程线又大致相似时，可参照上下游站水位的起伏变化，连绘本站过程线进行插补。洪峰起涨点水位缺测时，如起涨点以前的水位变化很小，可将起涨前最后一次观测的水位移作起涨点水位；如起涨前水位有明显的退水趋势时，可连绘退水过程线进行插补。

3. 水位相关法插补

当缺测期间的水位变化较大，或不具备上述两种插补方法的条件，且本站与邻站的水位之间有密切关系时，可采用此法插补。相关曲线可用同时水位或相应水位点绘。如当年资料不足，可借用往年水位过程相似时期的资料。

五、日平均水位的计算

（一）日平均水位的计算方法

1. 按规定几日观测一次水位者，未观测水位各日的日平均水位不做插补。

2. 一日观测一次水位者，以该观测值作为日平均水位。

3. 一日观测两次以上水位时，视情况采用以下两种方法计算：

（1）算术平均法。适用于一日内水位变化平缓，或虽变化较大，但观测或摘录时距相等者。以一日内各次水位之和除以次数求得。

（2）面积包围法。适用于一日内水位变化较大，且观测或摘录时距不等者。将一日内 0 ~ 24 时水位过程线所包围的面积除以一日的小时数求得，电算整编时，均采用此法。

（二）不同方法计算日平均水位的误差限度

以面积包围法求得的日平均值作为标准值，用其他方法求得的日平均值与标准值相比，其允许误差一般为 2cm，不用日平均水位推流时期，允许误差可放宽至 3 ~ 5cm。

六、水位的单站合理性检查

1. 用逐时或逐日水位过程线分析检查。根据水位变化的一般特性（如水位变化的连续性、涨落率的渐变性、洪水涨陡落缓的特性等）和变化的特殊性（如受洪水顶托、冰塞及冰坝等影响），检查水位的变化是否连续，有无突涨突落现象，峰形变化是否正常，换用水尺、年头年尾与前后年是否衔接；其次检查平水期、枯水期及洪水期的水位变化趋势是否符合本站的特性。必要时可对照上下游的水位变化情况和上游的降雨情况进行检查。

2. 水库及堰闸站还应检查水位的变化与闸门启闭情况是否相应。

七、水位资料的综合合理性检查

1. 上下游水位过程线对照。当上下游各站水位之间具有相似的关系时，应进行此项检查。检查时，将上下游站的过程线纵排在一起，比较同时段各站水位变化趋势。若发现水位变化过程不相应，则要分析原因。

在有闸坝的河段上，做闸上下游水位对照时，可点绘平均闸门开启高度过程线加以比较。当闸门全部提出水面时，上下游站水位变化与无闸河段相同。关闸时，下游水位陡落，上游水位陡涨；开闸时情况相反。

2. 特征水位沿河长演变图检查。当一条河流上测站较密、比降平缓，无大的冲淤、绝对基面又一致时，可进行此项检查。

特征水位沿河长演变图，以水位为纵坐标，至河口距离为横坐标，点绘上下游各站同时水位或相应的最高、最低水位，连绘的各水位线应从河源平滑递降到河口。否则，水位或基面高程可能有误。检查时，还可将历年同类的图互相对照。

3. 上下游水位相关图检查。此法适用于上下游水流条件相似、河床无严重冲淤、无闸坝影响、水位关系密切的站。

第四节　河道流量资料整编

一、水位流量关系分析

（一）水位流量关系图的绘制

1. 以同一水位为纵坐标，自左至右，依次以流量、面积、流速为横坐标点绘于普通坐标纸上。选定适当比例尺（一般宜选 1、2、5 的十、百、千倍数），使水位流量、水位面积、水位流速关系曲线分别与横坐标大致成 45°、60°、60° 的交角，并使三种曲线互不交叉（如图 4-1 所示）。

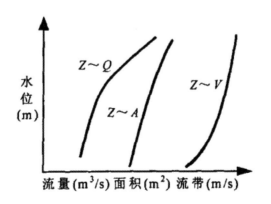

图4-1 水位流量关系曲线

2. 流量变幅较大、测次较多、水位流量关系点子分布散乱的站，可分期点绘关系图，一般再综合绘制一张总图。水位流量关系曲线下部，读数误差超过 2.5% 的部分，应另绘放大图，在放大后的关系曲线上推求的流量应与原线相应数值吻合。流量很小、点子很少时，误差可适当放宽。

3. 为使前后年资料衔接，图中应绘出上年末和下年初的 3 ~ 5 个测点。

（二）稳定的水位流量关系分析

1. 水位流量关系稳定的条件

水位流量关系是否稳定，主要取决于影响流量的各水力因素是否稳定，可用下述曼宁公式说明。

$$\overline{v} = \frac{1}{2} R^{2/3} S^{1/2}$$

$$Q = A\overline{v} = \frac{1}{n} AR^{2/3} S^{1/2}$$

式中，Q：流量；A：断面面积；n：糙率；$\overline{v}$：断面平均流速；R：水力半径；S：水面比降。

要使水位流量关系保持稳定，必须在测站控制良好的情况下，同一水位的断面面积、水力半径、河床糙率、水面比降等因素均保持不变，或者各因素虽有变化，但能集中反映在断面面积、断面平均流速，两因素能互相补偿，使同一水位只有一个相应流量，其关系就成为单一曲线。

2. 稳定水位流量关系点的分布

关系点子密集，分布成一带状，标准差很小，且关系点子没有明显的系统偏离。

3. 水位面积关系曲线分析

对于没有冲淤变化的测站，水位面积关系曲线为一条单一线。当水位变化 Z 时，面积相应变化 dA4，水位面积关系曲线的斜率与河宽 B 之间有下列关系：

$$\frac{dZ}{dA} = \frac{1}{B}$$

由此可得出：

（1）水位面积曲线关系的斜率等于河宽 B 的倒数。这是稳定的水位面积曲线关系的一条重要特性。

（2）河流河面宽随水位的增高逐渐增大，因此其水位面积曲线为一凹向下方的曲线。

（3）复式断面时，在漫滩水位，由于河面宽的突然增大，水位面积关系曲线会突变。

（4）对于矩形断面或 "U" 形断面的上部，由于河面宽趋近常数，水位面积关系曲线近于直线。

（5）基本水尺断面与测流断面重合而断面有变化的情况。随着断面的变化，水位面积关系亦随之而变，如断面经常变动，水位面积关系也较散乱。如河底发生冲淤，在冲淤前后面积曲线的上部呈水平移动的状态。如河槽上部宽度变化很小，则上部曲线也近似垂直移动。

（6）基本水尺断面与测流断面不重合的情况。如测流断面与基本水尺断面不重合，水位面积曲线远较上述情况复杂。这种曲线可以看作是先以测流断面水位与面积绘成关系曲线后，再加上两断面间的水面落差（基本水尺断面在上游为正，在下游为负）而成。如两断面间落差是常数，则两断面的水位面积关系曲线具有完全相同的形状与性质。但实际上，其落差并不是一个稳定的常数，它是随水位的高低、涨落率的大小和河势、断面不同而变的数值，因此，其基本水尺断面的水位面积曲线往往不能代表测流断面的水位面积曲线的真实情况。

（三）受冲淤影响的水位流量关系

在天然河道里，一个河段的水力因素常发生变化，因而水位流量关系能保持长期稳定的很少。当测站控制条件较差，各有关水力因素不能保持不变，又不能互相补偿时，则形成不稳定的水位流量关系。以其所受主要影响因素不同，水位流量关系点的分布规律也不相同。

当测站的控制河段或控制断面发生冲刷或淤积时，使同水位的面积增大或减小，水位流量关系也会受到相应影响。冲淤现象是很复杂的，按冲淤发生时间的持续性分为经常性冲淤和不经常性冲淤；按冲淤的范围或前后纵横断面变化情况分为普遍冲淤和局部冲淤。

1. 按冲淤发生时间的持续性分类

（1）不经常性冲淤。

当测站控制比较稳定，冲淤变化只发生在几次较短的时段里，而在两次冲淤变化之间有相当长的时间水位流量关系是稳定的，称之为不经常性冲淤。受不经常性冲淤影响时，水位流量、水位面积关系点子随时间分布成几个较稳定的带组，且具有在某一时段从一带组向另一带组过渡的性质。

（2）经常性冲淤。

测站控制易于变动，不同程度的冲淤经常发生，反映在水位—面积关系图和水位—流量关系图上的点子分布散乱，显现不出相对稳定的时段。

2. 按冲淤的范围或前后纵横断面变化情况分类

（1）普遍冲淤。控制断面或控制河段冲淤情况均匀一致，从横断面上看，冲淤前后形状相似；从纵断面看，冲淤前后比降基本一致，称之为普遍冲淤。受普遍冲淤影响时，反映在冲淤前后的水位流量、水位面积关系点子的分布呈纵向平移，两者平移的程度也大体一致。

（2）局部冲淤。受局部冲淤影响时，冲淤前后断面变化剧烈，反映在水位—流量、水位—面积关系图上点子分布无一定规律，且两者的分布并不相应。局部冲淤不严重时（特别是控制断面），高水影响不大，水位流量、水位面积关系曲线在低水可能呈现扫帚形。

3. 受冲淤水位面积、水位流量关系的分析

水位面积、水位流量关系点的分布，基本上可以说明冲淤的以下性质：

（1）不经常性的冲淤，水位流量、水位面积关系点分成明显的组；

（2）经常性冲淤水位流量、水位面积关系点会杂乱无章；

（3）普遍冲淤面积与流量是相应的；

（4）局部冲淤面积与流量的关系没有一定的规律。

4. 冲淤断面的图形分析

在实际工作中，常借助于过程线和横断面图进行分析比较，反映直观，绘制也不困难。

（1）平均河底高程过程线适用于矩形或"U"形断面普遍冲淤的情况。平均河底高程为实测水位与平均水深之差。过程线的形状可反映出断面的冲淤过程和冲淤规律。

（2）同水位面积过程线选择一标准水位，此水位以上面积基本无变化，将各实测断面面积，加减一条形面积，即可换算成标准水位下的断面面积，该面积称为同水位面积。这样的面积过程线能较直观地反映断面的冲淤过程。

（3）横断面的比较。对于冲淤变化剧烈且频繁，或变化可疑的时段可进行这样的分析。可将前后各次实测断面画在一起，这样可以看出洪水过程中的断面变化情况。例如，是主槽还是滩地冲淤，是先冲后淤还是先淤后冲，测深垂线的布置是否恰当合理等。

（四）受水生植物影响的水位流量关系

受河床水生植物生长影响的站，当水生植物逐渐繁茂时，使过水面积减小，糙率增大，发生壅水使比降减小，水位流量关系点子逐渐左移；待水生植物逐渐衰枯，水位流量关系点子又逐渐右移。有时洪水涨落可能对水生植物的繁殖造成突然性破坏，而失去上述的规律性。

水草生长的位置不同，对水位流量关系的影响也不同。如河床水生植物大多生长在低水，对水位流量关系的影响，一般高水较小，中低水较大，造成低水水位流量关系线呈扫帚形；如水草生长在控制断面及附近，则其影响与河道淤积类似；如水草生长在河槽两侧或滩地上，则高水位时才受影响；水草生长的河段较长，且距测站较近，则影响较大。总之，水草的影响致使流量偏小。

（五）受结冰影响的水位流量关系

受结冰影响的站，冰期水流有效过水面积减小，摩阻增大，水位流量关系点子的分布，总的趋势是偏在畅流期水位流量关系曲线的左边。若下游有冰塞、冰坝，使水位抬高，形成回水顶托影响。有些小河的冰期流量，随气温的周期日变化而有相应的变化，对水位流量关系也产生影响。

（六）受混合因素影响的水位流量关系

水位流量关系受到两种以上因素的影响，且其影响均较显著时，称为受混合因素影响。常见的有冲淤与洪水涨落，冲淤与回水，洪水涨落与回水等混合因素影响型。

在混合因素影响下，水位面积、水位流速、水位流量关系点子的分布都很散乱，但在不同时期，随着某种因素的变化起主导作用，而显现其分布规律。

（七）突出点的检查和分析

从水位流量关系点子分布中，常发现一些比较突出反常的测点，应借助于分析图表从水位、断面测量、流速测验和系数选用等方面认真分析，找出原因。

突出点如系水力因素变化所致，应作为可靠资料看待；如属于测验或计算方面的错误所致，则应予改正。无法改正的，可以舍弃。

二、临时曲线法

（一）适用条件与测验要求

主要适用于测站控制条件和河床在一定时期基本稳定，不经常性冲淤的站，也可用于处理受结冰影响的水位流量关系。要求有足够的测次，能控制流量变化过程的转折点。

（二）受不经常性冲淤影响的定线和推流方法

1.分析确定相对稳定时段，以水位流量、水位面积关系点的时序分布情况，参照水位过程线，分析确定相对稳定时段和关系点分组，按定单一曲线的要求，分别定出各稳定时段的水位流量关系曲线（即临时曲线）。

2.过渡时段的处理。两相邻临时曲线间的过渡时段，可绘过渡线连接。过渡线不具有稳定曲线的性质，可以反曲。根据过渡段的水位变化和关系点分布情况，可分别采用自然过渡、连时序过渡、内插曲线过渡等方法处理。

3.各临时曲线和过渡线应按推流使用时序分别编号。使用时段较长的曲线，可编制水位流量关系表，也可采用计算机数学模型拟合。

三、连时序法

（一）适用条件与测验要求

若水位流量关系受某一因素或混合因素影响而连续变化时，可用此法。此法也是使用最广泛的整编方法之一。使用此法时要求流量测次较多，并能控制水位流量关系变化的转折点。

（二）定线和推流方法

1.绘制水位流量关系曲线

先点绘水位流量、水位面积、水位流速关系图，并依测点时序分析，找出各个时期的主要影响因素。然后参照水位过程线，并结合受主要因素影响所导致的水位面积或水位流速关系变化趋势，连绘水位流量关系曲线。

2.定线注意事项

（1）连绳套形曲线，其绳套顶部和底部应分别与相应洪水峰顶和谷底水位相切。过渡线与临时曲线或稳定曲线相切。

（2）影响因素无明显变化的较稳定时段，可通过测点中心定线；

（3）如测点控制不够，应借助主要影响因素变化趋势连绘曲线；如测点较多，曲线较复杂时，可分时段点图定线，但应使各图曲线之间互相衔接。

3.推求流量

依据已定的时序曲线，用瞬时水位直接在相应时段曲线上查读流量。

四、改正水位法

（一）适用条件与测验要求

本法适用于受经常性冲淤、受水草生长或结冰影响的测站。要求流量测次足够多，分布均匀，流量精度较高且能控制流量变化转折点。

（二）定线和推流方法

1.点绘水位流量关系，绘制一条稳定的水位流量关系曲线即曲线。

2.计算水位改正数。各测点与标准曲线的纵差，即水位改正点在标准曲线上方者，水位改正数为负值，反之为正值。

3.以水位改正数为纵坐标，时间为横坐标，参照水位趋势，点绘水位改正数过程线。

4.观测水位加相应时间的水位改正数得出改正水位，再以改正后水位采用水位流量关系曲线查算流量。

五、代表日流量法

1.适用条件

本法适用于枯水期或冰期简化为每月固定日期测流的站和简化合成流量站的渠道流量等。要求实测流量有一定的时段规律和代表性，在使用一定时期后应进行分析验证。

2.推流方法

以各固定日几次实测流量的平均值作为该日的日平均流量。根据各月固定测流日的分布情况划分其代表时段。如每月前半月和后半月各有一固定测流日时，则前一日的日平均流量代表 1 ~ 15 日的各日平均流量，后一日的日平均流量代表 16 日至月底各日的日平均流量。若每月上、中、下旬各有一个固定测流日时，则各测流日的日平均流量分别代表上、中、下旬各日的日平均流量。

六、流量的单站合理性检查

（一）历年水位流量关系曲线对照

1.对照图的绘制

将历年和本年曲线绘于同一图中，水位流量、水位面积、水位流速三种关系曲线均应绘上，并注明年份。流量变幅大的，应点绘低水放大图，用以检查低水曲线。

用临时曲线的站，可只绘变幅最大及最左、最右边的曲线。用改正水位法、改正系数法定线推流的站及单值化关系曲线，可只绘各年标准曲线或校正曲线。

2.检查内容

（1）高水控制较好，冲淤或回水影响不严重时，历年水位流量关系曲线高水部分的趋势，应基本一致；

（2）历年水位流量关系曲线低水部分的变化，应该是连续的，相邻年份年头年尾曲线应该衔接或接近一致；

（3）水情相似年份的水位流量关系曲线，其变动程度相似；

（4）用相同方法处理的单值化曲线，其趋势应是相似的。如发现曲线有异常情况，应检查其原因。

通过检查，可发现定线是否正确及高水延长是否妥当。

（二）流量与水位过程线对照

1. 对照图的绘制

将水位、流量过程线绘在同一图上。必要时在流量过程线图上绘入各实测流量点子，在水位过程线图上绘各实测流量的相应水位点子。

2. 检查内容

（1）主要检查流量变化过程是否连续合理，与水位是否相应。除冲淤特别严重或受变动回水影响及其他特殊因素影响外，两种过程线的变化趋势应一致，峰形一般应相似，峰、谷相应。

（2）流量过程线上的实测点子，不应呈明显系统偏离，水位过程线上的实测流量相应水位点子应与过程线基本吻合。对照时，如发现反常情况，可从推流所用的水位、方法、曲线的点绘和计算等方面进行检查。

（三）降水与径流关系对照检查

此项检查适用于中、小河流站，或发现资料有问题，须加引证的站。降水与径流关系，一般是用径流系数列表进行检查，也可点绘历年各次暴雨径流或年降水径流关系图检查。

1. 计算方法

（1）对照时段的确定。一般是以每次洪水的起止时间作为一个对照时间单位，包括完整的降水过程和相应的径流过程。如连续洪水难以分割时，也可作为一个对照时段单位。

（2）计算流域平均降水量。根据流域内及其周围各站降水量，用算术平均法、加权平均法或等雨深线法计算流域平均降水量。

（3）计算径流深及径流系数。

（4）按各次洪水列出降水与径流关系对照表或点绘关系图进行检查。

2. 检查内容

主要检查径流系数变动范围，分析规律，发现较大问题。影响降水与径流关系的因素虽然复杂，但一定地区各次洪水的降水与径流关系的变动有一定范围。可与往年径流系数比较，如相差很大或太不合理时，须深入检查其原因。

七、流量资料的综合合理性检查

1. 上下游洪峰流量过程线及各站洪水总量对照

（1）检查图表。用洪水期上下游逐时流量过程线及各站洪水总量对照表配合检查。将上下游各站洪水期逐时流量过程线用同一纵横比例尺绘于同一图上。有支流入汇的河段，可将上游站与支流站的流量按其洪峰传播到本站所需时间错开相加，将其合成流量过程线绘入图中。

将上下游各站选取的几次主要相应洪峰的洪水总量及其起止时间，分别列成对照表。在计算洪水总量时，一般不割除基线。截取洪峰时，注意使上下游各站的截割点与洪峰传播时间相应。

（2）检查内容。洪水沿河长演进，其上下游过程线是否相应；洪峰流量沿河长变化及其发生时间是否相应合理，洪水总量是否平衡；河槽蓄水量与出水量是否大致相等。

2. 上下游逐日平均流量过程线对照

利用上下游的逐日平均流量过程线图进行对照检查，其绘制方法与上下游逐时流量过程线相同。检查上下游站流量变化是否相应。

3. 月年平均流量对照表检查

将上下游干支流各站（包括引入、引出控制站）月年平均流量汇列在一起，用水量平衡方法检查沿河水量变化是否合理。在上下游站区间面积较大或区间水量所占比重较大时，可根据区间面积及附近相似地区的径流模数来推算区间的月、年平均流量列入。在降水量较多的月份，区间的月年平均流量也可借用相似地区的降水径流关系推算。然后将上游站的流量与区间流量之和列入，与下游站比较。

有湖泊或水库时，将用流量单位表示的月、年容积变量列入，并将入湖或入库站流量与容积变量之差列入，与下游站比较。用水量较大地区，可将水量调查成果列入，与上下游站比较。

第五节 悬移质输沙率资料整编

一、实测悬移质输沙率和含沙量资料的分析

在整编悬移质输沙率资料时，为发现测验中可能存在的问题，了解资料的代表性，应对实测资料进行检查分析。

1. 利用水文站平时点绘的单沙过程线，了解测取单沙的位置、方法、精度及其代表性，检查单沙是否控制了转折变化过程，有无缺测和突出不合理的测次等。

2. 用单断沙关系图检查分析。

（1）单断沙关系图的绘制要以单沙为纵坐标，断沙为横坐标，用同一比例尺绘在普通坐标纸上。含沙量变幅很大的站，也可用双对数纸点绘，低沙部分读数误差超过 2.5%（含沙量很小时可适当放宽）的部分，应另绘放大图。

（2）分析单断沙关系点的分布类型、点带宽度及影响因素；检查测次能否满足定线要求，有无突出偏离的测次。对突出偏离的测次，应分析是单沙或断沙不合理，还是其他原因引起的偏离。可点绘流速、含沙量横向分布等辅助图深入分析，查明原因。属于单沙代表性问题，必要时加以说明；属于测验或计算方法的错误，可作适当改正；如错误较大而又不能改正者，可予舍弃；属于特殊水情、沙情造成的，应据以整编。

二、推求断沙的方法

（一）单断沙关系曲线法

1. 该法是推求断沙的主要方法，适用于单断沙关系良好或比较稳定的站。各线型的定线精度应满足精度要求。当各条关系曲线上的测点在 10 个以上者，应进行关系曲线的检验。

2. 通过坐标原点和点群重心，可定成直线、折线或曲线。根据关系点的分布类型，又分单一线法和多线法。

（1）单一线法

关系点较密集的站，单断沙关系点分布成一带状，点子无明显系统偏离，即可定为单一线推求断沙。

（2）多线法

若单断沙关系点子的分布比较分散，且随时间、水位或单沙测取位置和方法有明显系

统偏离，形成两个以上带组时，可分别用时间、水位或单沙测取位置、方法做参数，按照定单一线的要求，定出多条关系曲线。

3.推求断沙。当单断沙关系为直线或折线时，可先求出换算系数，乘以单沙即得断沙；为曲线时，则根据单沙在曲线上直接查读断沙。

（二）比例系数过程线法

1.适用条件

单断沙关系点散乱无规律可循，但输沙测次较多，且分布比较均匀，能控制单断关系变化转折点的测站，可采用比例系数过程线法。

2.推算方法

（1）比例系数 m 可用下式计算：

$$m = \frac{\overline{C_s}}{C_{s,}}$$

式中，m：比例系数；$\overline{C_s}$：实测断沙；$C_{s,}$：相应单沙。

（2）点绘比例系数过程线。以比例系数 m 为纵坐标，时间（日或时）为横坐标，点绘比例系数点子。参照水位、流量过程线的变化趋势，通过各点连绘光滑的过程线。

（3）以实测单沙的相应时间，在过程线上查出比例系数，乘以该次单沙，即求得断沙。

（三）流量与输沙率关系曲线法

1.适用条件。当不具备上述方法推求断沙，但流量与输沙率关系较好，且输沙率测次能基本控制各主要水、沙峰涨落变化过程时，可用此法推求断沙。

2.定线方法和要求。以流量为纵坐标，输沙率为横坐标，点绘在普通坐标纸上。对突出点应进行分析，做出恰当处理。定线一般依关系点分布的时序，连成光滑单一曲线或绳套形曲线。如流量重要转折点处无实测输沙率测次，可以该处单沙乘以相应时间的流量求得输沙率，作为参考点子参加定线。关系曲线一般不做外延。

3.推算方法。根据由水位推得的逐时或逐日平均流量，在关系曲线上推求出同时的输沙率，除以流量即得断沙。

（四）其他方法

1.水位与比例系数关系曲线法。适用于单断沙关系点子随水位而有系统偏离，而水位与比例系数有良好关系的站。定线精度要求与单断沙关系单一线法相同。

2.近似法。当输沙率测次太少或单断沙关系不好，不能用上述几种方法，以及仅测单沙的站或时期，可采用单沙近似当作断沙推求逐日平均含沙量（实测断沙也参加计算）。

四、曲线的延长

采用单断沙关系曲线法推求断沙的站，洪水时由于实测困难或特殊原因，未实测到高沙部分的输沙率时，凡符合延长要求者，可将单断沙关系曲线的高沙部分进行延长。

1. 对曲线延长的要求

凡单断沙为直线关系，关系点总数不少于 10 个，且实测输沙率相应单沙占当年实测最大单沙的 50% 以上时，可做高沙部分延长。向上延长幅度应小于当年最大单沙的 50%。若单断沙关系为曲线型，向上延长幅度应小于年最大单沙的 30%。单沙测取位置及方法与历年不一致或断面形状有大的变化时，均不宜做高沙延长。

2. 延长方法

顺原定单断沙关系线中低沙部分的趋势，并参考历年关系曲线直接延长。

五、缺测单沙的插补

当单沙短时间缺测时，可根据不同情况，分别选用以下方法予以插补：

1. 直线插补法。当缺测期间水、沙变化平缓，或变化虽较大但未跨越峰、谷时，可用未测时段两端的实测单沙，按时间比例内插缺测时段的单沙。

2. 连过程线插补法。在单沙与水位、流量变化过程较相应的站（或时期），当缺测期间的水位流量变化不大，或者是水位起伏变化虽大，但缺测时间不长，可根据水位流量的起伏变化过程，连绘单沙过程线，予以插补。如果缺测沙峰起涨点，而在起涨点以前的退水阶段含沙量变化很小时，可采用起涨点前的最后一次单沙作为起涨点单沙。

3. 流量（水位）与含沙量关系插补法。山溪性河流暴涨暴落，一般洪峰与沙峰同时出现，因而流量与沙量间常有一定关系，可以点绘流量与单沙关系曲线，据此插补缺测的单沙，如果关系良好，也可据此插补沙峰。

4. 相邻站或上下游站含沙量关系插补法。在没有支流汇入和冲淤变化很小的河段，可根据相邻站含沙量过程线的起伏变化，连绘本站缺测时段过程线进行插补；也可以用上下游站同时实测含沙量点绘关系图，通过点群中心定出关系曲线，即可用来插补。

六、推求日平均输沙率、含沙量的方法

（一）计算日平均位的资料依据

1. 实测点。直接用实测单沙、断沙或经过换算后的断沙，进行日平均值的计算。当转折点有缺测或两点间流量、含沙量变化很大时，应采用可靠方法予以插补。

2. 过程线摘点。根据绘定的单沙或断沙过程线，在过程线上摘录足够的、能控制流

量、含沙量变化的点次，据此计算日平均值。

（二）使用单沙推求断沙时，日平均值的推算方法

1. 一般情况下，日平均值的计算方法

（1）一日测取或摘录一次单沙或断沙者，即以相应的断沙作为日平均含沙量，乘以日平均流量，即得日平均输沙率。

（2）几日测取一次单沙者，按规定未测取各日的日平均含沙量，按前后测取之日的断沙，以直线内插或在含沙量过程线上查读求得，再乘以日平均流量，即得日平均输沙率。

（3）含沙量有日周期变化而不是每天都测取单沙者，未测取之日的日平均含沙量用前后实测之日的日平均含沙量直线内插，并用以推求日平均输沙率。

（4）若干天水样混合处理者，即以混合水样的相应断沙作为各日的日平均含沙量，并据此计算日平均输沙率。

（5）一日测取或摘录两次以上单沙者，则视点次分布和流量、含沙量的变化组合情况，分别选用算术平均法、面积包围法、流量加权第一种和第二种方法。一般可按下述情况掌握：①算术平均法适用于流量变化不大，但含沙量点次分布均匀的情况；②面积包围法适用于流量变化不大，含沙量变化较大且点次分布不均匀的情况；③流量加权法适用于流量和含沙量变化皆较大的情况。其中，第一种方法，以瞬时流量乘以相应时间的断沙，得出瞬时输沙率，再用时间加权求出日平均输沙率，除以日平均流量即得日平均含沙量。电算整编时均采用此法。第二种方法，以相邻瞬时流量的平均值乘以相应断沙的平均值，求得时段平均输沙率，再乘以该时段的时距，以其积的代数和除以一日的时间即得日平均输沙率，再除以日平均流量即得日平均含沙量。

采用流量加权法计算时，一般采用第一种方法。当一日内流量、含沙量涨落一致，且水、沙量日变幅（以最小值做分母）均大于3倍以上时，为减少第一种方法的计算误差，可在流量、含沙量最大涨落段，直线内插1~2个点子进行计算。也可改用第二种方法计算。

2. 有逆流、停滞现象时，日平均值的计算方法

（1）全日为逆流时，则日平均输沙率、含沙量的计算方法与顺流时相同。但所求日平均输沙率为负值，其数字前面应加负号。

（2）一日内兼有顺逆流时，日平均值计算方法如下：日平均输沙率以顺、逆流输沙量之代数和除以一日秒数（86 400）求得。如逆流输沙量大于顺流，则所求数值为负。日平均含沙量顺、逆方向的输沙率较小一方小于或等于另一方的10%时，仍按一般方法计算。如较小一方大于另一方的10%时，则用顺逆流输沙量绝对值总和除以顺、逆流径流量绝对值的总和求得。

电算整编时，也可以不考虑顺、逆流输沙量互占比例的大小，均采用含沙量面积包

围法。

（3）全日水流停滞者，日平均输沙率为0。日平均含沙量分别用算术平均法或面积包围法计算。一日内部分时间水流停滞者，用流量加权法求出日平均输沙率，再除以日平均流量，即得日平均含沙量。

（4）一日内部分时间水流停滞时，其计算方法与顺流相同。

3.日平均值计算误差限差

以流量加权法求得的日平均值作为标准值，用其他各种方法求得的日平均值与标准值相比，其相对误差，中高沙不超过±5%，低沙不超过±10%，含沙量很小时，可适当放宽。

4.不同计算方法的选用指标（或判别方法）

为保证日平均值计算误差在限差内，便于选用合理的计算方法，各整编机关应根据本地区资料，分析制订出简单易行的不同计算方法的选用指标方案。

选用指标方案，可采用一日内流量、含沙量日变幅百分数（以最大值做分母）之和与各种方法日平均值计算相对误差分别点绘关系，定下外包线的分析方法来确定。也可按沙量级，采用流量、含沙量日变化倍数作为选用指标。

（三）使用流量与输沙率关系曲线法时，日平均值的计算方法

1.直接查读法

当关系曲线接近一条直线或曲率甚小时，或一日内输沙率变化不大时，可用日平均流量在关系线上直接推求日平均输沙率。

2.面积包围法

如果一日内输沙率变化较大，或关系线为曲线时，应先推求出瞬时输沙率，然后用面积包围法计算日平均值。

七、悬移质输沙率、含沙量的单站合理性检查

（一）推求断沙的关系曲线、比例系数过程线的历年对照

当水文站测取单沙的位置、方法没有大的变动，且推求断沙的方法与往年相同，应与历年推求断沙的关系曲线、比例系数过程线对照比较，以检查其合理性。

1.历年单断沙关系曲线的对照

利用历年关系曲线图，比较各年曲线的趋势和其间相对的关系。历年关系曲线的趋势

一般应大致相近且变动范围不大，如果趋势和变动范围较大，则应分析其原因。

2.历年比例系数过程线对照

先从往年系数变化过程与流量变化过程找出一般规律，再据以检查本年比例系数过程线的变化情况。

3.历年流量与输沙率关系曲线对照

一般先从历年的变化幅度、曲线形状等找出一般规律，再据以检查本年的资料。做历年对照时，应考虑到流域自然特性和本站水沙特性的改变，可能对上述各种关系产生的影响。

（二）含沙量变化过程的检查

将流量、含沙量、输沙率过程线绘在同一张图上进行对照检查。含沙量的变化与流量的变化常有一定的关系，可根据历年流量、含沙量变化的一般规律，检查本年资料的合理性。如有反常现象，即应检查是人为的错误，还是由于洪水来源、暴雨特性、季节性等因素的影响，或是流域下垫面发生改变所造成。

八、悬移质输沙率和含沙量资料的综合合理性检查

（一）上下游含沙量、输沙率过程线对照

当同一条河流上有两个以上测站时，可将上下游站的逐日平均（汛期逐时）含沙量或输沙率过程线用同一纵横坐标绘在同一张图上进行对照检查。

在没有支流入汇或支流来沙量较小时，上下游站的含沙量过程线之间常有一定的关系。利用这种特性检查各站含沙量过程线的形状、峰谷、传播时间、沙峰历时等是否合理。

在支流入汇影响较大，或区间经常发生冲淤变化的河段，上下游站含沙量的关系可能受到影响，在对照时应考虑这些因素。

（二）上下游月年平均输沙率对照

编制上下游各站月年平均输沙率对照表，检查沿河长输沙率变化是否合理，有跨月沙峰时，可用两月月平均输沙率之和做比较。受区间支流来沙影响的区段，应将上游站与支流站输沙率之和列入与下游站比较。对照时，还应考虑区间冲淤影响的因素。

当水库有进、出库站，且有库区淤积测量资料时，可以进行水库的沙量平衡计算。即用水库冲淤量与同一时段的进、出库输沙量之差做比较。

第六节 泥沙颗粒级配资料整编

一、单断颗关系的分析

（一）颗粒分析记录表的分析

1. 测站、断面、取样日期、沙样种类及施测号数等项目填写是否齐全无误，分析时限是否符合规定；

2. 分析试样的沙重是否符合要求。各分级沙重称量方法的检查应包括：比重瓶校正曲线、置换法沙重、空杯重、天平检定记录等；

3. 计算方法及有效数字检查，应包括自动记录曲线的走纸速度、线性、计算选点、计算机程序、打印结果等；

4. 最大粒径有无不合理现象等。

（二）绘图要求及关系图的分析

单断颗关系图以单样颗粒级配（简称单颗）小于某粒径沙重百分数为纵坐标，相应的断面平均颗粒级配（简称断颗）小于某粒径沙重百分数为横坐标，用同一比例尺点绘于普通坐标纸上。比例尺以能准确读出 0.5% 的小于某粒径沙重百分数为准。

在关系图中，如发现关系点有系统偏离，分布散乱或有少数突出点时，应分析其原因。

二、悬移质断颗的推求方法

（一）单断颗关系曲线法

1. 单一曲线定线条件

单断颗关系比较稳定，关系点密集成一带状，且无系统偏离，即可定为单一线推求断颗。

2. 多曲线的定线条件

当单断颗关系点分布分散，但不是左右跳动，而是随时间有明显系统偏离，形成两个以上的点带组时，可用时间做参数，按定单一线的条件分别定线，据以推求断颗。

3. 定线要求

关系线不论是直线还是曲线，其下端均应通过纵横坐标的零点。上端是否通过纵横坐标为 100% 的一点，则视关系点分布情况而定。单一线定线随机不确定度应控制在 ±18% 范围内；多线法按单一线的定线要求分别定线，定线精度的不确定度指标同单一线。

4. 曲线检验

一条曲线的测点在 10 个以上的，应进行三种检验。

5. 推求断颗

（1）当关系线上端通过纵横坐标的 100% 一点时，以单颗各粒径级百分数直接在关系线上查得相应断颗各粒径级的百分数。

（2）当单颗比断颗系统偏细时，先以单颗为 100% 的粒径级在关系曲线上推出相应其粒径级的断颗百分数，再按规定划分的粒径级向上再增加一个粒径级，即为断颗 100% 粒径级。

（3）当单颗比断颗系统偏粗时，推求断颗只须利用相应于断颗为 100 片以下的单颗部分，以上部分不再使用。

（二）其他

当单断颗关系散乱，不能用关系曲线法推求断颗的河宽小，或仅测单颗的站或时期，不推求日、月、年平均悬移质颗粒级配，只整编列出实测颗粒级配成果。

三、日、月、年平均悬移质颗粒级配的计算

（一）日平均颗粒级配的计算

1. 一日实测一次单颗或断颗者，经过换算或直接作为该日平均颗粒级配。

2. 一日有两次以上实测颗粒级配资料者，采用输沙量加权法计算。

3. 未实测颗粒级配资料之日的平均值不做插补。

（二）月平均颗粒级配的计算

1. 整编日平均颗粒级配的站，用日平均值参加计算；否则，用瞬时断颗计算，实测断颗可以直接参加计算。

2. 一月仅有一日或一次实测颗粒级配资料者，即以该日日平均值或该次实测值作为该月平均颗粒级配。

3. 一月有两日以上实测颗粒级配资料者，当月内输沙率变化较小时用算术平均法计算；输沙率变化较大时应采用时段输沙量或输沙率加权法计算。

4. 未实测颗粒级配资料之月，其月平均值一般不做插补。

三、年平均颗粒级配的计算

年平均颗粒级配用月输沙量或输沙率加权计算。如个别月份缺测颗粒级配，而缺测月份的输沙量占年输沙量的 20% 以上时，不计算年平均颗粒级配。如河水清澈或含沙量很小，按规定不施测颗粒级配及停测含沙量的月份，该月输沙量均按零权参加计算。

四、悬移质颗粒级配的单站合理性检查

1.悬移质颗粒级配沿时间变化与流量、含沙量过程线对照。颗粒级配与流量、含沙量变化之间常有一定关系，可利用其综合过程线对照检查。在图的上部绘逐日平均流量、含沙量过程线，图的下部绘各日平均颗粒级配各粒径级的小于某粒径沙重百分数过程线。以历年三种过程线之间的相应关系和变化规律，分析本年资料有无大的问题。

2.历年悬移质颗粒级配曲线对照。以本年和历年的年平均或同月的颗粒级配曲线，就原图进行对照。一般是各相应时期的曲线形状大致相似，且变化范围不大。如发现本年或某月曲线形状特殊，或某个时期前后级配曲线另成一系统应进行分析，查明变化的原因。

五、悬移质颗粒级配资料的综合合理性检查

一般是绘制各粒径级的小于某粒径沙重百分数沿河长演变图作为综合合理性检查的依据，也可绘制上下游站月、年平均颗粒级配曲线进行对照。

流域内土壤、地质、植被等自然地理条件基本相同，而河段内又无严重冲淤时，一般是悬移质颗粒沿程变细，即较细的泥沙沿程相对地增多，较粗的泥沙沿程则相对地减少。如有反常情况，要分析其原因。造成这种情况的原因可能是河流经过不同的土壤地质地带，某河段有严重的冲淤现象，流域内局部地区降暴雨及资料整编中存在的问题。

第七节　水温资料整编

1. 工作内容

（1）编制逐日水温表；（2）单站合理性检查；（3）编制水温资料整编说明表。

2. 编制逐日水温表

编制逐日水温表应在对原始观测记录进行审核的基础上，整理水温逐日值、统计制表。

3. 水温的单站合理性检查

水温过程线的检查及与岸上气温、水位过程线对照，水温变化一般是渐变连续的，并与气温变化趋势大致相应。只有遇洪水或上游水库放水时，水温才可能发生较大变化，依此检查水温有无不合理现象。

第八节　降水量资料整编

一、工作内容

1. 整编时应对观测记录进行审核。检查有无缺测和观测、记载、计算等错误。对于自记雨量资料，除检查时间和虹吸的订正是否恰当外，还应着重检查发生故障的处理是否正确。

2. 编制逐日降水量表、降水量摘录表、各时段最大降水量表、各时段最大降水量表。

3. 单站合理性检查及综合合理性检查。

4. 编制降水量资料整编说明书。

二、整编方法

1. 当一个站同时有自记记录与人工观测记录时，应使用自记记录整编，自记记录有问题的部分，可用人工观测记录代替，但应附注说明。自记记录无法整理时，可全部使用人工观测记录。同时期的降水量摘录表与逐日降水量表所依据的记录，必须完全一致。

2. 做时段最大降水量表的站根据自记曲线转折情况选摘数据；做时段最大降水量表的站，自记一般按 24 段制摘取数据，人工观测记录根据观测段制整理数据。

三、降水量的插补与修正

降水量因故发生少数日期缺测或自记雨量计有故障时，应根据具体情况予以插补或修正。

1. 降水量的插补

缺测之日，可根据地形、气候条件和邻近站降水量分布情况，采用邻站平均值法、比例法或等值线法进行插补。

2. 降水量的修正

如自记雨量计短时间发生故障，使降水量累积曲线发生中断或不正常时，则应通过分析对照，参照邻站资料进行插补修正。否则，应将不能插补修正部分舍弃，采用人工观测记录。

四、降水量摘录方法

1. 摘录方法的选择

中小河流水文站以上的配套雨量站，其资料主要是为了满足暴雨洪水分析的需要。这些站可采用与洪水配套的摘录方法。集水面积较大或跨省区的河流水文站以上的雨量站，既可采用暴雨洪水配套分段间断摘录的方法，也可按汛期全摘录，非汛期暴雨洪水配套摘录的方法。

2. 摘录时段的确定

中小河流水文站的配套雨量站（需要时可包括流域周界站）的摘录时段，可按暴雨洪水分析的需要确定，一般可按涨洪历时的 1/3 作为一个时段。大河流域内或海口附近的雨量站，可考虑分析区间径流的需要或从防洪治涝、暴雨分析的需要来确定摘录时段，如果逐日降水量已能满足需要，则可不做降水量摘录。

五、降水量的单站合理性检查

1. 检查各时段最大降水量是否随时段加长而增大，长时段降水强度一般是否小于短时段降水强度。

2. 降水量摘录表或各时段最大降水量表与逐日降水量表对照：检查相应的日量及符号是否一致，24 小时最大量是否大于或等于一日最大量；各时段最大量是否大于或等于摘录中的相应时段量。

六、降水量资料的综合合理性检查

1. 邻站逐日降水量对照。用各站的逐日降水量表直接比较，也可编制各站逐日降水量对照表比较。在发生大暴雨或发现有问题的地区，可用相邻各站某次暴雨的自记累积曲线或编制时段降水量对照表进行检查。

通常相邻站的降水时间、降水量、降水过程是相近似的。如果发现某站情况特殊，要进一步检查其原因，是否观测有误或雨区移动、地形特点等所造成。

2. 邻站月、年降水量及降水日数对照。可编制月年降水量及降水日数对照表进行检查。各站可按地理位置，自北而南、自西而东的次序排列，也可采用其他排列方法，使相邻站在表中排在相近的位置上。检查时，若发现某站降水量或降水日数与邻站相差较大，应分析原因，并在有关表中附注说明。

3. 暴雨、汛期及年降水量等值线检查。

第九节　水面蒸发量资料整编

一、工作内容

1. 编绘陆上（漂浮）水面蒸发场说明表及平面图。
2. 对水面蒸发量观测记录进行审核。
3. 数据整理。
4. 编制逐日水面蒸发量表及水面蒸发量辅助项目月、年统计表。
5. 单站合理性检查。
6. 编制水面蒸发量资料说明表。

二、水面蒸发量的插补、改正和换算

由于各种原因，水面蒸发量有可能缺测或出现偏大、偏小甚至负值等不合理情况，应根据原因和条件，予以插补和改正。

1. 水面蒸发量的插补方法

当缺测日的天气状况与前后日大致相似时，可根据前后日观测值直线内插，也可借用附近气象站资料。

观测水汽压力差和风速资料的站，可绘制有关因素的过程线或相关线进行插补。

2. 水面蒸发量的改正

当水面蒸发量很小时，测出的水面蒸发量是负值者，应改正为"0.0"，并加改正符号。对突出偏大、偏小确属不合理的水面蒸发量，应参照有关因素和邻站资料予以插补改正。

3. 水面蒸发量的换算

历年积累有20cm口径蒸发皿与E-601型蒸发器比测资料者，应根据分析的换算系数，将本年20cm口径蒸发皿观测的水面蒸发量进行换算后刊印，并附注说明换算系数。

三、水面蒸发量的单站合理性检查

1. 逐日水面蒸发量与降水量过程线对照。在年历格纸上，从同一横坐标轴开始，水面蒸发量向上、降水量向下，以柱状绘出逐日值进行对照。一般有较大降水之日，水面蒸发量要小一些。

2. 观测辅助项目的站，在水面蒸发量、降水量过程线图上，将水汽压力差和风速的日平均值用折线绘入，进行对照。一般是水汽压力差和风速愈大，则水面蒸发量也愈大。

第五章 水文调查与检测

第一节 水文调查

一、分项水量调查

进行用水量调查前，须查清调查区内的用地表水的水源地、用水区域和回归水三者的相对位置关系，来判别应调查的水量。

（一）灌溉水量调查

1.灌溉水量分为灌溉引水量、灌溉耗水量、灌溉水综合回归水量（含灌溉水渠系田间下渗回归量、田渠弃水量）。

2.灌溉水量平衡式如下：

Wy=Wgh+Wg

式中，Wy：灌溉引水量 $104m^3$，下同；Wgh：灌溉耗水量；Wg：灌溉水综合回归水量。

3.灌溉引水量可设立辅助站实测灌溉期引水量，也可用面上调查形式进行估算。灌溉耗水量可选用下列方法之一估算：

（1）调查灌溉引水量和灌溉退水量。

（2）调查灌溉（水）定额、实灌面积、灌水次数和渠系水有效利用系数。

（3）对于湿润半湿润地区，调查灌区灌排水规则、实灌面积、灌区逐日降水量、水面蒸发量、渗漏量及有关系数，用计算机模拟。

4.灌溉水综合回归水量估算方法：

（1）调查灌溉引水量和灌溉回归系数。

（2）调查灌溉引水量和灌溉耗水量。

（3）调查灌溉定额、实灌面积、灌溉回归系数和渠系水有效利用系数等。

（4）受灌溉退水影响显著的河流，可对照逐日降水量过程线，在实测流量过程线上割取"非降水产流"。

（二）工业水量调查

工业及生活水量分为引水量、耗水量、综合排放水量。当工业及生活水量逐年变化基本稳定时，可 1 ~ 3 年调查一次，未调查年份可借用上一年调查成果有关指标。对于引水源、引水口门、引水量、用水区域或排水系统等其中一项发生变化的年份，必须重新调查或补充调查。工业及生活引水量直接取用引水量观测资料或面上调查的引水量汇总资料。

1. 工业及生活耗水量估算方法

（1）调查工业及生活引水量及排水量。

（2）调查工业及生活用水定额、工业产值、人口数和重复利用系数等。

2. 工业及生活综合排放水量估算方法

（1）调查工业与生活引水量及耗水量。

（2）调查工业与生活引水量及排放系数。

（3）实测流量过程线"非降水产流"切割法。

（三）跨流域或跨调查区引排水量调查

跨流域或跨调查区引排水量，可在分界处的引排水河（渠）段设辅助站实测，也可参照灌溉、工业及生活引水量面上调查方法进行估算。

（四）蓄水工程调查

1. 一般要求如下：

（1）蓄水工程时段蓄水变量，为蓄水区时段终止与开始时蓄水量差值。应观测时段初（末）蓄水工程蓄水区代表水位，当蓄水区基本站水位代表性不足，可增设辅助水位站。蓄水区库容曲线的水准基面与蓄水区实测代表水位的水准基面应一致。

（2）库容曲线可采用静库容曲线。对于少沙河流，库容曲线多年稳定，可常年使用。对于多沙河流，泥沙淤积量占总库容的 10% 时，应修正库容曲线。

（3）中型以上（含中型）水库蓄水区库容曲线，应采用地形法或断面法测算。

（4）小型水库和堰闸蓄水区库容曲线可采用纵横断面简易测算。

（5）小水库群蓄水变量调查，可选用面积比法、库容比法、蓄（放）水量不均曲线法，推算调查区内小水库群时段蓄水变量。

2. 蓄水水面蒸发增损水量，在我国北方蒸发能力较强的地区，增加的蓄水水面积占调查区面积的 1% 以上时，应予调查。

3. 当蓄水工程渗漏量未回归到基本站断面，且渗漏水量占调查区年径流量 2% 以上时，应进行蓄水工程渗漏水量调查。

（五）分项调查的月分配

1. 灌溉水量可按作物需水过程的比例分配到年内有关月份。

2. 工业及生活水量可平均分配到年内各月。

3. 跨流域或跨调查区引（排）水量，可按用水区域用水量逐月占全年百分数分配。

4. 蓄水变量可根据代表水库逐月蓄水变量用库容比法进行分配。

5. 蓄水水面蒸发增损量可按水面蒸发量逐月占全年百分数分配。

6. 蓄水工程渗漏水量可平均分配到年内各月，如水位（水头）变幅较大，可按月平均水位（水头）高低进行月分配。

7. 水平梯田拦蓄地面径流量，可按分割基流后地面径流量逐月占全年百分数分配。

8. 水库溃坝、河道决口、河道分洪按实际发生月份分配。

二、辅助站测验

（一）辅助站的设立

辅助站应设置在对分项水量起控制作用的河（渠）段上。尽量利用堰闸、渠道、水电站、机泵站及桥梁等水工建筑物测流。

基面、测验断面、水准点、水尺均可参照《河流流量测验规范》《水工建筑物测流规范》《水位观测标准》等有关规定执行。

（二）辅助站的普通测量

设站时，可测绘测验河段简易地形图，在河道、地形、地物有显著变化时才进行重测或补测。水准点高程测量可按四等水准要求进行，水尺零点高程测量按国家标准《水位观测标准》《水工建筑物测流规范》等有关规定执行，每年定时校测一次，有变动时，应随时校测。

（三）辅助站的观测

辅助站的水位观测可参照国家标准《水位观测标准》有关规定执行。辅助站的流量系数采用流速仪法率定流量（或效率）系数推流，也可采用《水工建筑物测流规范》中规定的有关流量系数推流。辅助站的流量测次应能满足点绘水位流量关系曲线或率定流量（或效率）系数的需要。

（四）辅助站的流量间测

1. 当收集三年以上资料，实测水位变幅已控制历年水位变幅 70% 以上，每年的水位流量关系曲线（或其他水力因素与流量关系）与历年关系曲线之间或各相邻年份曲线的最大偏离，高水部分不超过 8%，中水部分不超过 10%，低水部分不超过 15%，在实测资料范围内可进行间测。

2. 凡流量实行间测的站，可停测 2 ~ 3 年校测一年，停测期间用综合水位流量关系曲线或综合流量系数曲线推流。校测年份实测流量测次不得少于 10 次，校次应均匀分布于各级水位或各级水力因素（如当年测次不足 10 次，校测时间可延至次年），校测流量关系曲线与综合曲线进行比较，其偏离度中上部不超过 ±5%，下部不超过 ±7%，可用原综合曲线推流，否则应对原综合曲线进行修正。

三、暴雨调查的内容及要求

（一）暴雨调查的内容

1. 确定各调查点的不同历时最大暴雨量，若有困难时，应估算暴雨量级；

2. 暴雨的起讫时间、强度和时程分配；暴雨的中心、走向、分布和大于某一量级的笼罩面积。并分析天气现象和暴雨成因。

3. 暴雨对生产和民用设施的破坏和损失情况。

4. 在暴雨中心附近的小河流上进行洪水调查，反推估算暴雨量。

5. 调查暴雨量的综合分析和确定，并估算暴雨的重现期和评定调查暴雨量的可靠程度。

（二）暴雨调查资料的收集和分析

1. 全面收集水文、气象和其他部门有关的雨量观测资料。暴雨调查点的数量和位置应能满足绘制出暴雨等值线。每个暴雨调查点宜调查两个以上的暴雨数据。

2. 暴雨量估算的器皿，应露天空旷不受地形地物影响，准确量算器内水体体积和器口面积，并应扣除器内原有积水，估算漫溢、渗漏和取水量。

3. 历史洪水的相应暴雨时隔已久，难以调查到确切数量，一般在调查时，可以拿已知的近期某次降雨与发生大洪水的降雨相比。回忆雨势，降雨时地面坑塘的积水情况，沟渠的流水情况，从中分析雨量及降雨过程。同时调查群众院内的水桶、水缸或其他器皿承接雨水的程度，分析估算降水量。

4. 当年或近期洪水的相应暴雨调查，对雨量及过程可以了解得具体确切些。除对雨量、雨势、降雨历时做系统的调查访问外，还应重点调查群众的观测成果以及群众院内的水桶、水缸或其他器皿承接雨量的情况，分析估算降水量。调查时应注意承雨器皿的形状、所在位置及与周围环境的关系；承雨器有无溢、漏，原器内有无存水或外水加入。

5. 暴雨中心的重要降雨资料，应作多处调查，访问不同对象，调查各种不同形式承雨器的雨量，进行对比分析，并应与附近国家雨量站和地方雨量站实测记录资料对照分析，分析其可靠程度。

6. 调查暴雨重现期的估算：暴雨的重现期，可根据老年人的亲身经历和传闻，历史文献文物的考证和相应中小河流洪水的重现期等分析比较确定。

四、河道洪水调查

（一）河道洪水调查内容

洪水调查工作中，应调查洪水痕迹，测量洪水痕迹的高程；了解调查河段的河槽情况；了解流域自然地理情况；测量调查河段的纵横断面；必要时应调查河段进行简易地形测量；最后对调查成果进行分析，推算洪水总量、洪峰流量、洪水过程及重现期，写出总结报告。

1. 洪水发生的时间、水系、河流及调查地点。

2. 最高洪水位的痕迹和洪水涨落变化。

3. 发生洪水时河道及断面内的河床组成，滩地被覆情况及冲淤变化。

4. 洪水痕迹高程、纵横断面、河道简易地形或平面图测量。

5. 洪水的地区来源及组成情况。

6. 有关文献文物洪水记载的考证及摄影。

7. 洪峰流量及洪水总量的推算和分析。

8. 排定全部洪水（包括实测值）的大小顺位，计算重现期。

9. 写出洪水调查总结报告。

（二）调查前应收集资料

1. 流域水系图及调查河段的详细地形图，有关基本站历年最高洪水位，最大洪峰流量的出现时间，水面比降，糙率，历年大断面及河道纵横断面图，沿河水准基点高程，位置的记载图表及水位流量关系曲线等。

2. 各类查勘报告，水文调查报告，历史水旱灾情报告以及历史文献、地方志等。

3. 流域内实测及调查大暴雨资料。

4. 流域的水利规划资料，水利工程设施情况，水文气象图集、手册等资料。

5. 有关该河段的查勘报告、地方志以及水利历史文献等。摘录有关洪水、暴雨、干旱及流域地理特征的材料，并注意从交通部门了解桥涵最大洪水资料。

6. 了解调查地区的交通情况，以便选择交通路线。

（三）调查河段的选择

为确定某一工程地点的设计洪峰流量而进行的洪水调查，所选定的调查河段，以愈靠近工程地点愈好。除此以外，还应在上下游若干公里内另选一两个河段进行调查，以资校核。为使洪水的调查及计算具有可靠的结果，当用比降法及水面曲线计算流量时，所选定河段应具备下列条件：

1. 符合调查目的和要求：有足够数量的可靠的洪水痕迹，为此在选定河段的两岸宜尽可能靠近水文站测验河段和村庄。

2. 河道的平面位置及断面在多年中没有较大变化，当年洪水时的过水断面、河床情况应是可以求知的。河段比较顺直、规整、稳定，控制条件较好，没有壅水、变动回水、分流串沟及大支流加入等现象。全河段各处断面的形状及其大小比较一致，在不能满足此条件时，应选择向下游收缩的河段。

3. 河段各处河床覆盖情况比较一致，以便确定糙率。

4. 当利用控制断面及人工建筑物推算洪峰流量时，要求该河段有良好的控制；洪水时建筑物能正常工作，水流渐近段具有良好的形状，无漩涡现象；建筑物上下游无因阻塞所引起的附加回水，并且在其上游适当位置具有可靠的洪水痕迹。

（四）调查的方法步骤

1. 依靠当地各级政府领导

洪水调查人员到达调查地区后，必须向当地政府汇报洪水调查工作的目的和意义，请他们给予协助，并请相关人员介绍有关情况。

2. 河道查勘

对调查地区的概况有了初步了解后，应进行河道查勘，了解各段河道顺直情况，河床、断面、河滩情况，中间有无支流、分流等。进一步了解河流洪水情况，河道变化情况，可以找到洪水痕迹的地点、标志等，以作为选择调查测量河段的根据。

3. 深入调查访问并指认洪水痕迹

选定河段以后，应请熟悉洪水情况的群众到现场指认洪水痕迹，并按调查内容，细致、深入、全面地进行访问。

4. 召开座谈会确定洪水痕迹

在深入访问中，所得到的材料若有矛盾和不足的地方，可以组织有关的被访问者举行座谈，求得比较正确的结论。访问中应做访问记录。对已确定下来的洪水痕迹应做出标记。

5. 历史洪水发生时间的调查

根据收集历史文物文献，民间的谚语、传说等来确定；根据群众回忆并结合各类自然灾害、战争、家庭和个人的生产及生活重要事件等来确定；与干支流、上下游和邻近河流的洪水发生日期对照。

6. 确定洪水痕迹

洪水痕迹应明显、固定、可靠和具有代表性，群众指认后现场核实，分析判断；采用比降面积法推流时，不得少于两个洪痕点；采用水面曲线法推流时，至少要有三个以上洪痕点；遇有弯道，应在两岸调查足够的洪痕点；洪痕点确定后以红漆做临时标记，重要洪痕点埋设永久标志物。

（五）洪水调查的测量工作

1. 洪痕的水准测量

重要的洪水痕迹的高程采用四等水准测量，一般的可采用五等水准测量。进行水准测量时，一般应由附近已有的水准基点接测，并注明何种标高起算。如附近没有水准基点，可以自行设立，并假定标高。在调查河段，一般应设立固定的永久性水准基点，以备日后查考及复测之用。

2. 河道纵断面测量

纵断面测量可顺主流布置测点，测点间距视河道的纵坡变化急剧程度而定。底坡转折处必须有测点，在急滩、瀑布及水工建筑物的上下游应增加测点，在测河道纵坡的同时施测水面线，当两岸水位不等时，应同时测定两岸水位。如施测持续数日，水位有显著变动的，应设立临时水尺，读记各日水位，将各日所测水面线加以改正。

3. 河道横断面测量

河道横断面的测量，按大断面测量的有关要求进行，横断面的位置可按以下要求选定：

（1）所取断面数目应能表达出断面面积及其形状沿河长的变化特性。平直整齐的河段可以少取，曲折或不均匀的河段应该多取，在洪水水面坡度转折的地方也要取一断面。断面间距一般为 100～500m。

（2）断面应愈近洪水痕迹愈好。

（3）断面应垂直于洪水时期的平均流向。

在测量横断面时，应在记载簿中记载断面各部分的河床质的组成及粒径；河滩上植物生长情况（草、树木、农作物的疏密情况及其高度）；各种阻水建筑物的情况（地堰、石坝、土墙等）及有无串沟等情况，借以确定河槽及河滩糙率。

4. 河道简易地形测量和摄影

（1）河道简易地形测量是为了确定河段长度及洪水期水流情况。其范围应测至最高洪水位以上。施测内容包括：导线及永久水准点位置；施测期河流水边线，洪水痕迹及横断面位置；洪水淹没范围内的河滩简略地形；阻水建筑物（如房屋、堤坝、桥梁、树木等）、支流入口、险滩、急流、两岸村庄等的位置。

（2）摄影工作包括：明显洪水痕迹的位置；河槽及河滩覆盖情况；河道平面情况。

拍摄洪水痕迹时，照相机视线应垂直于痕迹，平行于地面，并尽可能显示附近地物地貌。为使拍摄碑文、壁字字迹清楚，可先涂以白粉或黑墨。拍摄水印，可用手指点位置。拍摄河床覆盖情况，照相机视线应与横断面垂直。为表示树木高矮、沙石大小，可用人体或测尺作为陪衬。对河道形状、水流流势，须登高拍摄，以求全貌。拍摄照片时，应记录所拍对象、地点、方向，并附简要说明。

五、溃坝、决口和分洪洪水调查

1. 水库溃坝洪水调查内容和要求

（1）水库概况调查。

（2）溃坝前库内水情调查，包括水位涨落变化过程、溃前最高水位和相应蓄水量、入库流量及泄流设施运用情况。溃坝过程调查，包括溃坝发生时间、相应的库水位和蓄水量、泄水设施运用情况、溃坝断面的变化、库水位下降过程及库容腾空时间等。

（3）决口断面的测量和调查；溃坝后下游洪峰沿程变化、洪水走向、积水深度、淹没范围及沿程决口情况等；对下游造成的损失；溃坝洪峰和洪量的估算。

2. 河堤决口调查内容和要求

（1）决口的位置和数量，决口的原因（漫溃、漏溃、浸溃），口门扩展过程。

（2）决口发生时间和相应河道水位，决口前后水情变化和决口断面冲刷变化情况。

（3）决口断面的测量和断面图绘制，堤内外地面高程，分洪水量的去向。

（4）决口后造成损失，决口洪量的估算。

3. 分洪滞洪调查内容和要求

（1）人工扒口无建筑物控制的调查与河堤决口调查相同。

（2）有建筑物控制的应调查闸门开高及孔数、分洪滞洪起迄时间及河道水位的变化过程，滞洪区蓄水情况，洪水开始退入河道及其水位变化过程等。

（3）分洪滞洪区造成的损失。

（4）估算分洪、滞洪的洪量。

第二节 水文监测

一、地下水动态与均衡及其影响因素

（一）地下水的动态均衡

在有关因素影响下，地下水的水位、水量、水化学成分、水温等随时间的变化状况，称作地下水动态。

某一时间段内某一地段地下水水量（盐量、热量）的收支状况称作地下水均衡。进行均衡计算所选定的地区称作均衡区。它最好是一个具有隔水边界的完整水文地质单元，进行均衡计算的时间段称作均衡期。

（二）影响地下水动态的因素

1. 自然因素

自然因素对地下水动态的影响，主要是改变地下水的补给和排泄条件。这些因素主要包括气候、水文、地质等。对潜水动态变化来说，气候和水文因素的作用是主要的。对深层承压水来说，地质因素是主要的。

气候因素中的大气降水和蒸发是引起潜水（水位、水量、水质）动态变化的主要成因。水文因素中的地面水体（河流、湖泊、沼泽）与地下水（尤其是潜水）存在着密切联系。其联系的形式一般有下列三种：

（1）地面水经常补给地下水，如冲积平原地区河流的下游（河槽高于地面）；

（2）地面水经常受地下水的补给，如内陆湖泊；

（3）随季节不同两者关系有所变化，如河流中游地段及水库库岸调节，平时地下水补给河水，而在洪水季节则河水补给地下水。

地质因素中除了地震、火山爆发、滑坡等对地下水动态引起快速变化外，一般地质因素的影响是相对稳定的。

2. 人为因素

由于人类生产斗争的活动，对地下水的影响程度日益增加，已成为主要矛盾。研究、解决这一矛盾已成为刻不容缓的任务。由于大规模兴修农田水利及工业用水，会产生以下两方面的问题：

（1）大量引地面水灌溉，而又不注意它与地下水的补给关系，必然促使地下水位上升，升到临界深度以上，就会影响作物的生长，使土壤盐碱化，造成农业减产。

（2）大量抽取地下水，会使地下水埋深下降形成一个区域下降漏斗，造成机井抽水困难，有些地区导致地面下沉。

所以我们必须科学合理地开发地下水，有效地控制地下水的变化。

二、地下水的监测

（一）地下水动态监测的基本任务

地下水监测是国民经济建设的基础工作。开展地下水监测工作的目的是：为水利建设和为抗旱、除涝、治碱提供设计依据；为地下水水源地建设和管理，为地下水资源评价、保护和合理利用提供依据。

所谓地下水动态，就是指地下水位、流量、水温、化学成分等各要素随时间和影响因素变化的规律性。

1. 监测和分析不同水文地质单元、不同含水层和不同开采深度的地下水动态规律，及其发展趋势。阐述各水文地质单元和含水层的动态特征。

2. 收集工农业需水量和观测实际开采量与地下水位升降的关系，研究水量计算方法，评价地下水资源。

3. 通过水质观测，了解、掌握地下水在水平相垂直方向上的水化学动态变化规律与演变趋势。

4. 收集与观测水文、气象对地下水变化的影响，分析地面水与地下水的关系，为研究补给和排水问题提供根据。

5. 在集中开采已形成地下水下降漏斗的地区，要做典型观测。观测漏斗的影响范围和形成条件，补给因素的发展趋势。调查统计漏斗区的实际开采量和主要补给来源。分析需水量的保证程度，为调整开采井布局，提供方案。

6. 整理、分析观测资料，编制水情预报方案，进行地下水情预报。

7. 查明区域潜水动态的成因规律，研究区域水、盐均衡，为人工调节潜水动态提供依据。

（二）地下水监测的一般要求

1. 坚持四随工作

（1）应建立随监测、随记载、随整理、随分析的工作制度，各项原始监测数据均应经过记载、校核、复核三道工序。

（2）测具应准确、耐用，并定期检定，不合格者，应及时校正或更换，否则不得继续使用。

（3）现场监测必须做到准时监测，用硬铅笔记载。监测数据准确，记载的字体工整、清晰，严禁涂抹或擦拭。将本次监测的数值与前次监测的数值进行对照，若发现异常，应分析原因，必要时检查测具和进行复测，并在备注栏内做出说明和及时向监测管理人员报告。

（4）监测数据必须及时进行检查和整理。

（5）定期检定测具。

（6）原始记载资料不得毁坏和丢失，并按时上报。

2. 原始资料的整理

（1）点绘单项和综合监测资料过程线。

（2）进行单项和综合监测资料的合理性检查。

（3）分析监测资料发生异常的原因，必要时采取补救措施。

（4）对原始记载资料进行校核、复核。

3. 高程测量

（1）水准基面采用 1985 年国家高程基准。

（2）基本水准点高程，应从不低于三等水准点按三等水准测量标准接测。据以引测的国家水准点，在复测或校测时，不宜更换。

（3）校核水准点和基本监测井固定点高程，应从不低于国家三等水准点或基本水准点按四等水准测量标准接测，同时测量监测井周围不少于 4 个地面点的高程取其均值作为该监测井附近的地面高程。

（4）统测井固定点高程和地面高程，可从不低于四等水准点按五等水准测量标准接测。

（5）基本水准点每 10 年校测一次，校核水准点每 5 年校测一次，固定点高程每 1 ~ 3 年校核一次。如有变动迹象，应随时校测。

（6）三、四、五等的水准测量的标准，按照《水文普通测量规范》SL58–93 执行。

（7）高程校测应填制统计表。

（三）水位监测

1. 水位监测测次

重点基本监测井每日监测一次；普通基本监测井 5 日监测一次；统测井每年监测三次

2. 水位监测时间

（1）使用定时自记水位计监测，每日 8 时、20 时应有监测记录，并记录日内最高、最低水位及其发生时、分。

（2）逐日监测为每日 8 时，5 日监测为每月 1、6、11、16、21、26 日的 8 时。

（3）统测时间为每年汛前、汛末和年末，监测日以 5 日监测日中选定，统测时间为相应监测日的 8 时。

3.监测记载方法

测量井口固定点至地下水面距离两次，当连续两次测量数值之差不大于 0.02m 时，将两次测量数值及其均值记入原始记载表；当连续两次测量数值之差超过 0.02m 时，应重新进行测量。

4.测具要求

（1）自记水位计每月检查、校测一次，当自记水位与校测水位的差值大于 0.02m 或月累计时间误差超过 30min 时，应对自记水位计进行订正，订正方法可按照 GBJ138-90《水位观测标准》执行。

（2）布卷尺、钢卷尺、测绳（含导线）等测具的精度必须符合国家计量检定规程允许的误差规定，每半年检定一次，检定量具采用 50m 或 100m 钢卷尺。

（四）水量监测

1.水井开采量监测方法有水表法、堰槽法，可采用三角、矩形或梯形薄壁堰、流速流量计法、耗电量（或耗油量）相关法。

2.泉水流量监测可采用堰槽法或流速仪法。

3.用于农灌的水量监测应进行灌溉面积的统计。

4.水表、堰槽、流速流量计、电表等测具每年检定一次。

（五）水质监测

1.采取水样频次及化验内容

重点水质基本监测井（站）每年丰、枯水期各采取水样一次，其中枯水期采取的水样进行全分析，丰水期采取的水样进行简分析。普通水质基本监测井（站）每年丰、枯水期各采取水样一次，均进行简分析。水质统测井（站）每 5 年的枯水期采取水样一次，进行简分析。

2.采取水样要求

（1）采样器及水样容器瓶的制造材料不得与水样发生化学反应。

（2）同一个二级类型区的各水质监测井（站）的采取水样时间间隔不宜超过 5d。

（3）正在开采的生产井或泉水，在出水水流的中心处采集水样。

（4）在监测井内采集水样前，应测量地下水位，然后必须排水，排水量不得少于井内水体积的 3 倍。采取水样深度应超过地下水面以下 0.5m。

（5）采样量，简分析不少于 500mL，全分析不少于 1000mL。

（6）采样前，用水样刷洗水样容器瓶三次。

（7）采集水样后，水样容器瓶应加盖、密封，并现场填写水样标签（内容包括：监测井站编号，采取水样年、月、日、时，地下水埋深及其他需要说明的情况）。

3. 水样分析

水样分析时限、程序、方法、质量控制，水样的存放与运送，水样编号、送样单的填写，分析结果记载表表式、填制要求和测具检定要求，均应按《水质监测规范》SD127–84执行。

（六）水温监测

1. 一般规定。

（1）水温计应放置在地下水面以下 1.0m 处（泉水或正在开采的生产井可将水温计放置在出水水流中心处），静置 10min 后读数。

（2）监测时，应连续监测两次，取其均值记入水温监测原始记载表。若连续两次监测值之差大于 0.4℃时，应重新进行监测。

2. 水温监测频次及时间。

（1）重点水温基本监测井每月监测三天，每天监测 4 次，监测时间为每月的 6、16、26 日的 2、8、14、20 时。当积累 3 年以上监测资料，经过分析掌握了动态规律时，可改为每月 16 日 8 时、20 时各监测一次。

（2）普通水温基本监测井每年的 2、5、8、11 月的 16 日 8 时各监测一次。

3. 水温监测的同时应监测气温，并于监测日 8 时监测地下水位。

4. 水温计、气温计最小分度值应不大于 0.2℃，其最大误差应不超过 +0.2℃。水温计、气温计每年检定一次，检定用的水温计、气温计的最大误差不得超过 +0.1℃。

三、地下水监测资料的整理

（一）一般规定

1. 资料整编步骤如下：（1）考证基本资料；（2）审核原始监测资料；（3）编制成果图、表；（4）编写资料整编说明；（5）整编成果的审查验收、存储与归档。

2. 统计数值时，平均值采用算术平均法，尾数按四舍五入处理；挑选极值时，若多次出现同一极值，则记录首次出现者的发生时间。

（二）基本资料的考证

1. 考证的资料包括：

（1）监测井的位置、编号。

（2）监测井附近影响监测精度的环境变化情况。

（3）监测井布设、停测、换井的时间，监测井类别、监测项目、频次的变动情况。

（4）监测井深、淤积、洗井、灵敏度试验情况。

（5）高程测量（包括引测和校测）记录。

（6）测具的检定情况。

2. 经考证，有下列情况之一的监测井，相应月份的监测资料不予整编：

监测井附近环境变化，导致该项监测不符合原布设目的者；测具检定不符合要求。

3. 校核水准点或井口固定点未按要求进行高程测量的水位监测井，监测资料只参加埋深资料的整编。

4. 考证后，应对各监测井的技术档案进行整理。

（三）原始监测资料的审核

1. 审核内容有监测方法、误差、原始记载表的填写格式、测具检定和高程校测的结果以及由此导致的监测数值的修正、单井（站）监测资料的合理性检查，监测井间监测资料的合理性检查。

2. 对于监测方法错误、监测误差超过允许范围、监测资料有伪造成分、缺测和可疑的监测资料超过应监测资料的 1/3 的资料不能参与整编。

（四）水位资料整编

1. 水位资料的插补

逐日监测资料，每月缺测不超过两次且缺测前、后均有不少于连续三个监测数值者，可插补；5 日监测资料，每月缺测不超过一次且缺测前、后均有不少于连续三个监测数值者，可插补；统测资料不得插补。"井干""井冻""可疑"数值在插补时均按"缺测"对待。插补方法可采用相关法、趋势法或内插法。插补的数值可参加数值统计。

2. 基本水位监测资料的数值统计

（1）统计内容

①月统计。月平均水位值，月最高、最低水位值及其发生日期。

②年统计。年平均水位值，年最高、最低水位值及其发生月、日，年变幅，年末差。

（2）统计要求

①月内无缺测资料，进行月完全统计；年内无缺测资料，进行年完全统计。

②逐日水位资料，月内缺测不超过四次者，可进行月不完全统计；超过四次者，不进行月统计。

③5 日水位资料，月内缺测一次者，可进行月不完全统计；超过一次者不进行月统

计。

④年内月不完全统计不超过两个或仅有一个不进行月统计者，可进行年不完全统计；否则，不进行年统计。

⑤统测水位资料不进行数值统计。

3. 编制成果表

须眉编制的成果表有地下水位自记资料摘录成果表、地下水位逐日、5日监测成果表、地下水位年特征值统计表、地下水位统测成果表。

（五）水量资料整编

1. 缺测水量资料的处理

缺测水量资料，不进行插补，经审核定为"可疑"的水量监测资料，按"缺测"对待。

2. 水量监测资料的数值统计

（1）统计内容。单井（泉）年开采量（水量），年内最大、最小月开采量（水量）及其发生的月份。群井年开采量，年内最大、最小月开采量及其发生的月份。最大、最小单井年开采量及该监测井的编号。

（2）数值统计规定。无缺测资料，进行年完全统计。单井（泉）缺测一个月开采量（水量）时，可进行年不完全统计。缺测超过一个月时，不进行年统计。单井年开采量不完全统计不超过群井总数的20%时，可进行群井年不完全统计。超过20%或有不进行年单井开采量统计时，均不进行群井年统计。

（3）经基本资料考证、原始监测资料审核并合格的各监测井（泉）水量监测资料，应编制《开采量监测成果表》和《泉水水量监测成果表》。

（六）水质资料整编

1. 缺测水质资料不进行插补，经审核定为"可疑"的水质监测资料按"缺测"对待。

2. 水质监测资料整编的方法和技术要求按《水质监测规范》SD127-84执行。

3. 经基本资料考证、原始监测资料审核并合格的各监测井（泉）水质监测资料，应编制《水质监测成果表》。

（七）水温资料的整编

1. 缺测水温资料的处理

缺测水温资料不进行插补，经审核定为"可疑"的水温监测资料按"缺测"对待。

2. 水温监测资料的数值统计

（1）统计内容包括重点水温基本监测井监测资料，进行日、月、年数值统计；普通水温基本监测井监测资料，只进行年数值统计。统计内容包括：日最高、最低地下水水温、气温及其发生时间；月、年最高、最低地下水水温、气温、地下水埋深及其发生时间。

（2）在数值统计时，日、月、年内无缺测资料，进行日、月、年完全统计；日、月内缺测一次资料，可进行日、月不完全统计；缺测超过一次，不进行日、月统计；年内日不完全统计（或月不完全统计）不超过两次，或日不完全统计（或月不完全统计）不超过一次，可进行年不完全统计，超过时，不进行年统计。

3. 编制成果表

经基本资料考证、原始监测资料审核并合格的各监测井水温资料，应编制地下水水温监测成果表。

（八）编写资料整编说明

资料整编说明的内容：

1. 资料整编的组织、时间、方法、内容及工作量概况。

2. 监测井网的调整、变更情况。

3. 监测方法、精度、高程测量、校测和测具检定概况。

4. 监测资料的质量评价。

5. 存在问题及改进意见。

四、地下水资源的污染与保护

1. 地下水有关的环境问题

包括地下水在内的自然环境是一个处于动态平衡状态的大系统。人们的生产与生活活动，有意识或无意识地干扰了地下水的形成过程，就会破坏地下水的天然平衡，在一定条件下，会导致环境质量的下降。

与地下水有关的环境问题，大体上包括以下方面：（1）过量开采地下水，导致开采条件恶化，资源枯竭。（2）采排地下水引起地面塌陷。（3）拦蓄与引入地表水导致土壤次生沼泽化与盐渍化。（4）抽取地下水引起地面沉降。（5）海水或咸水侵入含水层，导致水质恶化。（6）人为影响使地下水水质污染。

2. 地下水资源的环境恶化后果

以上与地下水有关的环境问题，进一步会导致生态平衡的破坏。例如地下水水位下降引起土壤沙化，植被衰退。次生沼泽化与盐渍化将使土地荒芜。与地下水有关的环境问题不是一开始就能发现的，一旦恶果酿成，很难消除，甚至永远无法消除。所以，必须事前充分估计，警觉地加以监测，及时采取预防与补救措施。

第六章 常规水环境监测

第一节 水环境监测概况

一、水环境监测的分类

水环境包括地表水和地下水：地表水还可以分为淡水和海水，或者河流、湖泊（水库）和海洋。雨水作为降水一般在大气环境中进行研究和分析。

水环境监测包括地表水环境质量监测和饮用水水源地水质监测。海水环境的监测另有专册详述。目前，地下水环境质量监测在环保监测系统刚刚起步，仅作为饮用水水源地进行监测。

二、发展历程

1. 地表水

20 世纪 70 年代中期到 80 年代初期是我国环境监测的起步阶段。随着社会经济发展，企业的"三废"（废水、废气、废渣）排放逐渐受到重视，为满足城市管理的需求，在部分城市陆续开始组建环境监测站。在建站初期主要针对企业的"三废"排放开展监测工作，开始进行水五项（Hg、Cd、As、Cr、Pb）的分析测试。所以，水的监测是从监测污水中的重金属开始的。

随着我国的环境监测事业的发展，1988 年原国家环保局在《关于发布＜国家环境监测网络方案＞的通知》（环监〔1988〕235 号）中首次确定了由 108 个监测站组成的国家地表水环境监测网络，承担全国主要河流共 353 个断面和 26 座重点湖库的监测任务。受当时经济、能力条件的限制，国家网断面仅以沿江沿河主要城市为中心，设置了对照、控制及消减三种断面。地表水的监测项目主要有十几项，监测频次按丰、枯、平三个水期，每个水期监测二次。

1992 年，根据《全国环境监测"八五"计划和十年规划》（环监〔1992〕42 号）中有关调整、完善国家环境质量监测网的要求，对国控水质网点位进行重新审核与认证，确认了国控网 135 个监测站，共确定 313 个国控断面。针对 20 世纪 90 年代所面临的水污染严峻形势，原生态环境部先后组建了淮河、海河、辽河、太湖、巢湖、滇池、黄河、长江、珠江和松花江十大主要流域水环境监测网。水环境监测由一城一地的监测评价转为全流域的整体监测与评价，监测频次也随着污染防治工作的进程逐步加大。

进入 21 世纪，2002 年原国家环境保护总局再次对国控网点进行调整，并在环发〔2003〕3 号文中发布了调整后的地表水环境监测断面，比较系统地建立了国家水环境监测网。确定了监控 318 条河流、28 个湖（库）的 759 个国控断面，共 262 个环境监测站承担国控网点的监测任务。此次调整增加了省界、国界、入海口、支流汇入口、河流入出湖库口、背景及趋势断面，并大量采用了各重点流域水污染防治的专项规划中确定的污染控制断面。调整后的 759 个断面，除包含了淮河、海河、辽河、太湖、巢湖、滇池、黄河、长江、珠江和松花江十大主要流域外，还涵盖了浙闽片流域、西南诸河和西北诸河等内陆河流，以及 28 个重要湖泊和大型水库。同时，国家开始投入资金实施地表水环境监测网的水质月监测计划，月报工作也随之开展起来。

"十二五"期间，地表水环境监测范围进一步扩大。

2. 饮用水水源地

对饮用水水源地的水质监测起始于贯彻国家领导人"让人民喝上干净的水、呼吸上新鲜的空气、吃上放心的食物"的指示精神和国务院《关于加强城市供水节水和水污染防治工作的通知》（国发〔2000〕36 号）的文件要求。2002 年 5 月生态环境部在当时全国 47 个环境保护重点城市率先开展了集中式饮用水水源地的水质监测。在取得良好结果的基础上，2005 年起，在 113 个环境保护重点城市中推广开来。

"十二五"期间，饮用水水源地的水质监测工作将进一步深入，监测范围将扩大至所有地级以上城市，以满足全国地级以上城市集中式饮用水水源地水质保护工作需要。

3. 地下水

地下水的监测情况比较特殊，从国家资源环境管理分工上，地下水的管理职能在自然资源部，其直属单位中国地质环境监测院负责地下水的监测。2001 年以前的全国环境质量报告书中地下水有单独的一个章节，此章就是由中国地质环境监测院编写的，主要涉及水位和水质。生态环境部门仅在饮用水水源地的水质监测中涉及地下水的监测。

由于自然资源部在地下水的管理上更侧重资源的使用与管理，因此其监测项目和结果分析不能满足国家环境管理部门的需求。进入"十二五"后，随着国家对重点流域水污染防治工作的深入开展以及水资源环境保护的需要，国家生态环境部门更加重视地下水的水质状况与污染防治。生态环境部门对地下水的监测试点工作已经逐步铺开（注：生态环境部门对地下水的关注点不同于国土部门，注重于浅层地下水的监测）。

三、监测现状

1.地表水

2011 年，为了更加科学、客观、全面地反映和评价全国的水环境质量状况，阐述清楚全国地表水质量状况及其变化趋势，生态环境部在原有国家地表水监测网的基础上，依据有关标准和监测规范，对全国地表水环境监测点位进行了优化和调整。确定了 972 个国控断面，包括：长江、黄河、珠江、松花江、淮河、海河和辽河七大流域，浙闽片河流、西北诸河和西南诸河，以及太湖、滇池和巢湖的环湖河流等共 419 条河流的 766 个断面；此外还包括太湖、滇池、巢湖等 62 个（座）重点湖库的 206 个点位（35 个湖泊 158 个点位，27 座水库 48 个点位）。

目前，我国的地表水质的监测继续依靠国家水环境监测网络开展水质月监测工作。监测项目为《地表水环境质量标准》（GB 3838-2002）表 1 中的所有基本项目。即水温、pH 值、电导率、溶解氧、高锰酸盐指数、化学需氧量、五日生化需氧量、氨氮、总磷、铜、锌、氟化物、硒、砷、汞、镉、铬（六价）、铅、氰化物、挥发酚、石油类、阴离子表面活性剂、硫化物、粪大肠菌群和流量（水位）。对于湖库，除以上项目外，还增加了评价富营养化所需要的透明度、叶绿素 a 和总氮。

对河流、湖库的水质评价执行《地表水环境质量标准》（GB 3838-2002），按 I ~ 劣 V 类六个类别进行评价。湖库富营养化的评价执行中国环境监测总站生字〔2001〕090 号文，按贫营养至重度富营养六个级别进行评价。

中国环境监测总站作为我国水环境监测网络组长单位每月收集水环境监测数据，经过汇总统计整理编制水质月报、季报和年报。

在此基础上，根据国家环境管理的需求，还布设了一些专项性的监测网络，开展专项性的监测。如"锰三角"地区水环境质量监测、跨国界河流（湖泊）水环境质量监测等。

2.饮用水水源地

目前，饮用水水源地的水质监测范围为 113 个环保重点城市的 410 个水源地。其中地表水水源地 250 个（河流 154 个、湖库 96 个），地下水水源地 160 个。饮用水水源地每月监测 1 次。地表水监测项目为《地表水环境质量标准》（GB 3838-2002）中表 1、表 2 及表 3 前 35 项；地下水监测项目为 pH、总硬度、硫酸盐、氯化物、铁、锰、铜、锌、挥发酚、阴离子表面活性剂、高锰酸盐指数、硝酸盐氮、亚硝酸盐氮、氨氮、氟化物、氰化物、铅、镉、铬（六价）、汞、砷、硒和总大肠菌群，共 23 项。

四、监测管理

1.法律依据

（1）《中华人民共和国环境保护法》（由中华人民共和国第七届全国人民代表大会常务委员会第十一次会议于 1989 年 12 月 26 日通过）。

第十一条 国务院环境保护行政主管部门建立监测制度，制定监测规范，会同有关部门组织监测网络，加强对环境监测的管理。

（2）《中华人民共和国水污染防治法》（1984年5月11日第六届全国人民代表大会常务委员会第五次会议通过，1996年5月15日第八届全国人民代表大会常务委员会第十九次会议修正）。

第四条 各级人民政府的生态环境部门是对水污染防治实施统一监督管理的机关。

2. 管理体制

（1）行政管理

国家级环境质量监测网由生态环境部统一监督管理，省级、地市级环境质量监测网由省、市环保厅局负责监督管理，各部门分工负责。

（2）技术管理

中国的水环境监测系统共分为四级，即国家级、省级、地市级、县级。各级监测站采用统一的监测技术规范和方法标准开展水环境监测工作，在技术管理上，由上级站指导下级站，并进行分级质量保证。

原生态环境部2003年实施的"全国地表水监测能力建设项目"共投资2.9亿元，装备了195个承担国控断面水质监测工作的监测站。并每年拨付约4 000万元作为地表水国控网监测的经费补助（包括水质自动站运行费用）。

松花江水污染事件以后，国家加强了对水环境监测的能力建设，从水环境应急监测、预警监测以及饮用水水源地水质监测能力，到边界出入境河流(湖泊)的监测与采样能力，投入的力度之大、范围之广是前所未有的，使得水环境监测能力从国家到省、市以至于县得到极大的提高。

（3）管理方式

中国的水环境监测目前主要采用网络的组织管理方式，主要分为国家级、省级和地市级环境质量监测网三级网络体系。

现行的国家级水环境监测网主要有10个：

①长江流域国家水环境监测网；

②黄河流域国家水环境监测网；

③珠江流域国家水环境监测网；

④松花江流域国家水环境监测网；

⑤淮河流域国家水环境监测网；

⑥海河流域国家水环境监测网；

⑦辽河流域国家水环境监测网；

⑧太湖流域国家水环境监测网；

⑨巢湖流域国家水环境监测网；

⑩滇池流域国家水环境监测网。

省级和地市级环境质量监测网主要由辖区内的各级环境监测站组成。

国家级水环境监测网络内各成员单位在统一规划下，按照水环境及污染源监测技术规范的要求，协同开展流域内各水系、主要河流、湖库、入河排污口及污染源定期监测工作，并向中国环境监测总站报送监测数据，用于编写全国环境质量报告书。

第二节 水环境监测布点

一、布点原则

监测断面是指为反映水系或所在区域的水环境质量状况而设置的监测位置。监测断面要以最少的设置尽可能获取足够的有代表性的环境信息；其具体位置要能反映所在区域环境的污染特征，同时还要考虑实际采样时的可行性和方便性。流经省、自治区和直辖市的主要河流干流以及一、二级支流的交界断面是环境保护管理的重点断面。

1. 河流水系的断面设置原则

河流上的监测位置通常称为监测断面。流域或水系要设立背景断面、控制断面（若干）和入海口断面。水系的较大支流汇入前的河口处，以及湖泊、水库、主要河流的出、入口应设置监测断面。对流程较长的重要河流，为了解水质、水量变化情况，经适当距离后应设置监测断面。水网地区流向不定的河流，应根据常年主导流向设置监测断面。对水网地区应视实际情况设置若干控制断面，其控制的径流量之和应不少于总径流量的80%。

2. 湖泊水库的监测布点原则

湖泊、水库通常设置监测点位 / 垂线，如有特殊情况可参照河流的有关规定设置监测断面。湖（库）区的不同水域，如进水区、出水区、深水区、浅水区、湖心区、岸边区，按水体类别设置监测点位 / 垂线。湖（库）区若无明显功能区别，可用网格法均匀设置监测垂线。监测垂线上采样点的布设一般与河流的规定相同，但当有可能出现温度分层现象时，应做水温、溶解氧的探索性试验后再定。

3. 行政区域的监测布点原则

对行政区域可设入境断面（对照断面、背景断面）、控制断面（若干）和出境断面（入海断面）。在各控制断面下游，如果河段有足够长度（至少10 km），还应设消减断面。国际河流出、入国境的交界处应设置出境断面和入境断面。国家环保行政主管部门统一设置省（自治区、直辖市）交界断面。各省（自治区、直辖市）环保行政主管部门统一设置市县交界断面。

4. 水功能区的监测布点原则

根据水体功能区设置控制监测断面，同一水体功能区至少要设置 1 个监测断面。

5. 其他监测断面

根据污染状况和环境管理需要还可设置应急监测断面和考核监测断面。设置要求：

（1）背景断面：反映水系未受污染时的背景值。设置在基本上不受人类活动的影响，且远离城市居民区、工业区、农药化肥施放区及主要交通路线的地方。原则上应设在水系源头处或未受污染的上游河段，如选定断面处于地球化学异常区，则要在异常区的上、下游分别设置。如有较严重的水土流失情况，则设在水土流失区的上游。

（2）入境断面：反映水系进入某行政区域时的水质状况，应设置在水系进入本区域且尚未受到本区域污染源影响处。

（3）控制断面：反映某排污区（口）排放的污水对水质的影响。应设置在排污区（口）的下游，污水与河水基本混匀处。控制断面的数量、控制断面与排污区（口）的距离可根据以下因素决定：主要污染区的数量及其间的距离、各污染源的实际情况、主要污染物的迁移转化规律和其他水文特征等。此外，还应考虑对纳污量的控制程度，即由各控制断面所控制的纳污量不应小于该河段总纳污量的 80%。如某河段的各控制断面均有五年以上的监测资料，可用这些资料进行优化，用优化结论来确定控制断面的位置和数量。

（4）出境断面：反映水系进入下一行政区域前的水质。因此应设置在本区域最后的污水排放口下游，污水与河水已基本混匀并尽可能靠近水系出境处。如在此行政区域内，河流有足够长度，则应设消减断面。消减断面主要反映河流对污染物的稀释净化情况，应设置在控制断面下游，主要污染物浓度有显著下降处。

二、设置方法

监测断面的设置位置应避开死水区、回水区、排污口处，尽量选择河段顺直、河床稳定、水流平稳、水面宽阔、无急流、无浅滩处。监测断面力求与水文测流断面一致，以便利用其水文参数，实现水质监测与水量监测的结合。

入海河口断面要设置在能反映入海河水水质并邻近入海的位置。有水工建筑物并受人工控制的河段，视情况分别在闸（坝、堰）上、下设置断面。如水质无明显差别，可只在闸（坝、堰）上设置监测断面。设有防潮桥闸的潮汐河流，根据需要在桥闸的上、下游分别设置断面。由于潮汐河流的水文特征，潮汐河流的对照断面一般设在潮区界以上。若感潮河段潮区界在该城市管辖的区域之外，则在城市河段的上游设置一个对照断面。潮汐河流的消减断面，一般应设在近入海口处。若入海口处于城市管辖区域外，则设在城市河段的下游。

三、国控断面的设置

根据监测的水环境质量状况、污染物时空分布和变化规律，同时考虑社会经济发展，监测工作的实际状况和需要（要具有相对的长远性），确定监测断面布设的位置和数量，以最少的断面、垂线和测点取得代表性最好的监测数据。

选定的监测断面和垂线均应经环境保护行政主管部门审查确认，并在地图上标明准确位置，在岸边设置固定标志。同时，用文字说明断面周围环境的详细情况，并配以照片。这些图文资料均应存入断面档案。断面一经确认不能随意变动。确需变动时，须经环境保护行政主管部门同意，重做优化处理与审查确认。

对于季节性河流和人工控制河流，由于实际情况差异很大，这些河流监测断面的确定，以及采样的频次与监测项目、监测数据的使用等，由各省（自治区、直辖市）环境保护行政主管部门自定。

1.断面特性

国家地表水环境监测网的主要功能是全面反映全国地表水环境质量状况。监测网要覆盖全国主要河流干流、主要一级支流以及重点湖泊、水库等，设定的断面（点位）要具有空间代表性，能代表所在水系或区域的水环境质量状况，全面、真实、客观地反映所在水系或区域的水环境质量及污染物的时空分布状况及特征。在原有 759 个断面（点位）基础上进行优化和调整，保证我国环境监测数据的历史延续性。

2.断面（点位）类型

国控水环境监测断面包括背景断面、对照断面、控制断面、国界断面、省界断面、湖库点位。此外在日供水量 ≥ 10 万 t，或服务人口 ≥ 30 万人的重要饮用水水源地设置重要饮用水水源地断面（点位）。

3.覆盖范围

河流：我国主要水系的干流、年径流量在 5 亿 m^3 以上的重要一、二级支流，年径流量在 3 亿 m^2 以上的国界河流、省界河流、大型水利设施所在水体等。每个断面代表的河长原则上不小于 100 km。

湖库：面积在 $100km^2$（或储水量在 10 亿 m^3 以上）的重要湖泊，库容在 10 亿 m^3 以上的重要水库以及重要跨国界湖库等。每 50 ～ 100 km^2 设置一个监测点位，同时空间分布要有代表性。

北方河流、湖库：考虑到我国南、北方水资源的不均衡性，北方地区年径流量或库容较小的重要河流或湖库可酌情设置断面（点位）。

4.具体要求

对照断面上游 2 km 内不应有影响水质的直排污染源或排污沟。控制断面应尽可能选在水质均匀的河段。监测断面的设置要具有可达性、取样的便利性。取消原削减断面，统一设置为控制断面。根据不同原则设置的断面重复时，只设置一个断面。省界断面一般设置在下游省份，由下游省份组织监测。国家"十一五""十二五"重点流域考核断面优先纳入国控断面。

根据生态环境部环发〔2012〕42号文件中公布的《国家地表水环境监测网设置方案》，全国地表水国控断面（点位）为972个，其中河流断面766个，湖库点位206个；共监测415条河流、62座重点湖库以及150个省界断面。

第三节　水环境监测方案

一、基本内容

水环境监测方案应包括以下几方面的信息。监测目的、监测对象、样品来源、测试项目、数据归纳整理与上报以及保证数据质量的手段与措施。

1. 监测对象和范围

流域监测的目的是要掌握流域水环境质量现状和污染趋势，为流域规划中限期达到目标的监督检查服务，并为流域管理和区域管理的水污染防治监督管理提供依据。因此它的监测范围为整个流域的汇水区域，监测断面应该覆盖流域80%的水量，得到的水质监测数据结果才能对整个流域的水质状况进行正确、客观的评价。

突发性水环境污染事故，尤其是有毒有害化学品的泄漏事故，往往会对水生生态环境造成极大的破坏，并直接威胁人民群众的生命安全。因此，突发性环境污染事故的应急监测是环境监测工作的重要组成部分。应急监测的目的是在已有资料的基础上，迅速查明污染物的种类、污染程度和范围以及污染发展趋势，及时、准确地为决策部门提供处理处置的可靠依据。事故发生后，监测人员应携带必要的简易快速检测器材、采样器材及安全防护装备尽快赶赴现场。根据事故现场的具体情况立即布点采样，利用检测管和便携式监测仪器等快速检测手段鉴别、鉴定污染物的种类，并给出定量或半定量的监测结果。现场无法鉴定或测定的项目应立即将样品送回实验室进行分析。根据监测结果，确定污染程度和可能污染的范围并提出处理处置建议，及时上报有关部门。

洪水期与退水期水质监测的目的是掌握洪水期与退水期地表水质现状和变化趋势，及时准确地为国家环境保护行政主管部门提供可靠信息，以便对可能发生的水污染事故制定相应的处理对策，为保障洪涝区域人民的健康与重建工作提供科学依据。因此其监测范围可根据洪水与退水过程中水体流经区域，把监测重点放在城、镇、村的饮用水水源地（含水井周围），洪涝区城、镇、村的河流，淹没区危险品存放地的周围要加密布点。

2.监测项目

地表水环境质量、国界河流、锰三角等专项监测主要依据《地表水环境质量标准》（GB 3838-2002）表1中明确的项目；饮用水水源地水质监测根据水源情况（河流、湖库、地下水）依据《地表水环境质量标准》（GB 3838-2002）和《地下水环境质量标准》（GB/T 14848-93）来确定。

"十一五"以前，根据生态环境部环函〔2003〕2号文的规定，河流评价项目为水温、pH、电导率、溶解氧、高锰酸盐指数、五日生化需氧量、氨氮、汞、铅、挥发酚、石油类和流量，共12项。湖库评价项目为水温、pH、电导率、溶解氧、高锰酸盐指数、五日生化需氧量、氨氮、汞、铅、挥发酚、石油类、总磷、总氮、透明度、叶绿素a和水位，共16项。

自2008年，根据生态环境部环办〔2008〕8号文件的要求，地表水国控断面每月的监测项目为《地表水环境质量标准》（GB 3838-2002）中的基本项目。其中：河流监测评价项目为水温、pH、电导率、溶解氧、高锰酸盐指数、化学需氧量、五日生化需氧量、氨氮、总磷、铜、锌、氟化物、硒、砷、汞、镉、铬（六价）、铅、氰化物、挥发酚、石油类、阴离子表面活性剂、硫化物、粪大肠菌群和流量，共25项。湖库监测评价项目为水温、pH、电导率、溶解氧、高锰酸盐指数、化学需氧量、五日生化需氧量、氨氮、总磷、总氮、透明度、叶绿素a、铜、锌、氟化物、硒、砷、汞、镉、铬（六价）、铅、氰化物、挥发酚、石油类、阴离子表面活性剂、硫化物、粪大肠菌群和水位，共28项。

饮用水水源地中，地表水的监测项目为《地表水环境质量标准》（GB 3838-2002）中表1、表2及表3前35项；地下水的监测项目为pH、总硬度、硫酸盐、氯化物、铁、锰、铜、锌、挥发酚、阴离子表面活性剂、高锰酸盐指数、硝酸盐氮、亚硝酸盐氮、氨氮、氟化物、氰化物、铅、镉、六价铬、汞、砷、硒和总大肠菌群，共23项。同时地表水每年按照《地表水环境质量标准》（GB 3838-2002）进行一次109项全分析。

3.采样时间和监测频次

依据不同的水体功能、水文要素和监测目的、监测对象等实际情况，力求以最低的采样频次，取得最有时间代表性的样品，既要满足能反映水质状况的要求，又要切实可行。按照《地表水和污水监测技术规范》（HJ/T 91-2002）中的规定：

（1）饮用水水源地、省（自治区、直辖市）交界断面中需要重点控制的监测断面每月至少采样一次。

（2）国控水系、河流、湖、库上的监测断面，逢单月采样一次，全年六次。

（3）水系的背景断面每年采样一次。受潮汐影响的监测断面的采样，分别在大潮期和小潮期进行。每次采集涨、退潮水样分别测定。涨潮水样应在断面处水面涨平时采样，退潮水样应在水面退平时采样。

（4）如某必测项目连续三年均未检出，且在断面附近确定无新增排放源，而现有污染源排污量未增的情况下，每年可采样一次进行测定。一旦检出，或在断面附近有新的排放源或现有污染源有新增排污量时，即恢复正常采样。

（5）国控监测断面（或垂线）每月采样一次，在每月 5 ～ 10 日内进行采样。

（6）遇有特殊自然情况或发生污染事故时，要随时增加采样频次。

（7）在流域污染源限期治理、限期达标排放的计划和流域受纳污染物的总量削减规划中，以及为此所进行的同步监测。

（8）为配合局部小流域的河道整治，及时反映整治的效果，应在一定时期内增加采样频次，具体由整治工程所在地方环境保护行政主管部门制定。目前常规的地表水和饮用水水源地水质监测频次均为月监测。

4. 数据整理与上报

纸质文件（邮寄传真）、电子件（光盘、邮件）、专用软件直接入库。

二、重点流域水质监测方案

为了加快推进重点流域水污染综合治理、更好地为环境管理服务，全面及时地为各级人民政府和全社会提供重点流域水质状况，根据原生态环境部环函〔2003〕2 号文件要求，在淮河、海河、辽河、长江、黄河、松花江、珠江、太湖、滇池、巢湖等重点流域全面实施水质月报制度，并通过新闻媒体向社会公布。

1. 月报范围及监测断面布设

重点流域月报的范围是淮河、海河、辽河、长江、黄河、松花江、珠江、太湖、滇池、巢湖等重点流域的 573 个国控水质监测断面和 25 个国控湖库的 110 个点位，断面（点位）名单见《国家环境质量监测网地表水监测断面》（生态环境部环发〔2002〕3 号）。浙闽片水系、西南诸河和内陆河流等流域片的 77 个水质监测国控断面和青海湖暂不实施水质月报。

监测断面上设置的采样垂线数与各垂线上的采样点按《环境监测技术规范》的规定执行，待新的《地表水和污水监测技术规范》颁布后，按照新规范执行。

2. 监测项目、监测频次与时间

（1）月报监测与评价项目

河流水质：水温、pH、电导率、溶解氧、高锰酸盐指数、BOD5、氨氮、石油类、挥发酚、汞、铅和流量共 12 项，其中流量用以分析水质变化趋势。

湖库水质：水温、pH、电导率、透明度、溶解氧、高锰酸盐指数、BOD5、氨氮、石油类、总磷、总氮、叶绿素 a、挥发酚、汞、铅、水位共 16 项（透明度和叶绿素 a 两项不参加水质类别的判断，参加湖库富营养化状态级别评价；水位用于分析水质变化趋势）。水质评价方法按《地表水环境质量标准》（GB 3838-2002）规定的执行。

（2）监测频次

以上项目每月监测一次。《地表水环境质量标准》（GB 3838-2002）中规定的其他基本项目，按照《环境监测技术规范》要求的频次进行监测。

国控断面以外的省、市控断面由各省、市自行确定监测方案，或按照《地表水和污水监测技术规范》要求进行监测；国务院批准的重点流域水污染防治规划确定的控制断面中的非国控断面，按规划要求实施监测和评价。

（3）监测时间

监测时间为每月 1 ~ 10 日；逢法定长假日（春节、5 月和 10 月）监测时间可后延，最迟不超过每月 15 日。

当国控断面所在的河段发生凌汛和结冻、解冻等特殊情况无法采样时，以及河段断流时，对该断面可不进行采样监测，但须上报相应的文字说明。

（3）数据、资料上报要求

①上报时间

流域内各监测站于每月 20 日前将当月监测结果报省（自治区、直辖市）环境监测（中心）站，各省（自治区、直辖市）环境监测（中心）站于监测当月 25 日前将本省（自治区、直辖市）的水质监测数据汇总后报中国环境监测总站及流域监测网络中心站。流域监测网络监测中心站负责审核各站上报的监测数据并编制流域的水质月报，于当月 30 日前报送中国环境监测总站。评价标准统一采用《地表水环境质量标准》（GB 3838-2002）。

②传输内容、方式

重点流域水质月报监测数据的传输格式和方式由中国环境监测总站另行规定。

三、饮用水水源地水质监测方案

1. 监测目的

为全面开展全国集中式生活饮用水水源地水质监测工作，客观、准确地反映我国集中式饮用水水源水质状况，保障饮用水安全，制订本方案。

2. 监测范围

监测范围为全国 31 个省（自治区、直辖市）辖区内 338 个地级（含地级以上）城市及全国县级行政单位所在城镇，其中，地级（含地级以上）城市有 861 个集中式饮用水水源地。

3. 水源地筛选原则

水源地筛选原则为：

（1）地级（含地级以上）城市，指行政级别为地级的自治州、盟、地区和行署；

（2）县级行政单位所在城镇水源地，指向县级城市（包括县、旗）主城区（所在地）范围供水的所有集中式饮用水水源；

（3）集中式饮用水水源，只统计在用水源，规划和备用水源不纳入；

（4）各城市（城镇）集中式生活饮用水水源地的年取水总量需大于该城市年生活用水总量的80%。

4.采样点位布设

（1）河流：在水厂取水口上游100m附近处设置监测断面；同一河流有多个取水口，且取水口之间无污染源排放口，可在最上游100m处设置监测断面。

（2）湖、库：原则上按常规监测点位采样，但每个水源地的监测点位至少应在2个以上。

（3）地下水：在自来水厂的汇水区（加氯前）布设1个监测点位。

（4）河流及湖、库采样深度：水面下0.5 m处。

5.监测时间及频次

（1）月监测

各地级（含地级以上）城市环境监测站每月上旬采样监测一次。如遇异常情况，则必须加密采样一次。

（2）季度监测

各县级行政单位所在城镇的集中式生活饮用水水源地由所属地级（含地级以上）城市环境监测站每季度采样监测一次。如遇异常情况，则必须加密采样一次。

（3）全分析

全国县级以上城市（含县所在城镇）的所有集中式生活饮用水水源地每年6～7月进行1次水质全分析监测。

6.监测指标

（1）地级（含地级以上）城市

地表水饮用水水源地每月监测《地表水环境质量标准》（GB 3838-2002）表1的基本项目（23项，化学需氧量除外）、表2的补充项目（5项）和表3的优选特定项目（33项），共61项。地下水饮用水水源地每月监测《地下水质量标准》（GB/T 14848-1993）中23项（见环函〔2005〕47号）。

地表水饮用水水源地每年按照《地表水环境质量标准》（GB 3838-2002）进行一次109项全分析。地下水饮用水水源地每年按照《地下水质量标准》（GB/T 14848-1993）进行一次39项全分析。

（2）县级行政单位所在城镇

地表水饮用水水源地每季度监测《地表水环境质量标准》（GB 3838-2002）表1的基本项目（23项，化学需氧量除外）、表2的补充项目（5项）和表3的优选特定项目（33项，监测项目及推荐方法详见附表2），共61项。地下水饮用水水源地每季度监测《地下水质量标准》（GB/T 14848-1993）中23项（见环函 [2005]47号）。

地表水饮用水水源地每年按照《地表水环境质量标准》（GB 3838-2002）进行一次109项全分析。地下水饮用水水源地每年按照《地下水质量标准》（GB/T 14848-1993）进行一次39项全分析。

（3）特征污染物

根据历年全分析结果，集中式生活饮用水水源地凡连续两年检出的有毒有害物质和存在潜在污染风险的指标，应作为特征污染物开展监测。

7. 分析方法

地表水按《地表水环境质量标准》（GB 3838-2002）要求的方法，地下水按国家标准《生活饮用水卫生标准检验方法》（GB 5750-2006）执行。

8. 评价标准及方法

地表水水源水质评价执行《地表水环境质量标准》（GB 3838-2002）的Ⅲ类标准或对应的标准限值，其中粪大肠菌群和总氮作为参考指标单独评价，不参与总体水质评价，具体评价方法执行生态环境部《地表水环境质量评价方法（试行）》（环办〔2011〕22号）；地下水水源水质评价执行《地下水质量标准》（GB/T 14848-93）的Ⅲ类标准。

水质评价以Ⅲ类水质标准或对应的标准限值为依据，采用单因子评价法。

9. 质量保证

全国城市集中式生活饮用水水源地水质监测工作，原则上由辖区内地级城市环境监测站组织实施监测任务，若不具备监测能力，可委托省站完成监测分析工作（县级城镇监测任务由所属地市级监测站承担）。监测数据实行三级审核制度，监测任务承担单位对监测结果负责，省站对最后上报中国环境监测总站的监测结果负责。

质量保证和质量控制按照《地表水和污水监测技术规范》（HJ/T91-2002）及《环境水质监测质量保证手册（第二版）》有关要求执行。

10. 监测数据报送方式及格式

（1）每月监测结果

各地级（含地级以上）城市环境监测站每月向各省（自治区、直辖市）环境监测中心（站）报送当月饮用水水源地水质监测数据，各省（自治区、直辖市）环境监测中心（站）审核后，于当月20日前通过"饮用水水源地月报填报传输系统"软件将数据报送中国环境监测总站。

（2）每季度监测结果

各县级行政单位所在城镇的集中式生活饮用水水源地水质监测结果由所属地级城市环境监测站每季度向各省（自治区、直辖市）环境监测中心（站）报送，各省（自治区、直辖市）环境监测中心（站）审核后，于该季度最后一个月 20 日前通过"饮用水水源地月报填报传输系统"软件将数据报送中国环境监测总站。

（3）全分析监测数据和评价报告

经各省（自治区、直辖市）环境监测部门审核后，于每年 10 月 15 日前通过"饮用水水源地月报填报传输系统"软件报送到监测总站，评价报告报送总站水室 FTP 服务器（IP 地址：1.200.0.101）各省相应目录下。

（4）报送格式

报送监测数据时，若监测值低于检测限，在检测限后加"L"，基本项目检测限应该满足国家地表水Ⅰ类标准值的 1/4，至少须满足国家地表水Ⅲ类标准；项目检测限须满足标准值的 1/4；未监测项目填写"–1"，若水源地未监测取水量填写"0"；超标项目由相关监测站组织核查，并向中国环境监测总站报送超标原因分析。

第四节　水环境监测技术

一、概述

水体是指地表被水覆盖地段的自然综合体，它不仅包括水，而且还包括水中的悬浮物、底质和水生生物。对于一个水体的监测分析及综合评价，应该包括水相（水溶液本身）、颗粒物相（悬浮物）、生物相（水生生物）和沉积物相（底质），才能得出准确而全面的结论。

关于水的定义，多年来，人们一直认为是能通过 $0.45\mu m$ 滤膜的物质。水与悬浮物、底质及水生生物之间所含污染物质会相互传输和迁移，水中污染物可转入底质，底质又会造成水的二次污染。

河流、湖泊、地下水的化学物质的来源可分为天然和人为污染两方面。

天然淡水不是单纯的 H_2O，它实际上含有多种化学成分的水溶液，地表水和地下水中的天然主要化学成分是 Ca^{2+}、Mg^{2+}、Na^+、K^+、SO_4^{2-}、Cl^-、HCO_3^- 和 SiO_3^{2-}，即所谓八大基本离子。不同水系基体成分浓度差异是很大的，且一年四季随着气候和地表径流量而呈周期性变化，一般是夏季雨多径流量大，各成分浓度较低；冬季枯水期，径流量减少，各成分浓度增加。除此之外，地表水还含有数十种天然痕量成分（环境天然背景成分）。

人类各种活动向水体排放的污染物质有：

1. 耗氧性污染物：包括有机污染物和无机还原性物质，耗氧有机物和无机还原性物质可用化学耗氧量、高锰酸盐指数、五日生化需氧量等指标来反映其污染程度；

2. 植物营养物：包括含氮、磷、钾、碳的无机、有机污染物，会造成水体富营养化；

3. 痕量有毒有机污染物：如酚、卤代烃、氯代苯、有机氯农药、有机磷农药等；

4. 有毒无机污染物：如氰化物、硫化物、重金属等，这些污染物进入水体，其浓度超过了水体本身的自净能力，就会使水质变坏，影响水质的可利用性。

二、水样类型

为了说明水质，要在规定的时间、地点或特定的时间间隔内测定水的某些参数，如无机物、溶解矿物质、溶解有机物、溶解气体、悬浮物或底部沉积物的浓度。

水质采集技术要随具体情况而定，有些情况只须在某点瞬时采集样品，而有些情况要用复杂的采样设备进行采样。静态水体和流动水体的采样方法不同，应加以区别。瞬时采样和混合采样均适用于静态水体和流动水体，混合采样更适用于静态水体；周期采样和连续采样只适用于流动水体。

1. 瞬时水样

从水体中不连续的随机采集的样品称为瞬时水样。对于组分较稳定的水体，或水体的组分在相当长的时间和相当大的空间范围变化不大时，采集的瞬时样品具有较好的代表性。当水体的组分随时间发生变化，则要在适当的时间间隔内进行瞬时采样，分别进行分析，测出水质的变化程度、频率和周期。

下列情况适用地表水瞬时采样：

（1）流量不固定、所测参数不恒定时（如采用混合样，会因个别样品之间的相互反应而掩盖了它们之间的差别）；

（2）水的特性相对稳定；

（3）需要考察可能存在的污染物，或要确定污染物出现的时间；

（4）需要污染物最高值、最低值或变化的数据时；

（5）需要根据较短一段时间内的数据确定水质的变化规律时；

（6）在制订较大范围的采样方案前；

（7）测定某些不稳定的参数，例如溶解气体、余氯、可溶性硫化物、微生物、油类、有机物和 pH 时。

2. 混合水样

在同一采样点上以流量、时间、体积或是以流量为基础，按照已知比例（间歇的或连续的）混合在一起的样品，此样品称为混合样品。

混合样品混合了几个单独样品，可减少监测分析工作量，节约时间，降低试剂损耗。混合水样是提供组分的平均值，为确保混合后数据的正确性，测试成分在水样储存过程中易发生明显变化，则不适用混合水样法，如测定挥发酚、硫化物等。

3. 综合水样

把从不同采样点同时采集的瞬时水样混合为一个样品，称作综合水样。综合水样的采集包括两种情况：在特定位置采集一系列不同深度的水样（纵断面样品）；在特定深度采集一系列不同位置的水样（横截面样品）。综合水样是获得平均浓度的重要方式。

除以上几种水样类型外，还有周期水样、连续水样、大体积水样。

三、水样采集

1. 基本要求

（1）河流

在对开阔河流的采样时，应包括下列几个基本点：①用水地点的采样；②污水流入河流后，对充分混合的地点及流入前的地点采样；③支流合流后，对充分混合的地点及混合前的主流与支流地点的采样；④主流分流后地点的选择；⑤根据其他需要设定的采样地点。各采样点原则上应在河流横向及垂向的不同位置采集样品。采样时间一般选择在采样前至少连续两天晴天，水质较稳定的时间（特殊需要除外）。

（2）水库和湖泊

水库和湖泊的采样，由于采样地点和温度的分层现象可引起水质很大的差异。在调查水质状况时，应考虑到成层期与循环期的水质明显不同。了解循环期水质，可布设和采集表层水样；了解成层期水质，应按深度布设及分层采集。在调查水域污染状况时，需要进行综合分析判断，获取有代表性的水样。如在废水流入前、流入后充分混合的地点、用水地点、流出地点等。

2. 水样采集

（1）采样器材：采样器材主要有采样器和水样容器。采样器包括有聚乙烯塑料桶、单层采水瓶、直立式采水器、自动采样器。水样容器包括聚乙烯瓶（桶）、硬质玻璃瓶和聚四氟乙烯瓶。聚乙烯瓶一般用于大多数无机物的样品，硬质玻璃瓶用于有机物和生物样品，玻璃或聚四氟乙烯瓶用于微量有机污染物（挥发性有机物）样品。

（2）采样量：在地表水质监测中通常采集瞬时水样。采样量参照规范要求，即考虑重复测定和质量控制的需要的量，并留有余地。

（3）采样方法：在可以直接汲水的场合，可用适当的容器采样，如在桥上等地方用系着绳子的水桶投入水中汲水，要注意不能混入漂浮于水面上的物质；在采集一定深度的水时，可用直立式或有机玻璃采水器。

（4）水样保存：在水样采入或装入容器中后，应按规范要求加入保存剂。

（5）油类采样：采样前先破坏可能存在的油膜，用直立式采水器把玻璃容器安装在采水器的支架中，将其放到 300 mm 深度，边采水边向上提升，在到达水面时剩余适当空间（避开油膜）。

3.注意事项

（1）采样时不可搅动水底的沉积物。

（2）采样时应保证采样点的位置准确，必要时用定位仪（GPS）定位。

（3）认真填写采样记录表。

（4）采样结束前，核对采样方案、记录和水样是否正确，否则补采。

（5）测定油类水样，应在水面至 300 mm 范围内采集柱状水样，并单独采集，全部用于测定，采样瓶不得用采集水样冲洗。

（6）测定溶解氧、生化需氧量和有机污染物等项目时，水样必须注满容器，不留空间，并用水封口。

（7）如果水样中含沉降性固体，如泥沙（黄河）等，应分离除去，分离方法为：将所采水样摇匀后倒入筒形玻璃容器，静置 30min，将不含降尘性固体但含有悬浮性固体的水样移入盛样容器，并加入保存剂。测定总悬浮物和油类除外。

（8）测定湖库水的化学耗氧量、高锰酸盐指数、叶绿素 a、总氮、总磷时的水样，静置 30min 后，用吸管一次或几次移取水样，吸管进水尖嘴应插至水样表层 50 mm 以下位置，再加保护剂保存。

（9）测定油类、BOD5、DO（溶解氧）、硫化物、余氯、粪大肠菌群、悬浮物、挥发性有机物、放射性等项目要单独采样。

（10）降雨与融雪期间地表径流的变化，也是影响水质的因素；在采样时应予以注意并做好采样记录。

4.采样记录

样品注入样品瓶后，按照国家标准《水质采样样品的保存和管理技术规定》（HJ 493–2009）中有关规定执行。现场记录应从采样到结束分析的过程，其中始终伴随着样品。采样资料至少应该提供以下信息：

（1）测定项目；

（2）水体名称；

（3）地点位置；

（4）采样点；

（5）采样方式；

（6）水位或水流量；

（7）气象条件；

（8）水温；

（9）保存方法；

（10）样品的表观（悬浮物质、沉降物质、颜色等）；

（11）有无臭气；

（12）采样年、月、日，采样时间；

（13）采样人名称。

四、保存与运输

1. 变化原因

从水体中取出代表性的样品到实验室分析测定的时间间隔中，原来的各种平衡可能遭到破坏。贮存在容器中的水样，会在以下三种作用下影响测定效果：

（1）物理作用：光照、温度、静置或震动，敞露或密封等保存条件以及容器的材料都会影响水样的性质。如温度升高或强震动会使得易挥发成分，如氰化物及汞等挥发损失；样品容器内壁能不可逆地吸附或吸收一些有机物或金属化合物等；待测成分从器壁上、悬浮物上溶解出来，导致成分浓度的改变。

（2）化学作用：水样及水样各组分可能发生化学反应，从而改变某些组分的含量与性质。例如空气中的氧能使 Fe^{2+}、S^{2-}、CN_-、Mn_{2+} 等氧化，Cr_{6+} 被还原等；水样从空气中吸收了 CO_2、SO_2、酸性或碱性气体使水样 pH 发生改变，其结果可能使某些待测成分发生水解、聚合，或沉淀物的溶解、解聚、络合作用。

（3）生物作用：细菌、藻类及其他生物体的新陈代谢会消耗水样中的某些组分，产生一些新的组分，改变一些组分的性质，生物作用会对样品中待测物质如溶解氧、含氮化合物、磷等的含量及浓度产生影响；硝化菌的硝化和反硝化作用，致使水样中氨氮、亚硝酸盐氮和硝酸盐氮的转化。

2. 容器选择

选择样品容器时应考虑组分之间的相互作用、光分解等因素，还应考虑生物活性。最常遇到的是样品容器清洗不当、容器自身材料对样品的污染和容器壁上的吸附作用。

（1）一般的玻璃瓶在贮存水样时可溶出钠、钙、镁、硅、硼等元素，在测定这些项目时，避免使用玻璃容器；

（2）容器的化学和生物性质应该是惰性的，以防止容器与样品组分发生反应。如测定氟时，水样不能贮存在玻璃瓶中，因为玻璃与氟发生反应；

（3）对光敏物质可使用棕色玻璃瓶；

（4）一般玻璃瓶用于有机物和生物品种；塑料容器适用于含玻璃主要成分的元素的水样；

（5）待测物吸附在样品容器上也会引起误差，尤其是测定痕量金属；其他待测物如洗涤剂、农药、磷酸盐也因吸附而引起误差。

3.贮存方法

（1）充满容器或单独采样

采样时使样品充满容器，并用瓶盖拧紧，使样品上方没有空隙，减小 Fe^{2+} 被氧化、氰、氨及挥发性有机物的挥发损失。对悬浮物等定容采样保存，并全部用于分析，即可防止样品的分层或吸附在瓶壁上而影响测定结果。

（2）冷藏或冰冻

在大多数情况下，从采集样品后到运输再到实验室期间，在 1～5℃冷藏并暗处保存，对样品就足够了。冷藏并不适用长期保存，用于废水保存时间更短。

（3）过滤

采样后，用滤器（聚四氟乙烯滤器、玻璃滤器）过滤样品都可以除去其中的悬浮物、沉淀、藻类及其他微生物。滤器的选择要注意与分析方法相匹配，用前应清洗并避免吸附、吸收损失。因为各种重金属化合物、有机物容易吸附在滤器表面，滤器中的溶解性化合物如表面活性剂会滤到样品中。一般测有机物项目时选用砂芯漏斗和玻璃纤维漏斗，而在测定无机项目时常用 0.45um 有机滤膜过滤。过滤样品的目的是区分被分析物的可溶性和不可溶性的比例（例如可溶和不可溶金属部分）。

（4）添加保存剂

①控制溶液 pH：测定金属离子的水样常用硝酸酸化，既可以防止重金属的水解沉淀，又可以防止金属在器壁表面上的吸附，同时还能抑制生物活动；测定氰化物的水样须加氢氧化钠，这是由于多数氰化物活性很强而不稳定，当水样偏酸性时，可产生氰化氢而逸出。

②加入抑制剂：在测酚水样中加入硫酸铜可控制苯酚分解菌的活动。

③加入氧化剂：水样中痕量汞易被还原，引起汞的挥发性损失，实验研究表明，加入硝酸 - 重铬酸钾溶液可使汞维持在高氧化态，汞的稳定性大为改善。

④加入还原剂：测定硫化物的水样，加入抗坏血酸对保存有利。所加入的保存剂有可能改变水中组分的化学或物理性质，因此选用保存剂要考虑对测定项目的影响。如待测项目是溶解态物质，酸化会引起胶体组分和固体的溶解，则必须在过滤后再酸化保存。必须要做保存剂空白试验，对结果加以校正。特别是对微量元素的检测。

4.有效保存期

水样的有效保存期的长短依赖于以下各因素：

（1）待测物的物理化学性质：稳定性好的成分，保存期就长，如钾、钠、钙、镁、硫酸盐、氯化物、氟化物等；不稳定的成分，水样保存期就短，甚至不能保存，须取样后立即分析或现场测定，如pH、电导率、色度应在现场测定，BOD、COD、氨、硝酸盐、酚、氰应尽快分析。

（2）待测物的浓度：一般来说，待测物的浓度高，保存时间长，否则保存时间短。大多数成分在10-9级溶液中，通常是很不稳定的。

（3）水样的化学组成：清洁水样保存期长些，而复杂的生活污水和工业废水保存时间就短。

5.水样的运输

水样采集后，除现场测定项目外，应立即送回实验室。运输前，将容器的盖子盖紧，同一采样点的样品应装在同一包装箱内，如须分装在两个或几个箱子中时，则须在每个箱内放入相同的现场采样记录表。每个水样瓶须贴上标签，内容有采样点编号、采样日期和时间、测定项目、保存方法及何种保存剂。在运输途中如果水样超出了保质期，样品管理员应对水样进行检测；如果决定仍然进行分析，那么在出报告时，应明确标出采样和分析时间。

五、指标含义

《地表水环境质量标准》（GB 3838-2002）已发布实施10年之久，是我国地表水环境监测工作的重要依据之一。然而，在我国当前地表水环境监测工作中，还存在着对该标准的部分监测指标理解有误以及对相关水样预处理不当的情况。为准确测定地表水水质中污染物含量，保证地表水监测数据质量，根据《地表水环境质量标准》（GB 3838-2002）中标准值的编制说明，对所有指标的实际含义进行说明。

1.地表水采集样品规定

《地表水环境质量标准》（GB 3838-2002）中（以下简称"本标准"）规定的项目标准值，要求水样采集后自然沉降30 min，取上层非沉降部分按规定方法进行分析。

对于某些湖库河道等地表水体一般不存在可沉降物的情况，建议在采样比对验证无显著影响后，可省略自然沉降步骤。

规定补充说明：由于地表水水质包括水相、颗粒相、生物相和沉积相，且水质的这四种相态在我国地表水体之间差别较大，如黄河的泥沙等，造成监测分析结果和数据的可比性差异很大，因此规定所有地表水水样均采集后自然沉降30min，取上清液按规定方法进行分析，以尽可能地消除监测分析结果的差异。

2.铜、锌、铅、镉等17种重金属指标的含义及水样处理

本标准中铜、锌、镉、铁、锰、铅、六价铬、钼、钴、铍、硼、锑、镍、钡、钒、钛

及铊 17 种重金属元素指标的含义，均指它们在水中可溶态金属含量。

含义补充说明：一个金属元素以可溶解的化合物形式存在，就易于被生物吸收，其毒性就大；相反，以难溶盐形式存在，不易被生物吸收，其毒性就小。对于可溶性态的金属，以简单络合离子或无机络合物形式存在就比以复杂稳定的络合物毒性要大。所以，了解地表水中可溶性金属要比难溶性金属意义要大得多。

要求地表水水样采集后自然沉降 30 min，取上层非沉降部分（无沉降可省略）。其中测定六价铬水样单独存放容器，并现场加入 NaOH 保存；其他金属的水样应尽快通过 0.45um 有机微孔滤膜过滤，并将滤液用硝酸酸化至 pH=2 保存。在实验室测定时，要取酸化过（或碱化过）的混匀水样（包括悬浮物）进行分析测定。

关于水样过滤须强调以下四点：

（1）要用 0.45μm 的微孔滤膜过滤，因不同孔径的过滤材料能通过质点的大小是不同的，对测定结果有显著影响：

（2）要立即（或尽快）过滤，因水样存放会导致金属的水解沉淀，或因吸收 CO_2 等酸性气体而改变了 pH 值，这会使悬浮颗粒物上的金属解吸，从而改变了可溶性金属含量；

（3）水样要先过滤后酸化，不能先酸化后过滤，因先酸化就使悬浮颗粒物上吸附的金属解吸下来，进入溶液，这样测得的可溶性金属比实际水体中存在的要高；

（4）测可溶性金属不能在过滤前将样品冰冻保存。

3. 砷、汞、硒金属指标的含义及水样处理

本标准的砷、汞、硒项目是均指在水体中的总量。总量包括水体中悬浮态、溶解态的有机和无机化合物中的元素含量。

水样采集后自然沉降 30 min，取上层非沉降部分（无沉降可省略），水样现场加盐酸酸化保存。在实验室测定时，要取酸化过的混匀水样（包括悬浮物）进行分析测定。

4. 氰化物指标的含义及样品预处理

地表水中氰化物的含义是指水中游离的氰化物，而不是总氰化物。

游离氰化物在分析测定方法中也称易释放氰化物，指在 pH=4 的介质中，在硝酸锌存在下加热蒸馏，能形成氰化氢的氰化物。包括简单氰化物和部分络合氰化物。

总氰化物包括无机和有机氰化物。无机氰化物可分为简单和络合氰化物，常见的简单氰化物有氰化钾、氰化钠、氰化铵，此类氰化物易溶于水，且毒性大；无机络合氰化物的毒性比简单氯化物小，然而无机络合氯化物在水中稳定性不尽相同，在水体中受 pH、水温和光照等影响会离解为毒性强的简单氰化物。

地表水一般不含氰化物，如果有氰化物时，往往是人类活动所引起的。在我国水环境监测中，地表水和地下水监测氰化物，污水和废水监测总氰化物。

5. 硫酸盐、氯化物、硝酸盐、氟化物项目指标的含义及水样处理

本标准中的硫酸盐、氯化物、硝酸盐、氟化物项目指标，均指水体中溶解态的含量。

硫酸盐、氯化物、硝酸盐在天然水中均以离子形态存在；水样中的氟多以可溶性氟化物形式存在，在悬浮颗粒态的氟常是不可溶的氟化物。

水样采集后，要尽快用 $0.45\mu m$ 的微孔滤膜过滤后再进行测定。

6. 化学耗氧量、高锰酸盐指数、总磷、总氮项目的水样处理

测定化学耗氧量、高锰酸盐指数、总磷、总氮项目的水样采集后，可送回实验室测定。若水样清澈可直接测定；若水样浑浊可在分析测定前，水样静置 30 min 后取上清液测定；若含藻类较多的湖库水样，测定前水样除静置外，取水样时还要避开表层悬浮物。

7. 五日生化需氧量、氨氮、氰化物、挥发酚、石油类、阴离子表面活性剂、硫化物、粪大肠菌群以及标准中有机污染物项目的水样处理

五日生化需氧量、氨氮、氰化物、挥发酚、石油炎、阴离子表面活性剂、硫化物、粪大肠菌群以及标准中有机污染物项目，按照原有采样和保存方法。

水样要求采集后自然沉降 30 min，取上层非沉降部分（或无沉降可省略），现场加入保存剂。在实验室分析测定前将水样（包括悬浮物）摇匀后再进行萃取或蒸馏处理。

8. 水温、pH、溶解氧

水温、pH、溶解氧项目按照《水质采样样品的保存和管理技术规定》（HJ 493-2009）中有关规定，建议在采样现场进行测定。

六、分析方法

随着我国环境保护事业的迅速发展，水质监测分析方法不断在完善，检测仪器逐渐向自动化更新。虽然目前新的检测分析方法不能全部替代旧的方法，但不常用的旧分析方法从少用逐渐可以过渡到不使用。

根据国家计量部门要求，环境监测实验室检测方法的选择原则是首选国家标准分析方法、环境行业标准方法、地方规定方法或其他方法。这次列出的检测方法主要思路是：

1. 选项以地表水环境质量监测项目（109 项）为准，基本涵盖了 109 项指标的现有水质环境监测分析方法；

2. 分析方法选择来源：中国环境标准发布的水环境标准检测方法（最新）、国家生活饮用水标准检验方法、《水和废水监测分析方法》（第四版）国家环境保护总局（2002 年）以及其他检测方法；

3. 每个指标的检测分析方法尽量包括不同检测手段的方法，如经典化学分析法、仪器分析法和自动化仪器分析法；

4.按照选择方法的原则（国标、行标、地标）顺序，建议同一种分析方法尽量使用最新版本，不具备新方法条件的可以使用另外一种分析方法（两种方法灵敏度一致）的较新方法。

第五节　水质监测数据的收集与管理

这里所说的水质监测数据是指根据各级环保行政主管部门的年度水环境监测工作计划设定的监测点位（断面）、监测项目、监测频次等，按地表水和污水监测技术规范要求，所获得的数据。在审核待上报的监测数据时，应根据现场采样、样品运输、实验室分析、数据整理、报表填写等过程，认真审核水质监测数据的代表性、准确性、精密性、完整性、可比性，并做到三级审核。目前，国家、省、地市级环境监测站基本都有水质监测数据系统。用来收集和管理辖区内的水质监测数据。下面主要介绍国家地表水环境监测数据传输系统中，水质监测数据的收集与管理的相关要求和规定。

一、数据填报

1.填报内容及格式

国家地表水环境监测数据传输系统中除水环境监测数据外，还包括测站名称、测站代码、河流名称、河流代码、断面名称、断面代码、控制属性、采样时间、水期代码。水环境监测数据包括有河流和湖库水体监测数据。具体如下：

河流：水温、流量、pH、电导率、溶解氧、高锰酸盐指数、五日生化需氧量、氨氮、石油类、挥发酚、汞、铅、化学需氧量、总氮、总磷、铜、锌、氟化物、硒、砷、镉、六价铬、氰化物、阴离子表面活性剂、硫化物、粪大肠菌群。

湖库：水温、水位、pH、电导率、透明度、溶解氧、高锰酸盐指数、五日生化需氧量、氨氮、石油类、总氮、总磷、叶绿素a、挥发酚、汞、铅、化学需氧量、铜、锌、氟化物、硒、砷、镉、六价铬、氰化物、阴离子表面活性剂、硫化物、粪大肠菌群。

2.数据的合法性

所有上报的监测数据必须是符合《地表水和污水监测技术规范》（HJ/T 1991-2002）要求的数据，不符合要求的数据不得填表、不得上报、不得录入系统。

3.数据的有效性

所有上报的监测数据必须是有效值。在依据《地表水和污水监测技术规范》（HJ/T 1991-2002）测得的监测数据中，如果发现可疑数据，应结合现场进行分析，找出原因或进行数据检验，若被判为奇异值的应为无效数据。所有被判为无效值的数据不得填表、不得上报、不得录入系统。

4. 特殊数据

无值的代替符：当因河流断流未监测或某项目无监测数据时，需填报"-1"作为无值代替符。在数据统计时不参与数据计算。

5. 检出限的填写

当某项目未检出时，须填写检出限后加"L"。

检出限要低于《地表水环境质量标准》I 类标准限值的 1/4 倍。否则要更换方法，以满足该要求。对有的监测项目的监测方法目前无法满足要求时，可适当放宽，但禁止采用检出限就超标的监测分析方法。对无法满足要求的环境监测站应委托监测或由上一级环境监测站实施监测。

6. 计量单位

各监测项目的浓度计量单位一般采用 mg/L，特殊项目的计量单位，如流量：m/s；电导率：mS/m；水位：m；水温：℃；透明度：cm；粪大肠菌群：个 /L。填写时须注意，水中汞和叶绿素 a 浓度的单位都是 mg/L，而不是 μg/L，填报时容易出错。

数据填报要在规定的时间内完成上报。通过系统上报的，其填报的数据都应进行进一步审核，防止出现错填、漏填和串行（列）填写等错误。

7. 可疑数据的处理

对审核可疑的监测数据必须通知地方监测站并进行确认。确信无误后的水质监测数据方可入库。入库后数据不能随意改动，地方站也不能多次上报监测数据入库。如果确认上报数据有误时，须按正常程序以文件形式说明数据的修改理由，并附原始监测数据材料，说明不是人为有意修改数据。无理由和无原始监测数据材料证明时任何人都不得修改已入库的监测数据。

8. 空白格的处理

所填写的监测数据表格不能出现空白格。不能因为某月或某个时间段未监测就不上报数据。未采样监测的断面或项目导致无监测数据的都要填写"-1"。

二、数据审核

对收集到的水质监测数据的审核是非常必要的步骤，但对数据的审核也是比较困难的。因为汇集到国家或省级环境监测站的数据库系统后水质监测数据量都比较大，也不可能对所有承担监测任务的监测站的整个水质监测过程都十分清楚，如采样方法、检测方法等。虽然如此，也可以通过监测断面、监测项目间的内在联系以及逻辑关系进行审核，找出有疑义的数据，最终通过地方站进一步审核。

对于汇总后的监测数据的审核，应从全局的观点进行审核，既要考虑不同样品间时间和空间的联系，也要考虑同一样品不同监测项目间的相互逻辑关系。

1.数据的客观规律

环境监测数据是目标环境内在质量的外在表现，它有着自身的规律和稳定性，在审核时，技术人员根据对客观环境的认识和对历年环境监测资料的研究，在一定程度上掌握了客观环境变化的规律，可以利用这些规律对实际环境监测数据进行纵向比较，从而及时发现明显有异于常识的离群数据。比如一般情况下，背景（对照）断面的各指标的浓度应低于其下游控制断面的各指标的浓度（溶解氧则相反），各指标的浓度时空分布出现反常现象，溶解氧过饱和现象，pH超过6～9范围等。当出现上述异常情况时，就应该对数据进行深入分析，以确定数据是否符合实际，并进一步找到隐藏其后的深层次的原因。能够说明原因的可认为数据正常，如水体发生富营养化，出现水华时，溶解氧会异常升高，达到过饱和，此时pH超过9。

叶绿素a一般不会超过1 mg/L，当填报浓度大于1时可认定是计量单位搞错了，即填报数据与实际浓度值相差了1 000倍。

2.监测项目间的关联性

同一点位、同一次监测中不同项目的监测结果应与其相互间的关联性相吻合，了解这些关系有助于分析和判断数据的可靠性。CODcr与BOD5及高锰酸盐指数之间的关系。同一水样CODcr与高锰酸盐指数在测定中所用氧化剂的氧化能力不同，因此决定了CODcr>高锰酸盐指数；BOD5是在已测得CODcr含量基础上，围绕BOD5预期值进行稀释的，所以CODcr>BOD5。

三氮与溶解氧的关系。由于环境中的氮循环，一般溶解氧高的水体硝酸盐氮浓度高于氨氮，而亚硝酸盐氮与溶解氧无明显关系。

3.利用各监测项目之间的逻辑关系

对同一个监测断面的各监测项目之间存在一定的逻辑关系。六价铬浓度不能大于总铬浓度；硝酸盐氮、亚硝酸盐氮和氨氮的各单项浓度不应大于总氮浓度，各单项浓度之和也不应大于总氮浓度；一般情况下水中溶解氧值不应大于相应水温下的饱和溶解氧值等。充分利用这些关系，可以使数据审核达到事半功倍的效果。

4.数据填写失误

通过国家地表水环境监测数据传输系统可以自动检查采样日期是否合法；数据监测值是否大于检出。上限或者小于检出下限；如果是未检出，则判断最低检出限的一半是否超过三类标准值；数据项是否为合法；重金属及有毒有害物质是否超标 20% 以上等。通过这些手段可以尽量避免一些数据输入时的操作错误。

第六节　水环境质量评价

地表水环境质量综合评价工作是环境监测工作的最主要的一个环节。综合分析需要应用的科学知识多，涉及的学科领域广。既要掌握数据综合评价模型设计计算等工具，还要有分析、推理、归纳、判断等能力。因此，综合分析能力更能反映出一个监测站的水平。

为了做好地表水环境综合评价工作，应以全面、系统、准确的环境监测数据为基础，以科学的数据处理方法、合理适用的评价模式、形象直观的表征手段，以强化环境质量变化原因分析为突破口，全面提高水环境监测综合评价能力。水环境评价工作要具有正确性、及时性、科学性、可比性和社会性。

一、分类

地表水环境质量评价可分为以下几部分：
1. 河流、湖泊、水库水质评价。
2. 湖泊、水库营养状态评价。
3. 河流、湖泊、水库水环境质量综合评价。
4. 水环境功能区达标评价。
5. 河流、湖泊、水库水环境质量变化趋势评价及其原因分析。

地表水环境质量评价方法是地表水环境质量状况评价、水环境功能区达标评价方法、水环境质量变化趋势及其原因分析的基本方法。

二、评价方法

1. 水质评价指标选择

水质月报参与评价的水质指标为：pH、溶解氧、高锰酸盐指数、五日生化需氧量、氨氮、汞、铅、挥发酚、石油类。

总氮和总磷作为湖库水体营养状态的评价指标，不作为湖库水质评价指标。总磷仍然作为河流水质评价指标。

粪大肠菌群作为水体卫生状况和非集中供水水源地水质评价的指标，不参与河流及湖库水质类别评价。

考虑到我国目前常规水环境质量监测频率，水温难以按照周来考核。因此，水温指标不参与评价。

2. 地表水水质综合评分法

为了更加直观地反映水质现状和水质变化趋势，在采用水质类别评价水质的基础上，采用水质综合评分法对水质状况进行定量评价。反映水质状况的定量评价指标称作水质污染指数（WPI）。

三、湖库营养状态评价

湖泊、水库营养状态评价选择指标包括叶绿素 a、总磷、总氮、透明度和高锰酸盐指数。

湖泊、水库营养状态评价针对表层 0.5 m 水深测点的营养状态指标值进行评价。

根据湖泊、水库营养状态发布的周期，湖泊、水库营养状态评价一般可按照旬、月、水期、季度、年度评价。以季度和年度评价为主。

短期评价（旬报、月报等）时，可采用一次监测的结果进行评价，旬内、月内有多次监测数据时，应先将评价区内所有监测点位的监测值做空间算术平均，再做时间算术平均，分别对平均结果进行评价。

季度评价、水期评价有 2 次以上（含 2 次）的监测数据，先做空间算术平均，再做时间算术平均，分别对其结果进行营养状态评价。

年度评价应采用 6 次以上（含 6 次）的监测数据，先做空间算术平均，再做时间算术平均，分别对其结果进行营养状态评价。

湖泊、水库营养状态评价方法

湖泊、水库营养状态评价方法采用综合营养指数法（TLI）评价。分级方法是采用 0 ~ 100 的一系列连续数字对湖泊营养状态进行分级，包括贫营养、中营养、轻度富营养、中度富营养和重度富营养。

四、水质综合评价

就河流水环境质量而言，河流水质评价结果即被认为是水环境质量评价结果。对于湖泊、水库，须在水质评价的基础上进行营养状态评价，将水质和营养状态两项评价结果进行综合得到水体环境质量。为满足水环境质量状况发布的需要，将地表水环境质量的定性描述等级分为：优、良好、轻度污染、中度污染、重度污染五个等级，分别对应的表征颜色为：蓝色、绿色、黄色、橙色和红色。

1. 河段、水系水环境质量综合评价

（1）断面水环境质量评价

当监测断面有多个测点时，根据断面水质污染指数（或水质类别），确定水环境质量状况。

（2）城市河段水质类别

对于城市河段（一般按入境断面、控制断面和出境断面）分别计算出河段内各类断面的水污染指数（或水质类别）。当比较各个城市河段的水质状况时，可采用平均水质污染指数（或水质类别），即将河段所有断面各个监测项目浓度分别计算算术平均值，其中污染最重的指标所达到的水质污染指数（或水质类别），即为该河段的水质污染指数（或水质类别），然后比较各个河段的水质状况。

（3）河流、水系水质状况评价

当河段、水系的监测断面（垂线）总数在 5 个以上（含 5 个）时，在断面水质分别进行综合污染指数计算的基础上，采用断面水质类别比例法，即根据评价河流、水系中各水质类别的断面数占河流、水系所有评价断面总数的百分比来表征评价河流、水系的水质状况，但不作为整体水质类别的评价描述。

评价河流、水系水质类别时，可分干流、支流分别进行评价。当河流、水系的断面总数少于 5 个时，河段长度加权平均得到该河段、河流整体的水质状况。

（4）河流、水系水质定性评价

在描述河流、水系整体水质状况时，按照断面类别比例计算出各水质类别所占的百分比。

2.湖泊、水库水环境质量综合评价

（1）湖泊、水库水质评价

湖泊、水库单个测点水质评价，参照河流单个测点的水质评价方法。

当湖泊、水库测点（垂线）总数在 5 个以上（含 5 个）时，在测点（垂线）水质分别进行综合污染指数计算的基础上，采用断面（垂线）水质分级比例法表述湖泊、水库水质状况，即按照综合水污染指数分为优、良好、轻度污染、中度污染和重度污染五个区段，分别统计所评价湖泊、水库中各测点（垂线）的数目占湖泊、水库所有评价测点（垂线）总数的比例，表征评价湖泊、水库的水质状况。

当湖泊、水库的测点总数少于 5 个时，可先计算各测点水质的算术平均值，然后计算水质污染指数。

计算多次监测的平均值时，可先按时间序列计算湖（库）各个点位各个污染指标浓度的算术平均值，再按空间序列计算湖（库）所有点位各个污染指标浓度的算术平均值。

大型湖泊、水库可分不同的湖（库）区分别评价。

（2）湖泊、水库营养状态评价

对于单个测点，计算得到表层 0.5 m 水深测点的营养状态评分值。

当湖泊（湖区）、水库 5 个以上（含 5 个）测点时，在测点营养状态评分值的计算基础上，采用营养状态分级统计比例法表述湖泊水库营养状况。即按照综合水污染指数分为贫营养、中营养、轻度富营养、中度富营养和重度富营养五个区段，分别统计所评价各测点的数目占湖泊水库所有评价测点总数的比例，表征所评价的湖泊水库的营养状态。

当湖泊、水库的测点总数少于 5 个时，则先计算各测点单因子营养状态指标的算术平均值，然后计算综合营养状态评分值。

第七节　水环境质量评价报告编制

水环境质量评价报告是针对各类水质监测数据进行汇总和统计，并采用不同的评价方法分析评价后形成的报告。形成水环境质量评价报告是进行水环境质量监测的最终目标，是水环境质量监测成果的集中体现，也是环境保护管理和环境信息公开的基础。

一、分类

从水环境监测部门的实际情况看，水环境质量评价报告根据评价水体的不同，可分成地表水环境质量评价报告和地下水环境质量评价报告；根据评价对象的不同，可分成常规水环境质量评价报告和专项水环境质量评价报告；根据评价时段的不同，可分成日报、周报、月报、季度报、年报和应急报告等。

目前，中国环境监测总站水环境质量评价报告主要涉及的是地表水环境质量评价报告，地下水环境质量监测因为没有在全国范围开展例行的点位监测，因此没有编制专门的地下水环境质量评价报告，仅在饮用水水源地的相关报告中对涉及地下水源的部分进行评价分析。

中国环境监测总站水环境质量评价报告主要包括：每年 4 ～ 9 月每日编制的《太湖水质自动监测日报》和《巢湖水质自动监测日报》，每周编制的《太湖水质自动监测周报》和《巢湖水质自动监测周报》；每年每周编制的《全国主要流域重点断面水质自动监测周报》；每年每月编制的《全国地表水水质月报》《113 个环境保护重点城市集中式饮用水水源地水质月报》《环保重点城市集中式饮用水水源地水质状况》(供生态环境部办公厅信息专稿)、《锰三角地区地表水水质月报》《国界河流（湖泊）水质月报》《地表水重金属专项监测报告》和《南水北调中线工程丹江口水库库区及其上游地区水质月报》；每年每季度编制的《全国环境质量状况》季度会商材料的地表水水质部分；每年编制的《全国环境质量状况》公报和年报的地表水水质部分；临时提供领导的水质分析报告和不定时的应急报告等。

其中《113 个环境保护重点城市集中式饮用水水源地水质月报》《环保重点城市集中式饮用水水源地水质状况》(供生态环境部办公厅信息专稿)、《锰三角地区地表水水质月报》《国界河流（湖泊）水质月报》《地表水重金属专项监测报告》和《南水北调中线工程丹江口水库库区及其上游地区水质月报》属于专项水环境质量评价报告。

二、数据统计

编制水环境质量评价报告首先要针对各类水质监测数据进行汇总和统计，通常用来编制报告的基础数据是基本监测空间单位（如单个断面或点位）的基本监测时间单位（如月监测）的监测数据，且已经过质量保证与质量控制措施的检验，因此可以根据评价需要直接对数据进行统计处理。

常需要进行统计处理的包括：周、月、季、年等时间跨度上的平均值计算；河段、河流、湖（库）区、湖（库）体等空间跨度上的平均值计算。

周、月、季、年等时间跨度上的平均值主要是将该周、月、季、年等统计范围里涉及的基本监测时间单位的数据进行算术平均计算得出。如：统计一个有多月监测数据断面的年均值，计算该断面各月各监测指标浓度的算术平均值即可。

河段、河流、湖（库）区、湖（库）体等空间跨度上的平均值主要是将该河段、河流、湖（库）区、湖（库）体等统计范围里涉及的基本监测空间单位数据进行算术平均计算得出。如：统计一个有多个监测点位的湖泊数据时，计算该湖泊多个点位各监测指标浓度的算术平均值即可；统计一个有多个监测点位多次监测结果的湖泊数据时，先按时间序列计算该湖泊各个点位各个监测指标浓度的算术平均值，再按空间序列计算该湖泊所有点位各个监测指标浓度的算术平均值。

在进行数据统计处理的过程中须注意小数点的取舍，取舍规则参见 GB8170-2008《数值修约规则》的有关规定，略述如下：

1. 拟舍弃数字的最左一位数字小于 5 时则舍去，即保留的个位数字不变。

2. 拟舍弃数字的最左一位数字大于 5，或者是 5 而其后有并非全部为零的数字时，则进 1，即保留的末位数字加 1。

3. 拟舍弃数字的最左一位数字为 5，而右面无数字或皆为零时，若所保留的末位数字为奇数（1、3、5、7、9）则进 1，为偶数（0、2、4、6、8）则舍弃。

三、报告内容

水环境质量评价报告的内容通常包括：基本情况介绍和水环境质量状况评价。

1. 基本情况介绍

在一个报告的开始通常先介绍基本情况，包括编制背景和目的、数据采纳范围、水质评价方法等。

如在《全国地表水水质月报》中，首先介绍报告编制的背景："按照中华人民共和国生态环境部《关于印发国家地表水、环境空气监测网（地级以上城市）设置方案的通知》

（环发〔2012〕42 号文件）中公布的 972 个地表水国控断面，中国环境监测总站组织相关各级环境监测站开展了全国地表水水质月监测工作，并根据监测结果编制全国地表水水质月报。"然后介绍数据采纳范围："地表水国控断面包括：长江、黄河、珠江、松花江、淮河、海河和辽河七大流域，浙闽片河流、西北诸河和西南诸河，太湖、滇池和巢湖环湖河流等共 414 条河流的 766 个断面，以及太湖、滇池、巢湖等 62 个（座）重点湖库的 206 个点位（32 个湖泊 158 个点位，30 座水库 48 个点位）。"再介绍水质评价方法："地表水水质评价执行《地表水环境质量评价办法（试行）》（环办〔2011〕22 号文件），详见附录。"

2. 水环境质量状况评价

在对水环境质量状况进行评价时，通常根据报告的评价范围先有一个总体的对水环境质量状况的描述，再对各部分的水环境质量状况分别进行评价描述。

在对水环境质量状况进行描述时，包括对水质现状的描述和空间或时间变化趋势的描述。

（1）水质现状的描述

水质现状描述的方式包括定性描述和定量描述。定性描述主要是描述水体的水质状况是"优""良好""轻度污染""中度污染"或是"重度污染"等。定量描述包括各类水质类别所占的百分比、重要污染指标的浓度值等。

（2）空间或时间变化趋势的描述

对于空间变化趋势的描述通常为对河流沿程不同断面的水质变化分析或是湖（库）不同湖（库）区的水质变化分析。

对于时间变化趋势的描述以断面（点位）的水质类别或河流、流域（水系）、全国及行政区域内水质类别比例的变化为依据，按下述方法评价：

①按水质状况等级变化评价：

当水质状况等级不变时，则评价为无明显变化；

当水质状况等级发生一级变化时，则评价为有所变化（好转或变差、下降）；

当水质状况等级发生两级以上（含两级）变化时，则评价为明显变化（好转或变差、下降、恶化）。

②按组合类别比例法评价：

设 $\triangle G$ 为后时段与前时段 I～III 类水质百分点之差：即 $\triangle G=G2-G1$，$\triangle D$ 为后时段与前时段劣 V 类水质百分点之差：$\triangle D=D2-D1$；

当 $\triangle G-\triangle D>0$ 时，水质变好；当 $\triangle G-\triangle D<0$ 时，水质变差；

当 $|\triangle G-\triangle D| \leqslant 10$ 时，则评价为无明显变化；

当 $10<|\triangle G-\triangle D| \leqslant 20$ 时，则评价有所变化（好转或变差、下降）；

当 $|\triangle G-\triangle D|>20$ 时，则评价为明显变化（好转或变差、下降、恶化）。

另外除了文字描述外，报告中为了更清楚、更直观地表达，还采用图或表进行辅助说明。如采用饼图说明某流域各水质类别所占比例、采用折线图列出某河流各重要断面的高锰酸盐指数和氨氮浓度，采用折线图列出某水体随时间的水质变化，采用表格列出某河流各重要断面水质类别及主要污染指标等。

第八节 水环境监测的质量保证与质量控制

环境监测质量保证是整个监测过程的全面质量管理，包括制订计划，根据需要和实际情况确定监测指标及数据的质量要求，规定相应的分析监测系统。其内容包括采样、样品、预处理、贮存、运输、实验室供应，仪器设备、器皿的选择和校准，试剂、溶剂和基准物质的选用，统一测量方法，质量控制程序，数据的记录和整理，各类人员的要求和技术培训，实验室的清洁度和安全以及编写有关的质量管理体系文件等。

环境监测质量控制是指为了达到质量要求所采取的作业技术或活动，是环境监测质量保证的重要组成部分，质量控制包括内部质量控制和外部质量控制，实验室内部质量控制是实验室自我控制质量的常规程序，能反映分析质量稳定性，以便及时发现分析中异常情况，随时采取相应的校正措施。包括空白试验、校准曲线核查、仪器设备的定期检定、平行样分析、加标样分析、密码样品分析和编制质量控制图等。实验室外部质量控制由常规监测以外的中心监测站或其他有经验人员来执行，以便对数据质量进行独立评价，各实验室可以从中发现所存在的系统误差等问题，及时校正、提高监测质量。常用方法包括分析标准样品以进行实验室之间的评价和分析测量系统的现场评价等。

水环境监测质量保证和质量控制是贯穿水质监测全过程的质量保证体系，包括人员素质、监测分析方法、布点采样方案和措施、实验室内质量控制、实验室间质量控制、数据处理和报告审核等一系列质量保证措施和技术要求。本单元主要针对实验室内部质量控制技术加以阐述。

一、实验室内部质量控制

实验室内部质量控制是实验室内部对分析质量进行控制的过程。各实验室应采用各种有效的质量控制方式进行内部质量控制与管理，并贯穿于监测活动的全过程。

（一）监测分析方法的适应性检验

分析人员在承担新的分析项目和分析方法时，应对该项目的分析方法进行适应性检验。包括进行全程序空白值测定，分析方法的检出浓度测定，校准曲线的绘制，方法的精密度、准确度及干扰因素等试验，了解和掌握分析方法的原理和条件，使结果达到方法的各项特性要求。

1. 空白值测定

空白值是指以实验用水代替样品，其他分析步骤及所加试液与样品测定完全相同的操作过程所测得的值。影响空白值的因素有：实验用水质量、试剂纯度、器皿洁净程度、计量仪器性能及环境条件、分析人员的操作水平和经验等。一个实验室在严格的操作条件下，对某个分析方法的空白值通常在很小的范围内波动。空白值的测定方法是：每批做平行双样测定，分别在一段时间内（隔天）重复测定一批，共测定 5 ~ 6 批。

2. 检出限的确定

开展新的监测项目前，应通过实验确定方法检出限，并满足方法要求。实验室所测得的分析方法检出限不应大于该分析方法所规定的检出限，否则应查明原因，消除空白值偏高的因素后重新测定，直至测得的检出限小于或等于分析方法的规定值。

检出浓度为某特定分析方法在给定的置信度（通常为 95%）内可从样品中检出待测物质的最小浓度。所谓"检出"是指定性检出，即判定样品中存有浓度高于空白的待测物质。检出限受仪器的灵敏度和稳定性、全程序空白试验值及其波动性的影响。

3. 校准曲线的绘制

校准曲线是表述待测物质浓度与所测量仪器响应值的函数关系，制好校准曲线是取得准确测定结果的基础。

（1）水质分析使用的校准曲线为该分析方法的直线范围，根据方法的测量范围（直线范围），配制一系列浓度的标准溶液，系列的浓度值应较均匀分布在测量范围内，系列点 ≥ 6 个（包括零浓度）。

（2）校准曲线测量应按样品测定的相同操作步骤进行（经过实验证实，标准溶液系列在省略部分操作步骤时，直接测量的响应值与全部操作步骤具有一致结果时，可允许省略操作步骤），测得的仪器响应值在扣除零浓度的响应值后，绘制曲线。

（3）用线性回归方程计算出校准曲线的相关系数、截距和斜率，应符合标准方法中规定的要求，一般情况相关系数 r ≥ 0.999。

（4）用线性回归方程计算结果时，要求 r ≥ 0.999。

（5）对某些分析方法，如石墨炉原子吸收分光光度法、离子色谱法、等离子发射光谱法、气相色谱法、气相色谱、质谱法、等离子发射光谱质谱法等，应检查测量信号与测定浓度的线性关系，当 r ≥ 0.999 时，可用回归方程处理数据；若 r<0.999，而测量信号与浓度确实存在一定的线性关系，可用比例法计算结果。

4. 精密度检验

精密度是指使用特定的分析程序，在受控条件下重复分析测定均一样品所获得测定值之间的一致性程度。

（1）精密度检验方法

运用精密度检验方法时，通常以空白溶液（实验用水）、标准溶液（浓度可选在校准曲线上限浓度值的 0.1 ～ 0.9 倍）、实际水样、水样加标样等几种分析样品，求得批内、批间标准偏差和总标准偏差。各类偏差值应等于或小于分析方法规定的值。

（2）精密度检验结果的评价

①由空白平行试验批内标准偏差，估计分析方法的检出限；

②比较各溶液的批内变异和批间变异，检验变异差异的显著性；

③比较水样与标准溶液测定结果的标准差，判断水样中是否存在影响测定精度的干扰因素；

④比较加标样品的回收率，判断水样中是否存在改变分析准确度的组分。

5. 准确度检验

准确度是反映方法系统误差和随机误差的综合指标。检验准确度可采用以下方法：

（1）使用标准物质进行分析测定，比较测得值与保证值，其绝对误差或相对误差应符合方法规定要求。

（2）测定加标回收率（加标量一般为样品含量的 0.5 ～ 2 倍，且加标后的总浓度不应超过方法的测定上限浓度值），回收率应符合方法规定要求。

（3）对同一样品用不同原理的分析方法测试比对。

（4）测定结果的准确度表示。

6. 干扰试验

针对实际样品中可能存在的共存物，检验其是否对测定有干扰，及了解共存物的最大允许浓度。

干扰可能导致正或负的系统误差，其作用与待测物浓度和共存物浓度大小有关。为此干扰试验应选择两个（或多个）待测物浓度值和不同水平的共存物浓度的溶液进行试验测定。

（二）全程序空白

空白值是指以实验用水代替样品，其他分析步骤及使用试液与样品测定完全相同的操作过程所测得的值。影响空白值的因素有：实验用水的质量、试剂的纯度、器皿的洁净程度、计量仪器的性能及环境条件等。一个实验室在严格的操作条件下，对某个分析方法的空白值通常在很小的范围内波动。每批水样分析时，应同时测定现场空白和实验室空白样品，当空白值明显偏高，或两者差异较大时，应仔细检查原因，以消除空白值偏高的因素。

（三）校准曲线

1. 用校准曲线定量时，必须检查校准曲线的相关系数、斜率和截距是否正常，必要时进行校准曲线斜率、截距的统计检验和校准曲线的精密度检验。检验斜率、截距和相关系数是否满足标准方法的要求，若不满足，须从分析方法、仪器设备、量器、试剂和操作等方面查找原因，改进后重新绘制校准曲线。

2. 校准曲线斜率比较稳定的监测项目，在实验条件没有改变、样品分析与校准曲线制作不同时进行的情况下，应在样品分析的同时测定校准曲线上 1 ~ 2 个点（0.3 倍和 0.8 倍测定上限），其测定结果与原校准曲线相应浓度点的相对偏差绝对值不得大于 5% ~ 10%，否则须重新制作校准曲线。

3. 原子吸收分光光度法、气相色谱法、离子色谱法、冷原子吸收（荧光）测汞法等仪器分析方法校准曲线的制作必须与样品测定同时进行。

4. 校准曲线不得长期使用，不得相互借用。一般情况下，校准曲线应与样品测定同时进行。

（四）精密度控制

对均匀样品，凡能做平行双样的分析项目，分析每批水样时均须做 10% 的平行双样，样品较少时，每批样品应至少做一份样品的平行双样。平行双样可采用密码或明码编入。测定的平行双样允许差符合规定质控指标的样品，最终结果以双样测试结果的平均值报出。平行双样测试结果超出规定允许偏差时，在样品允许保存期内，再加测一次，取相对偏差符合规定质控指标的两个测定值报出。

（五）准确度控制

准确度测定一般采用标准物质和样品同步测试的方法作为准确度控制手段，对于受污染的或样品性质复杂的水样，也可采用测定加标回收率作为准确度控制手段。

1. 标准样品／有证标准物质测定

监测工作中应使用标准样品／有证标准物质或能够溯源到国家基准的物质。应有标准样品／有证标准物质的管理程序，对其购置、核查、使用、运输、存储和安全处置等进行规定。

标准样品／有证标准物质应与样品同步测定。进行质量控制时，标准样品／有证标准物质不应与绘制校准曲线的标准溶液来源相同。

应尽可能选择与样品基体类似的标准样品／有证标准物质进行测定，用于评价分析方法的准确度或检查实验室（或操作人员）是否存在系统误差。

2. 加标回收率测定

加标回收实验包括空白加标、基体加标及基体加标平行等。
空白加标在与样品相同的前处理和测定条件下进行分析。

基体加标和基体加标平行是在样品前处理之前加标，加标样品与样品在相同的前处理和测定条件下进行分析。在实际应用时应注意加标物质的形态、加标量和加标的基体。加标量一般为样品浓度的 0.5 ~ 3 倍，且加标后的总浓度不应超过分析方法的测定上限。样品中待测物浓度在方法检出限附近时，加标量应控制在校准曲线的低浓度范围。加标后样品体积应无显著变化，否则应在计算回收率时考虑这项因素。每批相同基体类型的样品应随机抽取一定比例样品进行加标回收及其平行样测定。

3. 比较实验

对同一样品采用不同的分析方法进行测定，比较结果的符合程度来估计测定准确度。

4. 对照分析

对标准物质进行平行分析，将测定结果与已知浓度进行比较，以控制分析准确度。

5. 质控结果

质控样品的测试结果应控制在 90% ~ 110% 范围，标准物质测试结果应控制在 95% ~ 105% 范围，对痕量有机污染物应控制在 60% ~ 140%。

6. 污水样品

污水样品中污染物浓度波动性较大，加标回收实验中加标量难以控制，对一些样品性质复杂的水样，须做监测分析方法适用性试验或加标回收试验。污水平行样的偏差及油类测定的准确度和精密度的控制可适当放宽要求。

（六）密码样分析

1. 密码平行样

质量管理人员根据实际情况，按一定比例随机抽取样品作为密码平行样，交付监测人员进行测定。若平行样测定偏差超出规定允许偏差范围，应在样品有效保存期内补测；若补测结果仍超出规定的允许偏差，说明该批次样品测定结果失控，应查找原因，纠正后重新测定，必要时重新采样。

2. 密码质量控制样及密码加标样

由质量管理人员使用有证标准样品 / 标准物质作为密码质量控制样品或在随机抽取的常规样品中加入适量标准样品 / 标准物质制成密码加标样，交付监测人员进行测定。如果质量控制样品的测定结果在给定的不确定度范围内，则说明该批次样品测定结果受控。反之，该批次样品测定结果作废，应查找原因，纠正后重新测定。

（七）质量控制图

常用的质量控制图有均值 – 标准差控制图和均值 – 极差控制图等，在应用上分空白值控制图、平行样控制图和加标回收率控制图等。

日常分析时，质量控制样品与被测样品同时进行分析，将质量控制样品的测定结果标于质量控制图中，判断分析过程是否处于受控状态。测定值落在中心附近、上下警告限值内，则表示分析正常，此批样品测定结果可靠；如果测定值落在上下控制限之外，表示分析失控，测定结果不可信，应检查原因，纠正后重新测定；如果测定值落在上下警告限和上下控制限之间，虽分析结果可接受，但有失控倾向，应予以注意。

1. 质量控制图

其基本组成包括：

预期值——图中的中心线；

目标值——图中上、下警告限之间区域：

实测值的可接受范围——图中上、下控制限之间的区域；

辅助线——上、下各一线，在中心线两侧与上、下警告限之间各一半处；

上控制限（UCL）——Upper Control Limit；

上警告限（UWL）——Upper Warning Limit；

上辅助线（UAL）——Upper Auxiliary Line：

中心线（CL）——Central Line；

下辅助线（LAL）——Lower Auxiliary Line；

下警告限（LWL）——Lower Warming Limit；

下控制限（LCL）——Lower Control Limit。

2. 均数控制图（x 图）

均数控制图的使用：在绘制控制图时，落在 $\overline{\overline{x}} \pm s$ 范围内的点数应约占总点数的 68%。若少于 50%，则分布不合适，此图不可靠。若连续 7 点位于中心线同一侧，表示数据失控，此图不适用。

根据日常工作中该项目的分析频率和分析人员的技术水平，每间隔适当时间，取两份平行的控制样品，随环境样品同时测定，对操作技术较低的人员和测定频率低的项目，每次都应同时测定控制样品，将控制样品的测定结果依次点在控制图上，根据下列规定检验分析过程是否处于控制状态。

（1）如此点在上、下警告限之间区域内，则测定过程处于控制状态，环境样品分析结果有效：

（2）如果此点超出上、下警告限，但仍在上、下控制限之间的区域内，提示分析质量开始变劣，可能存在"失控"倾向，应进行初步检查，并采取相应的校正措施；

（3）若此点落在上、下控制限之外，表示测定过程"失控"，应立即检查原因，予以纠正。环境样品应重新测定；

（4）如遇到 7 点连续上升或下降时（虽然数值在控制范围之内），表示测定有失去控制倾向，应立即查明原因，予以纠正。

即使过程处于控制状态，尚可根据相邻几次测定值的分布趋势，对分析质量可能发生的问题进行初步判断。

当控制样品测定次数累积更多以后，这些结果可以和原始结果一起重新计算总均值、标准偏差，再校正原来的控制图。

3. 均数－极差控制图（x–R 图）

（1）均数控制部分：

中心线——$\overline{x}$

上、下控制限——$\overline{x} \pm A_2\overline{R}$

上、下警告限——$\overline{x} \pm \dfrac{2}{3} A_2\overline{R}$

上、下辅助限——$\overline{x} \pm \dfrac{1}{3} A_2\overline{R}$

（2）极差控制图部分：

上控制限——$D_4\overline{R}$

上警告限——$\overline{R} + \dfrac{2}{3}\left(D_4\overline{R} - \overline{R}\right)$

上辅助限——$\overline{R} + \dfrac{1}{3}\left(D_4\overline{R} - \overline{R}\right)$

下控制限——$D_3\overline{R}$

（八）人员比对

不同分析人员采用同一分析方法、在同样的条件下对同一样品进行测定，比对结果应达到相应的质量控制要求。

（九）方法比对或仪器比对

对同一样品或一组样品可用不同的方法或不同的仪器进行比对测定分析，以检查分析结果的一致性。

（十）留样复测

对于稳定的、测定过的样品保存一定时间后，若仍在测定有效期内，可进行重新测定。将两次测定结果进行比较，以评价该样品测定结果的可靠性。

二、实验室间质量控制

实验室间质量控制是指由外部有工作经验和技术水平的第三方或技术组织（如实验室认证管理机构、上级监测机构），通过发放考核样品等方式，对各实验室报出合格分析结果的综合能力、数据的可比性和系统误差做出评价的过程。

应制订并实施年度实验室间比对、质控考核计划，定期使用标准物质或稳定均匀的实验室实际水样对下级站组织实验室间比对和质控考核活动，判断各实验室间测定结果间是否存在显著差异，以利有关实验室及时查找原因，减少系统误差。常用的实验室间质量控制方法有以下几项：

1. 实验间比对

按照预先规定的条件，由两个或多个实验室对相同或类似的被测样品进行检测的组织、实施和评价。

2. 能力验证

实验室参加能力验证，对组织者组织的指定检测数据进行比对，以确定实验室从事该项测试活动的技术能力。

实验室应主动、积极、有计划地参加由外部有工作经验和技术水平的第三方或技术组织组织的实验室间比对和能力验证活动，以不断提高各实验室监测技术水平。

3. 测量审核

实验室对被测物品进行实际测试，将测试结果与参考值进行比较。测量审核是能力验证的有效补充。

4. 质控考核

上级站定期给下属站发放标准样品或质控样。各站按规定的实施方法完成样品测试并上报结果。组织者依据样品种类的不同，采用标准样品保证值、测试结果统计值对上报结果进行评价并通报。

5. 统一样品检测

同一批号的样品分别交付不同实验室进行分析，因为不同实验室的各种条件不尽相同，而且所用方法也不强求一致，所以，当其测定结果相符时，即可判定测试结果是不是可以接受的，如果相互之间的结果不符，则应各自查找原因，并重新分析原样品。由于受样品分类、保存条件的限制，应选用稳定均匀的样品开展统一样品检测。

三、水和废水监测质控样判别要求

1. 全程序空白

全程序空白测定值应小于方法检出限，或用控制图方法确定控制限进行控制。

2. 精密度

（1）常规分析项目

（1）常规分析项目

常规分析项目应符合实验室平行样品控制指标执行项目测试方法中规定要求。

（2）有机项目

有机项目应符合实验室平行样品控制指标执行项目测试方法中规定要求，若无要求可参照以下执行：

①样品浓度在 mg/L 级或者显著高于方法检出限（5~I0 倍以上），相对偏差 <10%。

②样品浓度在 ug/L 级或者接近方法检出限，相对偏差 ≤ 20%。

③对某些色谱行为较差组分，相对偏差 ≤ 30%。

3. 准确度

（1）加标回收样

一般样品回收率在 90% ~ 110% 或在方法给定的范围内为合格。废水样品回收率在 70% ~ 130% 为合格。有机样品浓度在 mg/L 级，回收率 70% ~ 120% 为合格。有机样品浓度在 ug/L 级，回收率 50% ~ 120% 为合格。对成分复杂等特殊类型有机样品，加标回收率根据实际情况而定。

（2）标准质控样

有证标准物质在其规定范围或 95% ~ 105% 范围内为合格；已知浓度质控样在 90% ~ 110% 范围内为合格；痕量有机物在 60% ~ 140% 范围内为合格。

4. 标准曲线斜率

各分析项目的标准曲线斜率按各自方法中规定要求控制。一般情况，相关系数 r ≥ 0.999。

第七章　水质自动监测

通过实施地表水水质的自动监测，可以实现水质的实时连续监测和远程监控，达到及时掌握主要流域重点断面水体的水质状况、实现重大或流域性水质污染事故预警预报、解决跨行政区域的水污染事故纠纷、开展跨行政区域河流交接断面水质保护管理考核、监督总量控制制度落实情况及排放达标情况等，体现了水环境监测技术手段的科学化和现代化，对国家环境保护决策部门及时做出有效的水污染防治和管理对策等方面均具有重要的意义。

第一节　国家地表水水质自动监测站建设情况

一、国家水质自动监测网

生态环境部（原环境保护部）于 1999 年 9 月开始，在我国部分主要流域开展了地表水水质自动监测站的试点工作，并分别在松花江、淮河、长江、黄河及太湖流域的重点断面建设了 10 个水质自动监测站。在试点的基础上，从 2000 年 9 月开始，经过"十五""十一五"十年的努力，陆续在松花江、辽河、海河、黄河、淮河、长江、珠江、太湖、巢湖、滇池流域十大流域的重点断面以及浙闽河流、西南诸河、内陆诸河、大型湖库以及国界出入境河流上建成了 149 个水质自动监测站。

国家建站的选点原则是：重要河流的干支流省界、重要支流汇入口及入海口；重要湖库湖体及出入湖河流；国界河流及出入境河流；重大水利工程项目等。

"九五"末期建设了十个试点站，规划了 32 个站。

"十五"期间，利用世行贷款和国家财政资金，分四批规划了 58 个水站的建设。截至"十五"末期，共有 100 个水站投入运行。

"十一五"期间，分三批建设了 49 个国家水质自动监测站。一是根据松花江流域污染防治规划投资建设了 10 个水站；二是 2008 年污染减排专项投资建设 26 个水站；三是 2009 年污染减排专项投资建设的 13 个水站。

国家水质自动监测网建设的特点是："十五"期间侧重的是污染防治任务艰巨的主要流域重点断面，如三河三湖等。"十一五"期间建设的水站更侧重于国界河流、省界断面和没有涉及的流域等。

二、国家水质自动监测站的配置

国家地表水水质自动监测系统由中国环境监测总站（以下简称总站）、各托管站和各水质自动监测站（以下简称子站）共同组成。已经建成的子站由北京晟德瑞环境技术有限公司集成，该公司研制的 SWM 系列水质自动监测系统实现了多参数水质的在线监测。

国家水质自动监测站配置有相应的采水单元、配水单元、仪器测定单元和系统控制单元。采水、配水单元设计上考虑了过滤、除沙、清洗、补水系统，确保仪器对样品水的要求得到满足。

三、国家水质自动监测站的监测项目与频次

水质自动监测的可测试的项目包括：常规五参数（水温、pH、溶解氧、电导率、浊度）、氨氮、化学需氧量、高锰酸盐指数、总有机碳（TOC）、总氮、总磷、硝酸盐氮、磷酸盐、毒性、重金属、叶绿素、蓝绿藻、大肠杆菌、氰化物、氟化物、氯化物、酚类、油类、水位计、流量 / 流向计及自动采样器等。

一般的自动监测断面都可以考虑配置常规五参数、高锰酸盐指数、氨氮自动分析仪以及自动采样器，当水体中高锰酸盐指数大于 50mg/L 时，可选用总有机碳分析仪；如果断面所处位置为湖泊或水库时，可以增加总磷、总氮自动分析仪。以保护饮用水水源为目的的监测断面，可以适当增加氰化物、挥发酚、硝酸盐氮及总大肠菌群等自动分析仪。

目前，国家水质自动监测站的监测项目包括水温、pH、溶解氧（DO）、电导率、浊度、高锰酸盐指数、总有机碳（TOC）、氨氮。部分湖泊水质自动监测站的监测项目还包括总氮、总磷和叶绿素。有些站正在开展生物毒性、挥发性有机污染物（VOCs）的试点监测。今后可能还要拓展重金属的监测项目。

水质自动监测站的监测频次可以根据情况连续监测或每几小时监测一次，管理人员可以通过控制软件自行设定。目前，国家水质自动监测站采用每 4h 采样分析一次的频次。每天每个监测项目可以得到 6 个监测结果。

四、国家水质自动监测站的传输、收集与存储

自动监测数据由控制系统自各台分析测试仪器上采集存储之后通过 VPN 方式传送到各水质自动站的托管站和中国环境监测总站。通过互联网实现实时发布。托管站也可以通过 VPN 和电话拨号两种通信方式实现对所托管子站的实时监视、远程控制及数据采集。各省环境监测中心站及其他经授权的部门也可随时从总站的数据库中调阅各水站的历史监测数据。

五、国家水质自动监测站的运行管理与质量控制要求

中国环境监测总站作为国家地表水自动监测网络负责单位，自水站建设之日起就对水站的运行和数据质量极为重视。在总结多年运行管理经验的基础上，制定了《国家地表水自动监测站运行管理办法》并颁布实施（总站水字〔2007〕182 号）。管理办法中对运行管理的职责分工、日常维护、数据上报、质量管理、维护维修、经费使用以及资产管理等方面做出了具体规定。理顺了水站运行维修机制，实现了专业化、社会化运营机制与风险保障机制，解除了水站的后顾之忧，为水站的稳定运行提供了保障。

围绕水质自动监测周报和水质自动监测数据的发布工作，强化自动监测的质量管理，实施"日监视、周核查、月对比"的质量控制措施。组织各仪器设备供应厂商的技术人员共同编制了《水质自动监测站系统维护保养基本要求》和《水质自动监测站常见故障与维修办法》下发至各个托管站，规范了日常仪器设备的维护和保养。

坚持实行技术人员持证上岗制度，对负责水站运行的技术人员定期培训，定期考核。

明确了总站、省站及托管站质量管理监督管理机制，为水站数据的质量提供了保障。不定期组织技术人员开展经验技术交流，共同提高水站的运行管理水平。

六、国家水质自动监测数据的使用与发布

与常规水质监测相比较，水质自动监测的监测频次高、监测结果传输及时，除便于环境管理系统及时掌握水环境质量外，还可根据需要形成日报、周报等各种形式的报告。淮河和太湖流域水质自动监测周报于 2001 年 3 月 21 日起在《中国环境报》上正式发布，并于 2001 年 6 月 5 日开始每周在《人民日报》和《光明日报》上发布，全国主要流域重点断面的水质自动监测周报也于 2001 年 6 月 5 日在《中国环境报》上正式发布。

目前，100 个水质自动监测站的水质自动监测周报主要在中国政府网（www.gov.cn）、国家环境保护总局网站（www.zhb.gov.cn）及中国环境监测总站网站（www.cnemc.cn）发布。2007 年，中国环境监测总站委托北京晟德瑞环境技术公司完成了《国家地表水水质自动监测站数据实时发布系统》的编制，经过生态环境部的批准，自 2009 年 7 月 1 日起，水质自动监测数据已经通过互联网向全社会公开实时发布。

七、应用实例

受社会经济技术条件的制约，我国地表水体污染严重，突发性水污染事故不断，跨界水污染纠纷逐年增多，已直接危及人民群众的身体健康及社会的稳定。突发性水污染事故具有时间性，等到发现污染事实再组织监测已意义不大，下游没有足够的时间采取预防性措施。因此，只有采用实时的监测技术手段才可以及时监视污染团的迁移过程并发出预警预报，减少污染造成的损失。近年来在国界河流、出入境河流以及省界断面上的水污染争

议不断，周边国家如俄罗斯、越南、哈萨克斯坦等国多次通过外交照会方式要求我方加强水污染控制。虽然个别断面实行了联合监测的措施，受人力物力限制，监测频次也难以保证有效地监视水质变化的过程与趋势，对于一些偷排现象不能及时发现，增加了监督管理工作的难度。

自动监测频次高、数据传输速度快，在省界水污染纠纷监测、突发性水污染事故预警预报监测、重大水利工程的水质影响监测中水质自动监测都发挥了不可替代的作用。现在已基本形成这样的概念，只要哪里有水污染事故的发生，首先想到的就是水站在哪里、水站的监测结果怎么样。

2002 年在运河浙江 – 江苏的跨省污染纠纷处理过程中，自动站的连续监测数据在监督企业污染治理和防止超标排放方面发挥了重要作用。

长江干流重庆朱沱和宜昌南津关水质自动监测站在 2003 年 5 ~ 6 月三峡库区蓄水期间，共取得库区上下游 2520 个水质实时数据，为管理部门的决策提供了有力的依据。

淮河干流淮南、蚌埠及盱眙站成功地全程监视了 2001—2006 年以来每年淮河干流大型污染团的迁移过程，为沿淮自来水厂及时调整处理工艺，保证饮水安全提供了依据，为环境管理及时提供了技术支持。

汉江武汉宗关自动监测站自建立以来，每年对汉江水华的预警监测都发挥了重要作用，及时通知武汉市主要饮用水处理厂提前做好处理，保障水厂出水达标。

2008 年四川汶川特大地震发生后，中国环境监测总站立即通过自动监测系统远程查看灾区水质状况，将灾区 7 个水质自动监测站的监测频次由原来的 4h 一次调整为 2h 一次，在第一时间分析了地震灾区地震前后水质状况，并将灾区水质无明显变化的情况及时向国务院抗震救灾总指挥部上报，并编制《汶川大地震后相关国家水质自动监测站水质监测结果》，每天在公众网上发布自动监测结果，为保障灾区饮用水安全、稳定灾区人心发挥了重要作用。

2008 年北京奥运会期间，利用北京密云古北口自动站（密云水库入口）、门头沟沿河城自动站（官厅水库出口）、天津果河桥自动站（于桥水库入口）、沈阳大伙房水库及上海青浦急水港自动站等国家水质自动监测站对城市的饮用水水源实施严密监控，每日以《奥运城市地表水自动监测专报》形式上报环境部，为保障奥运期间饮水安全提供了技术保障。同样的应用还发生在上海世博会、广州亚运会期间。

自 2007 年以来，每年在太湖蓝藻预警监测期间，沙渚、西山和兰山嘴水质自动监测站均开展加密监测，通过水质 pH、溶解氧等藻类生长的水质特异性指标预测判断水体的藻类生长状况，为饮用水水质预警提供了大量实时数据，发挥了重要作用。

随着国家水质自动监测系统的运行，充分发挥了实时监视和预警功能。在跨界污染纠纷、污染事故预警、重点工程项目环境影响评估及保障公众用水安全方面已经发挥了重要作用。

第二节 水质自动监测系统介绍

目前水质自动站分为两类：一类称为常规站，另一类称为超级站。常规站：即配备常规五参数，氨氮、高锰酸盐指数等常见理化参数的水质监测站，主要满足一般性的自动监测需要。超级站：即根据实际需要在常规站的基础上配备更多参数的仪器，包括有机物、生物类监测，进行各种有针对性的监测并开展各种研究性监测工作，适合精细化、研究性的监测需要。

常规站和超级站相互配合，相得益彰，共同组建功能强大的自动监测网络。

一、水质自动监测系统的组成

水质在线自动监测系统是一个把多项监测指标的分析仪表集成在一起，从采样，分析到记录、整理数据（包括远程数据），中心遥控组成的系统，结合相应的监控及分析软件，实现实时在线自动监测，满足运行可靠稳定、维护量少的要求，并可实现无人值守。一个完整的水质自动监测系统至少包括 7 个组成部分：

1. 站房：选址应能采集有代表性的水样，并且具备供水、供电、交通方便等条件。

2. 采样单元（即取水单元）：通常有潜水泵式、离心泵式两种，应根据站址的水文等情况选用不同的采样方式。采样单元具有防堵塞、自动反冲洗、安装维护方便等基本条件。

3. 水样预处理及配水单元：负责完成水样的一级、二级预处理，将水样导入相应的管路，已达到水样输送和清洗的目的。应根据水质自动分析仪的要求选择合适的水样预处理方式。预处理单元具备过滤、定期反冲洗、压力和流量指示等基本功能。

4. 分析监测单元：由选择的各类在线水质自动分析仪和水文等测量仪器组成，通常可选择的水质在线自动分析项目包括常规五参数（水温、pH、溶解氧、电导率和浊度）、化学需氧量、高锰酸盐指数、总有机碳（TOC）、氨氮、总氮、总磷、叶绿素等。水文测量仪器主要包括流向 / 流速计、流量计和水位计等。

5. 控制单元：主要采用 PLC（Process Logic Control）对系统实施可靠的控制。具有对分析仪器设备的安全保护、自动开 / 关机、自动清洗、断电保护和来电恢复等基本功能。

6. 数据采集及通信单元：负责完成监测数据从各水质自动监测站到监测中心的通信传输工作。

7. 辅助单元：是保证水质自动监测系统连续、安全、可靠运行的必不可少的条件。主要包括空气压缩设备、防雷设备、UPS 电源、自来水净化设备、纯水制备设备、废水收集处理设备以及视频监控设施等。

二、水质自动监测系统说明

1. 系统说明

（1）中心控制模块完成整个系统的采水、配水、分析仪动作等功能的控制。

（2）通信模块完成与现场工控机、中心站的通信。

（3）数据模块完成对各分析仪分析数据及系统工作状态等参数的采集与传输。

（4）现场工控机只对系统工作进行控制。

（5）中心站 PC 实现远程系统控制。

（6）采用 GSM/GPRS 无线连接，传送实时监测结果和自动监测站仪器工作状况。

2. 系统

（1）水样采集的相应管路、阀门及辅助继电器等构成水样采集及控制单元，实现监测分析的水样采集及相应的预处理。

（2）在线监测仪器、传感器及标准通信控制等构成监测分析单元。

（3）现场级的数据终端、水样预处理系统、PLC控制系统、UPS电源系统、通信系统（包括电话线、无线电台、卫星通信、手机报警通信并预留有以太网接口）等组成数据采集控制及信息传输单元。

（4）计算机监控应用软件可现场或远程对系统的运行进行监控。

辅助系统包括取水配水系统、过滤系统、清洗单元、超标水样自动收集系统、空气压缩机单元、配电单元等辅助设备。

第三节 水质自动监测系统建设要求

一、点位要求

1.基本要求

水质自动监测站位置的选择必须考虑以下几个基本条件：

（1）基本条件的可行性：具备土地、交通、通信、电力、自来水及地质等良好的基础条件；

（2）水质的代表性：根据监测的目的和断面的功能，具有较好的水质代表性；

（3）站点的长期性：不受城市、农村、水利等建设的影响，比较稳定的水深和河流宽度，保证系统长期运行；

（4）系统的安全性：自动站周围环境条件安全、可靠；

（5）运行的经济性：便于承担管理任务的监测站日常运行和管理；

（6）管理的规范性：承担运行管理的监测站的管理水平和技术与经济能力。

2.建站基本条件

为了使系统能长期稳定地运行，选择的站位必须满足以下建设水质自动站的基础条件：

（1）交通方便。自动站离承担管理任务的监测站的交通距离一般不超过 100 km；

（2）有可靠的电力保证而且电压稳定；

（3）具有自来水或可建自备井水源，水质符合生活用水要求；

（4）有直通（不通过分机）电话通信条件，而且电话线路质量符合数据传输要求；

（5）取水点距站房的距离不超过 100 m，枯水期时也不得超过 150 m，而且有利于铺设管线和管线的保温设施；

（6）枯水期的水面与站房的高差一般不超过采水泵的最大扬程；

（7）断面常年有水，丰、枯季节河道摆幅应小于 30 m；枯水季节采水点水深不小于 1 m，保证能采集到水样；采水点最大流速一般应低于 3 m/s，这将有利于采水设施的建设和运行维护和安全。

3.断面代表性

（1）一般要求

监测断面的代表性应根据断面的功能确定，保证自动站监测的数据能代表需要监测水体的水质状况和变化趋势。各种功能的监测断面的一般要求是：

①监测断面应选择在平直河段，水质分布均匀，流速稳定；

②距上游支流汇合处或排污口有足够的距离以保证水质的均匀性，一般监测断面距上游入河口或排污口的距离不少于 1 km；

③监测断面尽可能选择原有的常规监测断面上，保证监测数据的连续性。

（2）功能断面的要求

根据环保管理需要，水质自动监测站点按功能断面不同应设置在背景断面、交接断面、出入河（湖）口、入海口断面和控制断面。各功能断面设置时应遵循不同的要求，保证监测断面的水质具有代表性。

①背景断面

背景断面应选择在河流干流或重要支流的上游，断面以上基本没有受到人类活动的影响，能反映河流的自然水质状况；断面应设置在最上游市、镇的上游，距市镇的距离不得超过 50 km。

②省界或市界断面

交界断面应选择在交界线下游第一个市、镇的上游；监测断面至交界线之间不应有明显的排放口，能客观地反映上游地区流入下游地区的水质状况。若交界线下游不具备建站条件时，也可选择在上游靠近交界线的断面，而且在监测断面至交界线之间没有排放口。

③入河、入湖、入海口断面

入河（湖、海）口断面的位置应尽可能设置在靠近河流入上一级河流、湖泊、海处，但是基本不受潮汐或回流的影响；断面应在靠近入口的市镇的下游，不应设置在市镇的上游；入海口断面若受海洋潮汐影响时，需要保证水中的氯离子的浓度符合仪器的要求，否则不具备建站条件。

④国界断面

国界和出、入境断面的水质代表性要求与交界断面一致，但只设置在国境以内；出、入境断面与国境线间基本没有排污口。

⑤趋势断面

趋势断面的主要功能是评价河流（或河段）、湖泊、水库的整体水质现状和变化趋势，因此，其水质代表性的空间尺度有一定的差异，故既要根据评价的水体空间范围来确定断面的水质代表性，又要根据可行点位的实际空间代表性。因此趋势断面应选择在评价河段、湖、库的平均水平位置，避开典型污染水区、回流区、死水区；断面上游 1 000m 和下游 200m 处没有排放口；若在城市附近则应设置在城市上游的对照断面或下游的消减断面。

⑥控制断面

控制断面是监视污染源对水体的影响的特殊断面，不作为评价水体整体水质的断面，故断面应设置在污水排放的影响区内，一般断面设置在排放口下游 100m 左右，城市段设在原控制断面。

4. 采水口水质代表性

为了尽可能减少水质自动站采水点位的局限性对监测结果的影响，又要保证采水设施的安全和维护的方便，故采水点位应该满足以下条件：

（1）在不影响航道运行的前提下，采水点尽量靠近主航道；

（2）取水口位置一般应设在河流凸岸（冲刷岸），不能设在河流（湖库）的漫滩处，避开湍流和容易造成淤积的部位，丰、枯水期离河岸的距离不得小于 10 m；

（3）取水点与站房的距离一般不应超出 100 m；

（4）采水点的水质与断面的平均水质的误差不得大于 10%；

（5）取水口处应有良好的水力交换，河流取水口不能设在死水区、缓流区、回流区；

（6）取水点设在水下 0.5 ~ 1 m 范围内，但应防止地质淤泥对采水水质的影响。

二、站房建设要求

1. 站房主体技术要求

站房为用于承载系统仪器、设备的主体建筑物和外部保障条件。主体建筑物由仪器间、质控用房和生活用房组成。外部保障条件是指能引入清洁水、通电、有通信条件和开通的道路以及平整、绿化和固化的站房所辖范围的土地。

主体建筑中仪器间使用面积的确定，以满足仪器设备的安装及保证操作人员方便地操作和维修仪器设备为原则，一般不小于 40 m^2。质控用房和生活用房的使用面积以操作和管理人员实际所需确定。

站房的土建、防雷、供电等需有相应工程资质单位承接施工。

（1）站房基本配置为：仪器用房 40 m^2，其中用于安装仪器的单面连续墙面的净长度不小于 8 m，工作辅助用房 20 m^2；值守人员生活用房 40 m^2。

（2）站房结构：站房使用砖混结构或框架结构，耐久年限为 50 年。

（3）抗震设计：根据当地抗震设防烈度进行抗震设计。

（4）站房地面的高度：根据当地水位变化情况而定，站房地面标高（±0.00）能够抵御 50 年一遇的洪水。

（5）站房内净空高度：不小于 2.7 m。

（6）辅助用房：考虑到工作人员在水站工作的方便，建议修建卫生间（厕所）一间。其他用房可根据需要考虑。考虑防盗的必要，站房周围应当建围墙、护栏或护网。

（7）辅助设施：站房的避雷系统和地线系统以及采水和给水、排水设施等也与站房建设同步进行。

（8）道路：通往水质自动监测站应有硬化道路路宽 ≥ 3.0 m，且与干线公路相通。站房前有适量空地，保证车辆的停放和物资的运输。

（9）站房式样：站房外形的设计因地制宜。外观美观大方，结构经济实用。在一些风景区和周边景物协调一致。

（10）站房征地：根据上述要求和当地情况综合考虑征地面积。并向设计单位提供所征地域的区域图、平面图（1∶500或1∶1 000）。

（11）站房基础及外环境。

站房根据当地地质情况进行设计和建设，遇软弱地基时做相应的地基处理。

站房周围做水泥混凝土地面；站房外地面平整，周围干净整洁，有利于排水，并有适当绿化。

站房设置排水系统，排水点设置在采水点的下游，排水点与采水点间的距离大于10m。

站房有防鼠害能力。

（12）站房暖通：仪器间内有空调和冬季采暖设备，室内温度应当保持在18～ −28℃，湿度在60%以内。空调具有来电自动复位功能。另外应当采取必要的保温措施，防止冬季因停电造成室内温度下降而造成系统损坏。

（13）站房仪器间：室内地面铺设防水、防滑地面砖，站房地面向有排水孔的方面倾斜一定的角度可以使室内积水排出。

（14）仪器间内设有专用清洁水源(一般为自来水)管道接口(DN20)，并装有截止阀。不具备自来水的地方使用井水，但须在辅助用房顶部或站房内距地面2 m的位置建高位水箱并装备自动补水系统，水箱容积为2 m³左右。井水中泥沙含量高时增配过滤设备。

（15）辅助用房内配有防酸碱化学实验台1套（1.5～2m），并且配备4个实验凳，台上可以放置实验室对比仪器，台下有工作柜，便于放置试剂。分析间内备有上下水、洗手池等。

（16）站房接地：站房接地系统在站房建设时同步考虑，在站房内设有接地的地线端子排。

2. 配套设施建设要求

所有配套设施均为正常运行水质自动监测站所必需的配套部分，需要切实地贯彻实施。

（1）供电

水质自动监测站的供电电源是交流380V、三相四线制，频率50 Hz，容量≥15 kW；供电电源电压在接至站房内总配电箱处时的电压降小于5%。

电源电路供电平稳，电压波动和频率波动符合有关国家及行业的规定。

电源线引入方式符合相关的国家标准，站房内部电源线实施屏蔽。穿墙时预埋穿墙管。

设置站房总配电箱，箱中有电表及空气总开关。在总配电箱处进行重复接地，确保零、地线分开，其间相位差为零，并在此采取电源防雷措施。

从总配电箱引入单独一路三相电源到仪器间，并在指定位置设置自动监测系统专用动力配电箱。照明、空调及其他生活用电（220V）、稳压电源和采水泵供电（220V）分相使用。

电源容量：仪器设备及控制用电为两相（220V）8kW左右；仪器间空调及站房照明、生活用电为两相（220V）5 kW；如有其他用电需求，可适量考虑增加供电能力。

站房仪器间照明达到150 Im，至少配备40 W日光灯2盏，且照明灯配有控制开关；在空调安装的就近位置配备专用空调插座；同时在仪器间非仪器、设备安装墙面（距地面高250 mm）设有2～3个220V多用插座，方便临时用电。

电源动力线和通信线、信号线相互屏蔽，以免产生电磁干扰。

（2）通信

①站房内应当首先保证有ADSL网络接入方式，接入速度≥512 kbit/s，ADSL不能采用代理或非Windows PPPoE拨号上网的接入方式。

②保证站房内有一条独立的电话通信线路，作为数据传输和远程控制之用。该电话线具有数据传输功能，通信速率至少满足9 600 bits，通过用电脑进行拨号上网试验确认。如果自动站配有专人值守，则另备一条电话线作为日常联络之用。通信电缆在靠近站房时无飞线，穿墙时，预埋穿墙管，并做好接地。

③如果现场条件无法保证ADSL的接入，则需要测试站房内GPRS/CDMA通信方式是否可用，可以利用手机测试，同时询问当地的通信部门。

（3）给排水

①样品水：采用潜水泵将被监测水样采入自动监测站站房内供仪器进行分析。采水管路室外部分采用加保护套管直埋或地沟铺设方式，采取防冻措施，埋设深度在冻土层以下。

采水管路进入站房的位置靠近仪器安装的墙面下方，并设PVC或钢保护套管（DN150），保护套管高出地面50 mm。

②排水：站房内所有排水均汇入排水总管道，并经外排水管道排入相应排水点；排水总管径不小于DN150，以保证排水畅通。另外需要注意防冻措施。排水管出水口高于河水最高洪水水位，并且设在采水点下游。

站房内设置一个供仪器设备专用的排水管道接口，采用DN25的PVC管或钢管，排水管道高出地面50 mm。

③辅助用水：站房内引入自来水（或井水），必要时加设高位水箱。

自来水的水量瞬时最大流量3 m^3/h，压力不小于0.5 kg/cm^2，每次清洗用量不大于1 m^3。

④站房外区域有雨水排出系统，避免站房外地面积水。

（4）办公用房

站房内配有防酸碱化学实验台2套（50 cm×80cm），并且配备4个实验凳。

3.其他辅助设施要求

水质自动监测站的安全问题也是必须加以重视的，从以往站点运行的经验和教训得出，适合当地的防雷接地系统是站点可靠运行、减少雷击和浪涌造成损失的必要条件。因此，要在站房建设的同时设计建设合格规范的防雷接地系统，包括建筑物雷电入侵防护和电力线、通信线路雷电入侵防护，以及电气接地、仪表接地、独立避雷针接地。在建设站房时预设烟感探测器、红外探测器的安装位置。

三、仪器设备技术要求

（一）采水系统

1.设备用途：采水系统。

2.配置要求：包括水泵、管路、供电及安装结构部分。

3.技术要求：

（1）采水单元向系统提供可靠、有效的样品水，必须能够自动与整个系统同步工作。

（2）采水管路的安装必须保证安全可靠。

（3）采水管路必须选用合适材质以避免对水样产生污染。

（4）采水管路必须安装保温材料，减少环境温度对水样温度的影响。

（5）提供采水设计方案，必须对各种气候、地形、水位变化及水中泥沙提出相应解决措施。

（6）采水单元性能要求：

①采水单元对测定项目（除水温）监测结果的影响必须小于5%。

②采水单元对水温的影响必须小于20%。

③双泵双管路系统。

④具有管道反冲洗。

⑤水压水量满足分析单元的需要。

⑥取水处需防淤积、防杂物、防堵塞、防冻结、防冰凌。

⑦管线的保温措施。

⑧管线材质的稳定性。

⑨管线安装的安全性。

⑩采样泵维护维修的方便性。

室内部分必须有手动取水口，方便水样比对实验的采水。

（二）配水系统

1.设备用途：配水。

2.配置要求：包括水样预处理装置、自动清洗装置及辅助部分。

3.技术要求：

（1）配水单元直接向自动监测仪器供水，其水质、水压和水量必须满足自动监测仪器的需要。

（2）配水单元设计方案应包括泥沙去除、在线过滤、反冲洗及除藻设计。

（3）方案中应针对不同地区、不同现场条件提出相应的针对性措施。

（4）配水单元性能要求：

①在线除泥沙装置、在线过滤装置。

②管道反冲洗装置。

（5）水量水压分配的控制功能：

①除藻装置。

②维护周期：≥7天。

③辅助用水供应。

（三）自动采样器

1.设备用途：采样。

2.技术要求：

（1）样品冷藏存储。

①24个1L左右的采样PE瓶。

②采样体积可设定。

③样品低温冷藏，控温要求：4℃±0.2℃。

④内含空压机，制冷剂不含氟利昂。

⑤3点模糊温度控制。

（2）采样扬程：≥7m。

（3）采样模式：至少有时间、等比例和异常采样三种模式。

（4）采样间隔：1分钟到99小时59分钟可调。

（5）存储器：内置实时时钟，可存储6种采样方法，并记录采样正常/失效、电源关闭等各种过程信息。

（6）清洗：自动清洗。

（7）数字信号输出：1 路 RS232/485 输出。

（8）信号输入：1 路模拟信号输入和 1 路开关信号输入。

（9）继电器输出：可选择代表分配臂控制信号，跟踪采样状态或故障报警输出。

（10）电源：220V（AC），50Hz。

（11）安装：采样器；落地式安装，防护等级 IP 65。

（四）五参数水质自动监测仪

1. 设备用途：水质在线监测。

2. 技术要求：

（1）水温计

①测量范围：0 ~ 40℃。

②准确度：≤ ±0.02℃。

③分辨率：≤ 0.01℃。

（2）pH 仪

①测量范围：0 ~ 14。

②准确度：≤ ±1%（FS）。

③分辨率：≤ 0.01（pH）。

④线性度：≤ ±0.2%（FS）。

⑤校准方式：手动。

⑥温度补偿：在 0 ~ 40℃可利用温度传感器自动进行温度补偿。

（3）DO 仪

①测量范围：0 ~ 20 mg/L。

②准确度：≤ ±0.1 mg/L。

③分辨率：≤ 0.01 mg/L。

④校准方式：手动。

⑤温度补偿：至少在 0 ~ 40℃可利用温度传感器自动进行温度补偿。

⑧盐度补偿：可对盐度的影响予以校正（以氯离子浓度计，可在小于 1.7 g/L 范围内进行校正）。

（4）电导率仪

①测量范围：0 ~ 10 mS/cm。

②准确度：≤ ±1%（FS）。

③分辨率：≤ ±0.1%（FS）。

④线性度：≤ ±0.2%（FS）。

⑤校准方式：手动。

⑥参考温度：25℃。

⑦温度补偿：至少在 0 ~ 40℃之间可利用温度传感器自动进行温度补偿。

（5）浊度仪

①测量范围：0 ~ 500/1 000 NTU 可调。

②准确度：≤ ±2%（FS）。

③重现性：≤ 1%（FS）。

④分辨率：≤ 1 NTU。

（五）高锰酸盐指数自动分析仪

1. 设备用途：水质在线监测。

2. 技术要求：

（1）原理：酸性高锰酸钾氧化法。

（2）量程：0 ~ 20（50）mg/L 可调。

（3）再现性：≤ ±5%（FS）。

（4）准确度：≤ ±5%（FS）。

（5）最低检出限：≤ 0.5 mg/L。

（6）分辨率：≤ 0.1 mg/L。

（7）测量循环的时间长度：<40 min。

（8）维护周期：≥ 20 天。

（9）校准方式：自动。

（10）连续和间断测量方式。

（11）自动采集水样功能。

（六）总有机碳自动分析仪

1. 设备用途：水质在线监测。

2. 技术要求：

（1）原理：有机物的氧化率≥ 9%，非分散红外检测二氧化碳气体。

（2）量程：0 ~ 50（100/500/1 000）mg/L 可调。

（3）再现性：≤ ±2%（FS）。

（4）准确度：≤ ±5%（FS）。

（5）最低检出限：≤ 0.5 mg/L。

（6）分辨率：≤ 0.1 mg/L。

（7）测量循环的时间长度：<20 min。

（8）维护周期：≥ 7 天。

（9）校准方式：自动。

（10）连续和间断测量方式。

（11）自动采集水样功能。

（七）氨氮自动分析仪

1. 设备用途：水质在线监测。

2. 技术要求：

（1）原理：气敏电极法。

（2）量程：0 ~ 10 mg/L。

（3）再现性：≤ ±2%（FS）。

（4）准确度：≤ ±2%（FS）。

（5）最低检出限：≤ 0.05 mg/L。

（6）分辨率：≤ 0.02 mg/L。

（7）测量循环的时间长度：≤ 10 min。

（8）维护周期：≥ 7 天。

（9）校准方式：自动。

（10）连续和间断测量方式。

（11）自动采集水样功能。

（八）总氮自动分析仪

1. 设备用途：水质在线监测。

2. 技术要求：

（1）原理：过硫酸盐紫外氧化分解光度法。

（2）量程：0 ~ 2（5/10）mg/L 可调。

（3）再现性：≤ ±3%（FS）。

（4）准确度：≤ ±5%（FS）。

（5）最低检出限：≤ 0.1 mg/L。

（6）分辨率：≤ 0.1 mg/L。

（7）测量循环的时间长度：<40 min。

（8）维护周期：≥7天。

（9）校准方式：自动。

（10）连续和间断测量方式。

（11）自动采集水样功能。

（九）总磷自动分析仪

1.设备用途：水质在线监测。

2.技术要求：

（1）原理：过硫酸盐紫外氧化分解光度法。

（2）量程：0～0.5（1/2）mg/L可调。

（3）再现性：≤±3%（FS）。

（4）准确度：≤±5%（FS）。

（5）最低检出限：≤0.01 mg/L。

（6）分辨率：≤0.01 mg/L。

（7）测量循环的时间长度：<40 min。

（8）维护周期：≥7天。

（9）校准方式：自动。

（10）连续和间断测量方式。

（11）自动采集水样功能。

（十）生物毒性自动分析仪

1.设备用途：水质在线监测。

2.技术要求：

（1）原理：采用国际上通用发光菌作为检测生物技术指标，符合ISO 11348标准。

（2）发光菌可检测化学毒性物：≥2 000种。

（3）仪器检测技术：双路对照检测技术，可与参考水样对比。

（4）定期自检：系统能定期自动用标样校验，确认仪器工作正常。

（5）检测精度：纯水：≤±3%；实际水样：≤±5%。

（6）纯水检测光损失：<±2%。

（7）20 mg/L Zn^{2+} 光损失：>20%。

（8）工作环境温度：1～30℃。

（9）仪器可控温，满足菌种的保存和样品培养要求。

（10）检测生物培养时间：5 ~ 30 min。

（11）检测周期：<60 min。

（12）维护周期：≥ 7 天。

（十一）挥发性有机物（VOC）自动分析仪

1. 设备用途：水质在线监测。

2. 技术要求：

（1）原理：吹脱捕集 – 气相色谱法。

（2）针对水中常见的挥发性有机物（如苯系物、卤代烃等）能够达到 1×10^{-9} 的检出限。

（3）具有基本校准和用户校准功能。

（4）仪器性能稳定，能实现对水体 VOCs 连续自动监测。

（5）工作环境温度：5 ~ 40℃，相对湿度：20% ~ 95%。

（6）水过滤器：根据不同样品选配不同过滤器。

（7）有自动清洗器，可以选装水样加热和制冷装置。

（8）满足通用数据交换协议，可在需要时通过数据交换协议获取数据。

（9）为了保证水质自动监测系统内各仪器的同步运行，VOCs 仪器需要具备能够接受 PLC 的启动信号的功能。

（10）检测周期：<60 min。

（11）维护周期：≥ 7 天。

（十二）控制系统

1. 设备用途：系统控制、数据采集与贮存及通信功能。

2. 技术要求：

（1）控制单元应具有在系统断电或断水时的保护性操作和自动恢复功能。

（2）控制系统软件必须与现有的远程监控软件完全兼容。

（3）提供控制单元设计方案，并加以详细的说明。

（4）主体设备。

①平均无故障时间（MTBF）：≥ 2 000 h。

②控制软件应具有友好的人—机界面，汉化的图形界面。

③信号输入 / 输出（DI/DO）：≥ 16 组，并具有可扩展性。

④信号输出应完全隔离。

⑤功耗：≤ 100W。

⑥电源要求：150 ～ 240V，50Hz。

⑦工作环境：温度 5 ～ 40℃和相对湿度 <90%。

（5）系统控制。

①可远程设置系统的采样周期（2 ～ 24 次 / 天）。

②各单元设备控制参数的远程控制功能。

③控制单元时钟与分析单元的时钟能匹配。

④断电、断水或设备故障时的安全保护性操作。

⑤系统的自动启动和自动恢复功能。

⑥各单元设备工作状态参数的显示。

⑦断电后可继续工作时间：≥ 12 h。

（6）数据采集与存储。

① 16 通道以上模拟量采集功能。

②数据采集精度：≥ l6bit，采集频率：≥ 1Hz。

③断电后能自动保护历史数据和参数设置。

④数据储存量：≥ 400 组。

⑤数据采集正确率：≥ 99%。

（7）其他设备。

①通信。

A. 能够满足电话拨号和 VPN 通信方式及现场监控设备的连接。

B. 外接口：≥ 4 个 RS232。

C. 外置 Modem 56 kbit/s。

②计算机。

A. 预装 Windows XP 或 Windows 7 Professional 正版操作系统。

B. 双核 CPU，每核具有 512kB 的 L2 缓存。

C. 双核 CPU 主频：≥ 2.2GHz。

D. 系统内存：≥ 2 GB。

E. 硬盘 SATA 接口：≥ 160 GB。

F. 光驱：≥ 16 倍速 DVD-ROM。

G. 显示器：液晶显示器，≥ 19 英寸。

H. 内置 Modem 56 kbit/s。

I. 内置网卡（10 ～ 100Mbit/s）。

J. 内置一个以上串口。

K. 预装正版杀毒软件。

③工控机。

A. 预装 WindowsCE 或 Linux 等嵌入式操作系统。

B.CPU 主频：500MHz。

C. 系统内存：512MB。

D. 接口：1 个以上 10/100 Base–T（RJ–45）。

E. 支持外置 Flash 卡作为存储器，容量：2GB 以上。

F. 板载、集成串口：3 个 RS–232，1 个 RS–485。

G. 具备 VGA 接口，支持触摸屏操作。

H. 看门狗定时器：硬件可编程。

I. 宽电压设计：DC9 ~ 30；功耗规格：≤ 30W。

J. 工业级嵌入式硬件产品，低功耗 CPU，密封无风扇结构。

K. 具备 CE 认证，Microsoft Windows Embedded 认证。

I. 工作环境：温度 5 ~ 40℃，相对湿度 <90%。

（十三）通信设备

1. 设备用途：数据传输。

2. 技术要求：

（1）通信方式要求：自动站与托管站、省站、总站采用无线上网方式（CDMA）进行数据传输，数据自动上传。为了保证数据传输的安全性，须采用 VPN 硬件加密技术。

（2）VPN 硬件技术要求

①性能参数

A.VPN 加密速度（128 bits AES）：5Mbit/s。

B.VPN 隧道数目：50。

C. 最大支持移动用户数量：50。

D. 防火墙吞吐速度：50Mbit/s。

E. 转发时延：0.3 ~ 5 ms。

F. 并发会话数目：20 000。

G. 最大防火墙规则数目：2 048。

H. 最大时间规则数目：128。

I. 最大 URL 匹配数目：128。

J. 最大 QOS 规则数目：128。

②电气特性

A. 输入电压：180 ~ 240AV。

B. 使用环境温度：–10 ~ 50℃。

C. 使用环境湿度：5% ~ 90%。

D. 网口网络接口：2 个 100BASE-T（RJ-45）。

E. 串口：1 个 RS232。

F. 面板指示灯：3 个 LED 网路指示灯。

G.1 个 LED 告警指示灯。

H.1 个 LED 运行指示灯。

③工作方式

路由：作为路由网关使用。

④网络特性

A. 支持的 Internet 接口：PSTNISDN、ADSL/xDSL、Cable Modem、DDN/ATM、WLAN。

B. 支持的协议：IPv4。

C. 网络分区：WAN、DMZ、LAN。

D. 是否支持 VLAN：支持。

⑤ VPN 功能

A. 协议：Sinfor SL（IPSec 的改进协议）。

B.VPN 加密技术：AES 算法，支持 128 位的 AES 加密；支持第三方硬件加密卡。

C.DES：数据加密标准（Data Encryption Standard）。

D.3DES：国际标准对称算法（三重 DES）、签名算法、RSA 算法、摘要函数、HASH 函数，支持 MD5。

E. 压缩功能：使用 LZO 高速压缩算法。

F.VPN 网络类型：支持网到网的 Intranet VPN；支持单机接入的 Remote Access VPN；支持与合作伙伴和客户连接的 Extra VPN。

G.QoS：使用差分业务模型提供 VPN 内的 QoS；使用随机早期检测 RED 丢弃算法提供流量控制：5 级 QoS 流量规则；1024 个 QoS 分类规则。

H. 动态 IP 支持：使用 WebAgent 技术支持。

I. 用户权限：提供基于服务的 VPN 内部权限。

J. 多个安全子网支持：50 个。

K. 广播包支持：支持任意广播包跨网复制，支持直接浏览网上邻居。

⑥认证支持

A. 支持的算法：MD5。

B. 支持的数字证书：与硬件绑定的数字证书。

C. 支持 USB Key 认证：使用 USB Key 进行用户身份认证。

⑦防火墙类型

A. 包过滤：支持 TCP/UDP/ICMP 的所有包过滤功能。

B. 状态检测：支持 TCP/UDP 的状态检测功能，使过滤性能大大提高，在后续版本中将实现脚本定义的智能识别和防御攻击。

⑧防御能力

A.URL 内容过滤：支持。

B. 邮件过滤：后续支持。

C. 防御的攻击种类：使用状态检测功能，能防御包括 Dos、Synflood、Icmpflood、碎片攻击等多种攻击。

D. 阻止 ActiveX、Java 攻击：支持。

⑨安全和网络特性

A.NAT 功能：支持静态和动态 NAT、端口 NAT、虚拟服务。NAT 访问权限支持 MAC 地址绑定、时段访问、用户规则等。

B. 提供入侵检测告警：通过日志进行报警。

C. 提供实时入侵的防范：自动封禁 IP。

⑩管理功能

A. 管理员权限：分级管理。

B. 本地管理：GUI 方式。

C. 远程管理：GUI 方式。

D. 分发配置：使用加密的 USB Key 分发配置，移动用户零配置。

⑪高可靠设计

A. 自动恢复：看门狗提供自动恢复功能，配置备份功能。

B. 集群或双机备份：VPN 支持集群、支持双 VPN 系统备份。

C. 多线路备份：支持 2 条线路的备份。

⑫ 日志和审计功能

A. 日志容量：可以使用独立的日志服务器，容量无限制。12 Mbit 内置历史日志容量。

B. 提供审计报表：提供。

C. 日志种类：系统信息、告警日志、错误日志、调试日志、覆盖所有模块。。

四、系统的验收

1. 验收工作程序

为了保证国家水质自动监测系统的建设质量，国家水质自动监测站的验收需要根据建设进度按以下几方面进行：

（1）站房验收

为保障后续仪器设备安装调试工作的顺利进行，水站基建工程完工后，需要对站房的建设情况进行验收。站房的验收由托管站和集成公司共同完成。如站房不满足建设要求则不能进行仪器设备的安装与调试。

（2）系统验收

系统验收是在完成了仪器设备安装调试，各个仪器设备可以在控制系统支配下整体试运行的情况下进行的。系统验收要求进行精密度、准确度等仪器设备的测试，程序和步骤比较复杂烦琐、持续时间也较长。因此需要各托管站选派专职的技术人员负责。

（3）现场检查

水站建设完成进入试运行后（即系统考核验收期间），总站将组织对水站的建设情况进行现场检查，以便于及时发现并解决问题，督促托管站抓紧进行系统验收的各项工作。

（4）总体验收

整个项目所建水站的验收报告完成以后，总站将组织召开项目总体验收会，对整个项目的建设进行评价。

2. 验收考核内容

（1）验货

货物到达安装现场后，托管站负责接收与保存，待托管站、集成公司和仪器供应厂商三方均在场时方能开箱验货；仪器供应厂商应提供详细装箱清单。验货合格后，三方共同填写《仪器设备到货验收单》。如果货物质量或技术规格与合同不符，或货物有明显损坏，买方有权提出索赔。

（2）仪器性能测试

除了设备供货方的标准测试外，仪器供应厂商必须在安装调试后进行精密度、准确度、检测限和线性等仪器设备性能测试。仪器供应厂商、集成公司以及托管站三方共同填写《仪器设备性能验收单》。

仪器供应厂商和集成公司在此阶段对托管站技术人员进行现场培训。

（3）系统测试

仪器调试正常、性能测试合格并完成现场培训后，系统进入为期一个月的试运行阶段。在此阶段，托管站要进行实际水样的自动监测仪器测试与实验室国标方法分析的对比试验，并通过托管站内的计算机远程调取和上传自动监测数据。

托管站自考核之日起至考核全部结束期间，记录每日的仪器设备运行状况、故障及维护情况，并保存好运行记录和考核实验原始记录备查。系统应连续运行 30 天无故障。

（4）验收报告

各个自动监测系统测试结束，集成公司应提出最终验收申请及相应的报告，托管站也将提交验收监测报告。总站依据申请组织专家组对各个新建水站的验收报告审核验收。

3. 自动监测仪器考核方法

（1）仪器性能考核

测试样品采用经国家认可的质量控制样品（或按规定方法配制的标准溶液，选择测量范围中间浓度值）。溶解氧的测试样品采用溶解氧饱和的纯水（不同温度下的饱和浓度值见《水和废水监测分析方法（第四版）》第 208 页）。

水温、浊度、电导率仪不参加仪器性能考核。

自动采样器主要是考核仪器与系统的连通以及系统对采样器的控制功能。

（2）对比实验考核

各托管监测站应按照规定的监测分析方法对实际水样进行实验室分析，并与仪器的测定结果相对比。

对比实验要求提供 10 对数据，每天 1 对数据共做 10 天。

具体的对比实验步骤如下：

①水样采集与处理

原则上，对比实验应与自动监测仪器采用相同的水样。采样位置、时间与自动监测仪器的取样位置、时间均尽量保持一致。

②采样频次与样品测定

采集瞬时样，每天采集 1 次，同步记录自动监测仪器读数。对比实验样品取平行样测定。

4.质量保证与质量控制

对比实验的质量保证和质量控制严格按计量认证的有关要求进行。

5.验收报告编写

验收报告应包括水站地理位置（所在流域、基本位置等）、基本情况（基本水文水质情况、基本建设情况、站房、采水工程等相片）、有资质的单位出具的防雷装置检测报告、基建费用使用决算报告、仪器运行情况、考核结果与讨论、存在问题与建议、自动站年运行费用估算（包括水电费、试剂消耗、通信、交通、取暖燃料等）等内容，最后水站的受托管理单位应给出综合评价意见。

6.固定资产登记

水站的受托管理单位在完成验收监测报告的综合评价后，填写《水质自动监测站固定资产卡片》，与验收报告一同上报组织建设部门。

第四节 水质自动监测系统日常运行（例行的维护与保养）

一、水质自动监测系统日常运行管理

为保证水质自动监测系统长期稳定运行，监测数据准确、可靠，及时掌握水质状况和变化趋势，发挥水质自动监测站的预警作用，为环境管理提供及时、准确、有效的监测数据，要建立水质自动监测系统运行、管理规章制度，建立系统质量管理和质量控制体系，并建立相应的监督、考核机制，保证各项规章制度的贯彻执行和体系的有效运转。

1. 管理制度

（1）建立水质自动监测站运行管理办法；

（2）建立水质自动监测站运行管理人员岗位职责；

（3）制定自动监测站巡检和中心站值班制度；

（4）编制水质自动监测站质量管理和质量控制体系文件；

（5）编制水质自动监测站仪器作业指导书（操作规程）；

（6）编制相关工作记录表；

（7）建立水质自动监测站建设、运行和质控档案管理制度；

（8）建立岗位培训及考核制度。

2. 自动站巡检要求

要求对正常运行的水质自动监测站每周至少巡视检查1次，巡视检查的主要内容应包括：

（1）水站周边环境检查

①检查子站供电系统、通信线路、外采样装置是否正常；河流水位变化情况；河水水质外观情况；采水管路有无堵塞和渗漏，做好检查记录。

②在经常出现强风暴雨的地区，子站房周围的杂草和积水应及时清除。检查避雷设施是否可靠，站房是否有漏雨现象，站房外围的其他设施是否有损坏或被水淹，如遇到以上问题应及时处理，保证系统安全运行。

（2）水站仪器设施巡检

①检查自动站的供电电源是否稳定，稳压电源电压、电流值是否在正常范围内，接地线路是否可靠；空调、除湿装置工作是否正常；排水排气装置工作是否正常。

②检查采样和排液管路是否有漏液或堵塞现象，各分析仪器采样是否正常，对仪器试剂消耗情况进行检查记录。

③检查监测仪器的运行状况和工作状态参数是否正常。

④检查仪器设备供电、过程温度、搅拌电机、传感器、电极以及工作时序等是否正常，检查有无漏液，管路里是否有气泡等。

⑤认真做好仪器设备日常运行、巡查现状工作记录及质量控制实验测试记录。

⑥定期对空调进行预防性维护，适时清洁空调过滤网以免积灰，以免影响空调正常运行，经常检查空调运行状况，尤其在夏季和冬季应加强这方面的工作。

3. 中心站值班与监控

具有水质自动监测系统的环境监测站，应建立中心机房值班制度，要求水站运行管理人员每天必须查阅、审核自动站监测数据，远程监控自动站运行状况，发现监测数据异常时及时采取应对措施。控制中心值班人员应有很强的责任心，具备数据分析、计算机、数据采集与传输等方面的知识，并能熟练操作系统软件。中心值班人员工作内容包括：

（1）每日上午、下午至少2次通过专用软件远程调取和监视系统运行情况和监测的实时数据，并对数据进行检查分析。

（2）如果发现监测数据异常，首先应判断异常数据是水质变化还是仪器原因引起的，如是水质变化引起数据异常应及时向主管领导汇报；仪器问题应通知运维人员及时进行仪器维护；无法判断数据异常原因时，应考虑采用质控手段确认数据的准确与否，必要时应到水站现场采样，进行手工监测比对。

（3）编制水质自动监测数据报告日报、周报、月报等，报告应按要求进行统计和填写，按报告审核要求报送报告。

（4）做好值班记录，每月备份水质自动站的原始数据并按要求定期存档。

二、系统维护与保养

（一）采、配水系统的保养与维护

要保证水质自动监测站的正常运行，日常维护工作必不可少，工作人员在水质自动监测站的运行中应注意随时发现问题并及时解决问题，才能使系统长期稳定地运行。

室内外配水管路经过一段时间后，管壁上肯定会附着一些杂质，如淤泥、藻类等，这会影响监测数据的准确性。采、配水系统的维护周期一般为两周一次。

维护主要内容：

检查各管路阀的工作状态是否正常、检查管路进出水量情况是否正常、清洗外部采水头，夏季时应缩短清洗间隔。

检查水泵的工作情况，即水泵运转时有无异常声响，水泵电缆线的绝缘层有无老化情况，必要时测量绝缘电阻。

配水系统虽然设置自动清洗功能，但定期的人工清洗必不可少。清洗室内管路时可将连接管路的活结处（油任接口）旋开，用长毛刷对管路刷洗或用安替福民溶液浸泡后用清水冲洗干净，安装时依原样固定后旋紧油任接口即可。

1. 采水系统的日常维护

采水系统的检查维护对象主要是对采水泵、浮筒、采水管路、过滤网、管路压力表等设备，其检查维护内容包括：

（1）每周1次检查浮筒固定情况，检查自吸泵储水罐中是否有水；运转时有无异常声响，转动是否灵活、均匀，电机是否过热。

（2）每月1次检查潜水泵线缆连接情况，检查泵的电源线的绝缘；检查自吸泵泵体清洁；检查内部风叶运转及水量情况。

（3）每2月1次清洗自吸泵采水头和过滤网；清洗潜水泵泵体、吊桶。

（4）检查取水管路（主要为河道中）是否畅通，可以通过配水管路上的压力表流量、流速情况判断。

（5）每年应聘请专业人员维护维修或更换取水泵。应对浮（船）筒、栈桥等建筑物进行一次维护，对其安全牢固性进行检查等。

2. 自吸泵的维护

对自吸泵进行良好维护可保证水泵长期稳定正常运行，可延长水泵使用寿命，应做到以下几个基本点：

（1）定期检查电机后面风叶，检查转动是否灵活、均匀、无异物。

（2）定期检查水泵进水管路与出水管路是否畅通（通过配水管路上的压力表可以判断自吸泵吸水时流量、流速的变化情况）。泥沙含量大或藻类密集的地方应定期进行人工清洗管路。

（3）水泵泵体应定期清洗，以防止泥沙淤积，降低水泵性能，同时查看有无异物，以免运行时损坏叶轮。

（4）经常检查采水头，特别是枯水期和汛期。查看采水头是否淤在泥中或被杂草糊住；经常清洗采水头的滤网，避免藻类在采水头滤网上附着，增大泵的采水阻力，造成抽水。

3. 潜水泵的日常维护措施

（1）定期检查水泵进水管路与出水管路是否畅通（通过配水管路上的压力传感器可以判断潜水泵吸水时流量、流速的变化情况），如水量较小应检查判断原因并排除。泥沙含量大或藻类密集的地方应视情况进行人工定期清洗管路。

（2)应定期检查泵体吸水口，经常清洗采水泵的滤网或进水口以防止泥沙藻类淤积，运转时损坏叶轮。

（3）潜水泵在水中放置深度应在水面以下 0.5 ～ 1.5 m 处为最佳。

（4）水泵的选择应考虑其所工作的介质。例如酸碱度、水中泥沙的含量、不溶固态漂浮物以及水温都会对水泵的寿命造成影响。

（5）水泵长期浸泡在水下，其密封部件逐渐老化，因此应该每隔一段时间（两周到一个月）用摇表测量一下水泵的对地绝缘阻值（一般应大于数兆欧姆），并进行记录，一旦发现其阻值出现明显变小，将水泵提起，首先拆卸下部吸入水部分，清除其中淤塞的泥沙等，然后置于通风处进行干燥处理。

4. 配水系统维护

每月 1 次：检查气泵和清水增压泵工作状况。通过管道的压力变送器检查各水泵是否能达到原设计供水量、供水压力等，检查流量控制阀或其他非流通式流量控制阀是否有堵塞。清洗仪器采样适配器，包括过滤头、水杯和进样管等。

每 2 月 1 次：检查配水管路是否有滴漏现象并清洗。在不影响系统的运行或者关闭系统的前提下，开关 2 ～ 3 次配水管路中的所有手动球阀，清除阀内杂物，防止损坏阀体，引起堵塞，并清洗阀体。

（二）常规五参数仪器的保养与维护

1. 在线五参数分析仪测量原理

以 WTW 在线五参数分析仪为例，常用五参数测量方法如下：

（1）pH——玻璃电极法；

（2）温度——温度电极法；

（3）溶解氧——三级式薄膜电极法；

（4）电导率——四级式电导池法；

（5）浊度——90 度散射光比浊法。

2. 在线五参数分析仪的电极日常维护要求

（1）电极维护

①每周 1 次：清洗 pH 电极、溶解氧电极、电导率电极、浊度电极。把探头从测试液中取出，放在一个装有清水的塑料桶中，用纱布轻轻擦洗电极顶部。

②每月 1 次：校正 pH 电极，如果校正失败，请维护电极；校正溶氧电极，如果校正失败，请维护电极。

③每 6 月 1 次：更换一次溶解氧膜头（根据水质情况调整更换时间）。

④每年：更换 pH 测量电极。

⑤停机维护：

A. 短期关机：断电 24 h 以内对仪器无任何伤害性影响；

B. 长期关机：按以下步骤处理仪器：关掉仪器电源；拆下 pH 传感器，清洗并沥干，放回含有饱和 KCl 的凸起电极帽中；溶解氧传感器最好放置到存在饱和湿空气的环境中；其他传感器盖上保护帽即可；将测量池清洗干净。

（2）pH 电极和溶解氧电极的维护方法

见仪器校准部分。

（3）浊度电极的维护方法

浊度电极不需要经常进行保养，超声波自清洗系统可防止污染物在电极测试面上沉积并避免由于气泡对测试面的冲撞而引起的故障（注意：设备运行时最好打开超声波自清洗系统，否则可能会出现 OFL 或 "----"）。若电极受污染严重或 "Sensor Check" 信息出现在记录簿上，应清洗电极杆和测试面，如有沉淀和松软黏附物或生物附着物，用软布或软刷和加有清洁剂的温自来水清洗。如有盐或石灰沉积物，用醋酸（体积百分比 =20%）软布或软海绵清洗。

（4）电导率电极的维护方法

电导电极不须经常保养。若电极被严重污染则会影响测试精度。因此，建议定期清洗电极。如有水溶性物质污染用自来水清洗，如有油脂污染用温水和家用清洗剂清洗。如有石灰、羟化物污染用醋酸（10%）溶液清洗即可。

（三）氨氮仪器的保养与维护

1. 一般维护

以 JAWA-1005 氨氮在线分析仪为例，仪器工作原理及方法如下：

氨氮测量采用氨气敏电极法，将水样加入强碱溶液提高 pH 值后，使铵盐转化为氨气，通过氨气敏电极检测，经数据计算处理后显示出氨氮的含量。仪器采用了标准加入法。在每一次分析中，利用设定浓度的标准液 1（15# 桶）和标准液 2（16# 桶）对电极进行标定，克服电极漂移及衰减的缺点，并在样品中加入标液，使低浓度的样品测定值落在曲线的线性部分，经过计算后，得出样品水的氨氮值。

2. 更换试剂

更换试剂周期为每 15 天，按仪器操作规程配制相关试剂。更换试剂时应注意以下几点：

（1）关闭分析仪。

（2）注意试剂桶的标识及颜色，与其管路接口的标识及颜色相一致。将进液管与新试剂桶连上并将接头拧紧。

（3）检查一下废液桶，将废液清空。

（4）开启分析仪，重置分析仪中试剂存量。检查一下试剂桶的容量，使其与显示在电脑中所记载的试剂桶的容量一致。运行仪器，检查进液管、出液管是否有漏液现象。

3. 电极维护

（1）电极的维护周期与使用频率、被测水样条件、现场环境温度有关，通常情况下应每 2 周更换一次电极液，每 4 周更换一次电极膜，每 12 个月更换新的氨气敏电极。当使用频率每天 6 次，被测水样清洁且氨氮浓度较低，环境温度稳定且不高于 30℃时，如电极性能稳定可适当延长维护周期。

（2）电极维护步骤：

①关闭电源；②将电极从反应池中取出；③旋开电极顶端，取出内部电极用去离子水冲洗并擦拭干净，弃去电极内部液体，旋开电极末端的电极膜紧固套，弃掉以前的电极膜，用镊子夹取一片新的电极膜，将电极膜盖在电极末端，整理好使电极膜平整，盖好电极膜紧固套。注意：确保电极膜表面没有任何皱褶和污渍。④向电极内部滴入电极液约 1.5 mL，安回内部电极，轻轻拽动电极电缆十数次。旋紧电极固定套，将电极固定在反应池中，盖好电极支架盖。注意：电极液的填充应以将内部电极插入套筒后没过内电极 1/2 ~ 2/3 为宜，切不可过少或过多，若过多电极液将从电极通气孔中涌出。注意：安装完成后必须拽动电极电缆大于 10 次，不可省略。

4. 蠕动泵管维护

根据需要，每 6 个月换一次泵管。水样管和试剂管路更换时间视现场的具体情况而定，通常更换时间为 6 ~ 12 个月。调整阀管，每个月将电磁阀切断阀管的位置调整一下，每 6 个月更换全部阀管。

（四）高锰酸盐指数仪器的保养与维护

1. 仪器测量原理

样品中加入已知量的高锰酸钾和硫酸，在 97 ~ 98℃加热一定时间（与在沸水浴中加热 30 min 相当），高锰酸钾将样品中的某些有机物和无机还原性物质氧化，反应后加入过量的草酸钠还原剩余的高锰酸钾，再用高锰酸钾标准溶液回滴过量的草酸钠。通过计算得到样品中的高锰酸盐指数。

2. 日常维护

（1）检查试剂是否充足，及时更换试剂（草酸钠、高锰酸钾、硫酸和蒸馏水），更换时注意不得让试剂受污染。更换后必须运转蠕动泵，让新试剂更新掉试剂管路中残存的旧试剂。

（2）每 2 ~ 3 个月更换一次蠕动泵管，更换泵管时必须注意对号入座(粗：32 号、中：

15号、细：8号），更换泵管的同时在蠕动泵轴承和泵管表面涂抹润滑油，防止泵管工作时破裂；每种蠕动泵的泵管长度均有明确的要求，为188～190mm，用户在更换时须进行确认；更换泵管时必须小心，防止试剂腐蚀仪器。更换泵管时仪器应该处在关机状态。注意：每种型号的泵管、接头、泵体与其他型号不通用。

（3）检查各路试剂管路是否畅通，确保管路中无气泡。

（4）检查冷却剂乙二醇有无渗漏。

（5）检查测量室的清洁情况，必须保证其洁净，必要时须取出进行清洗。仪器工作较长时间后或长时间待机而残存试剂并未引出时，测量室玻璃壁有可能有紫黑色的二氧化锰结垢，会遮挡住光路影响测量，用盐酸羟胺、热的酸性草酸钠溶液或氯化亚锡盐酸溶液可进行清洗，注意在清洗过程中，不要将液体遗留在玻璃测量室外壁，以免液体流入外壁下部加热电阻处造成短路。

3. 日常维护注意事项

（1）标定时应特别注意V0值及V2值是否在许可的范围内。

（2）确定发射极与接收极在底座上插入是否到位且稳固，避免影响仪器对终点的确认。

（3）每次清洗之后，必须保证测量室被完全清空并用蒸馏水反复清洗。

（4）检查管路尤其高锰酸钾管是否阻塞或结晶，及时清洗。

（5）检查测量室在注液过程中的进液或排液情况，泵管有无泄漏，测量室本身有无泄漏，电磁阀处有无泄漏。

（6）蠕动泵必须完成一个确定的完整转数并正确地将试剂注入测量室。

（7）测量室连接元件诸如发射极、接收极、加热装置，温控装置，必须正确地放置，其线缆要正确连接；磁力搅拌器驱动的磁芯必须持续地旋转。

（五）总有机碳仪器的保养与维护

1. 仪器测定原理（TOC-4100）

在水中存在与氧或氢等结合构成有机化合物的碳（总有机碳TOC）和作为二氧化碳、碳酸根离子、碳酸氢根离子等构成无机化合物的碳（无机碳IC），它们合起来称为总碳（TC），即TC=TOC+IC。TOC又分为经通气处理从试样挥发失去的成分（挥发性有机碳POC）和不挥发的成分（不挥发性有机碳NPOC），即TOC=NPOC+POC，一般水样中的挥发性有机碳和非挥发性有机碳相比，比例非常小，可以忽略，即TOC=NPOC+POC $\approx$ NPOC。

样品通过八通阀，在注射器中经过酸化曝气后里边的无机碳就会被去除，再通过注射器泵注射到燃烧管中，供给纯氮气并在680℃的温度燃烧氧化，生成二氧化碳和水，导入进电子冷凝器分离出水分，二氧化碳则送入非红外 NDIR 检测器中检测二氧化碳的量，再根据校正曲线来计算出 TOC 的浓度。

2. 日常维护

（1）TOC-4100 系列日常检查每周 1 次。检查内容包括：

①载气气源供应是否正常，载气瓶气压应大于 2MPa，二次表为 0.3MPa，不足时应更换新气瓶。

②检查管道是否堵塞、泵的工作是否正常，保证试样水在检测时正常流动。

③仪器面板上的红色 Ready 灯常亮。

④加湿器里边的蒸馏水应保持在上、下标线之间。若蒸馏水面低于下标线，须补充蒸馏水至上标线。B 型卤素洗涤器内边的蒸馏水应保持在使进气管底端浸入水中的高度。若蒸馏水水面低于进气管底端，须加入蒸馏水到将进气管底端浸入水中同时水面应低于出气管口。

卤素洗涤器内部的吸收剂不能完全变黑，若内部的吸收剂从入口就发黑变色且到出口，则须更换。

冷凝水容器里边的蒸馏水应保持在溢流管口的近处约 10mm 以内，若蒸馏水面较低时，须补充蒸馏水至溢流管口位置。

（2）TOC-4100 仪器主要零配件更换周期及相关更换要求

① CO_2 吸收器 2（光学系统清扫用），约 1 年更换一次。

② CO_2 吸收器 1（载气精制用），载气采用高纯氮气，约 1 年更换一次。

③白金催化剂，约半年更换一次，保证催化剂不能发白或破碎。

④燃烧管，约 1 年更换一次，保证燃烧管透明、不漏气。

⑤注射器的柱塞头，约半年更换一次，不能因磨损产生裂缝而导致泄漏。

⑥滑动式试样注入部分的垫圈，约 3 个月更换一次，不能漏气。

3. 日常维护注意事项

（1）三个水位：①加湿器中的水位要在瓶上两个刻度之中；② B 型卤素洗涤器中的水位要高过进气管底端；③冷凝水容器中的水位要接近溢流口，否则会有样气漏掉，此点尤为重要。

（2）两个气体流量和一处气泡状态：气体流量是指载气和喷射气的流量一般设定为 150 和 50（mL/min）；气泡状态是指仪器在工作状态时 B 型卤素洗涤器中的气泡是均匀急促的，否则可能有漏气或堵塞。

（3）检查峰的形状和面积，峰的形态应为正态分布，面积随样品浓度而定，如果峰的形态不呈正态分布，则很有可能是催化剂或载气有故障。

（4）在更换完注射器和进样管之后一定要做"注射器的零点检测"和"进样量的零

校正"。

（5）每次校正前，必须做"进样量的零校正"。

第五节 水质自动监测系统数据质量控制

一、数据质量控制内容

1. 异常值判定规则

异常数据的判别及处理应根据以下原则：

（1）当仪器一次监测值在前 7 天的监测值范围内，但连续 4 次为同一值时，应检查仪器及系统的运行状况，系统或仪器为正常时，确定为正常值。若仪器不正常时，判断为异常值。

（2）当一次监测值或最低值超过前 3 天和后 2 天各次监测平均值的 2 倍标准差时，确定为异常值，该值不参加均值计算。也可根据一次监测值前后 16 ~ 30 组数据平均值的 2 倍标准差进行判断。

（3）若数据采集系统发出异常值警告，但确认仪器正常时，警告值不作为异常值处理。

（4）当已知仪器或系统运行不正常，电极、泵管等耗材需要更换或仪器的测定结果与国标分析方法的测定结果有显著性差异时，仪器的测定数据应予剔除，不能参加各种数据统计上报，但数据进行标注后应作为历史数据保留，以便进行故障分析。

（5）仪器连续出现可疑值时应及时采集水样进行实验室分析，并以实验室分析结果代替仪器值进行均值计算。

2. 平均值计算

（1）日均值

应采用对至少进行了 16 h/d 监测的水质有效数据计算日均值。各项指标日均值的计算采用算术平均方法。

如测定浓度仪器未检出而出现 0 值时，以二分之一检出限参与平均值的计算。

（2）周均值

应采用 5 个有效日均值数据进行周均值的计算和统计。计算方法同日均值。

（3）月均值

应采用 20 个有效日均值数据进行月均值的计算和统计。

（4）年均值

应采用 240 个有效日均值数据进行年均值的计算和统计。

如遇取水不稳定等特殊情况，导致有效数据个数较少时，可以对已有的有效数据进行统计，而不必在意有效数据个数的规定。

3. 数据审核

水质自动监测站报出的监测数据严格执行三级审核制度。对于异常值应从仪器的工作状况、近期水质变化趋势及相关参数变化趋势等方面加以判断，如有必要则进行人工采样分析加以确认。

（1）一级审核为自动站监测人员随时对仪器监测数据进行的检查和审核，发现异常值时应对仪器的运行情况进行检查。若确定为仪器故障时，对异常数据做标志，并及时排除仪器故障。

（2）二级审核为自动站技术负责人（或室主任）对上报的监测数据进行审核，并对一级审核提出的异常数据进行复核。

（3）三级审核为站长对上报上级监测站的数据进行审核。

二、数据质量控制方法

要保证仪器测量准确，仪器的校准环节非常重要，它是数据质量控制的基础。

（一）仪器校准方法及要求

1.pH 电极的校正方法

（1）校正方法：把用蒸馏水清洗后的 pH 电极放入 pH=6.86 标准液中，按"Cal"键，再按"Enter"键启动校正程序，等待直到屏幕显示 pH 数值，用旋钮手动输入当前温度下的 pH 值，按"Enter"键确认；然后用蒸馏水漂洗电极后，再把电极放入 pH=4.01 标准液中，手动输入当前温度下的 pH 值，按"Enter"键确认，完成校正。建议每个月校正一次，如果校正失败，则须保养电极。

（2）电极保养：先使用 0.1mol/L 稀盐酸溶液浸泡电极，时间 5 min；再使用温热的加有洗洁精的温水浸泡电极，时间 5 min；最后使用蒸馏水彻底漂洗干净。

2. 溶解氧电极的校正方法

（1）校正方法：用蒸馏水清洗电极后，用滤纸吸干电极薄膜上的水珠，把电极放在离液面上方约 20cm 处，按"Cal"键，再按"Enter"键开始校正，等待直到屏幕显示出电极斜率值。

（2）电极保养：把电极从水中提起来，旋下电极顶端的保护罩，再旋开盖式薄膜，把薄膜中剩下的电解液倒干净，放在一旁待用。用蒸馏水喷洗电极头，再用标准配备的黄色研磨薄片磨砂面轻轻擦拭电极最顶端的一点（金阴极），再用蒸馏水漂洗。

把电极头浸泡在清洗液（RL/Ag–Oxi）中，时间 10 min（注意：电极头最上方的参考电极不能接触到清洗液，否则会损坏电极！如果不小心接触到了，请立刻用大量的蒸馏水冲洗）。

用蒸馏水漂洗电极，往盖式薄膜中倒入电解液到八分满的位置，用笔轻轻敲击薄膜侧面，以赶出多余的气泡，然后再把盖式薄膜旋到电极头上。45min 后，校正电极。系统又可正常测试了。

3. 高锰酸盐指数分析仪校准

高锰酸盐指数分析仪通过空白循环确定的 V0 和校正循环由已知浓度值的标准液确定的 V1（校正）建立工作曲线。

（1）执行空白循环

选空白循环菜单"Blank cycle"（使用者菜单第 2 页第 1 项），连续执行 2～3 次空白循环。

选择阅读参数菜单 "Read parameter"（使用者菜单第 2 页第 2 项），然后分别计算连续两次空白循环的△V2 及△V0，观察仪器是否稳定。

仪器在执行空白循环的时候，将确定两个参数 V0 和 V2，其中，第一次滴定确定的 V0 表示空白值，影响 V0 值的因素主要包括三方面：试剂、蒸馏水中的有机物本底值；发光二极管和光敏二极管的性能及相对位置；电路元件的影响。第二次滴定确定的 V2 则反映了高锰酸钾与草酸钠的相互关系，用于求得高锰酸钾溶液的校正系数。如果 V0 出现异常变化，首先检查蒸馏水质量，并从上面提到的三个因素进行检查；如果（V2–V0）出现异常变化，首先检查草酸钠和高锰酸钾浓度是否正确。

（2）执行校正循环

选择校正循环菜单 "Calibration coef"（使用者菜单第 1 页第 3 项），连续执行 2～3 次校正循环。选择阅读参数菜单 "Read parameter"（使用者菜单第 2 页第 2 项），然后计算连续两次校正循环的△V1（校正），观察稳定性、准确性是否满足要求。

仪器在执行校正循环的时候，已知浓度的标准溶液消耗高锰酸钾溶液的体积为 V1（校正），V1 与 V0 两点共同确定了 CODM 分析仪的工作曲线。

4. TOC 校准

（1）标准曲线的校准

在仪器主界面按"F4"键进入菜单画面；

在菜单界面选择"标准曲线登记"进入标准曲线登记画面；

输入相关项目后，按"F1"键确定后，回到初始画面，再按 F3 键校正后，进入标准曲线制作界面：按"START"键开始校正。

（2）TOC 校正曲线制作的注意事项

①制定曲线的标准液须新配置；

② TOC 校正曲线的测量次数三次以上，CV ≤ 1.0%；

③校正前必须做"进样量的零校正"。

（二）比对实验及标准溶液核查方法与要求

1. 标准溶液核查

应按仪器使用说明对水质自动监测仪器定期进行校准。每周对 pH、溶解氧、高锰酸盐指数、氨氮、TOC 等在线分析仪做一次标准溶液核查，测量值与标准溶液浓度相对误差应小于±10%，否则需要对自动监测仪器重新校准。

2. 对比实验

每月对 pH、溶解氧、TOC、高锰酸盐指数和氨氮在线分析仪等进行 1 次对比实验，比较自动监测仪器监测结果与国家标准分析方法（人工采样）监测结果的相对误差，其值应小于 ±20%，否则需要对自动监测仪器重新校准或进行必要的维护和调整。

3. 对比实验方法及数据误差统计

（1）对比实验方法

各项目的对比实验方法应采用现行的国家环境保护标准分析方法。

（2）水样采集与处理

①对比实验应与自动监测仪器采用相同的水样；

②若试验仪器需要过滤或沉淀水样，则对比实验水样用相同过滤材料过滤或沉淀。

③采样位置与自动监测仪器的取样位置尽量保持一致。

（三）自校验

水质自动监测分析仪器尚未纳入国家计量器具强检目录、当地计量检定部门没有检定或校准资质，是国家或行业没有计量检定规程的仪器。因其特殊的安装使用条件，为保证水质自动监测数据的质量，必须建立完善的自动站运行管理制度，在日常监视与维护的基础上，定期进行自动监测仪器的标定、标准溶液核查和实验室比对实验，并每年进行一次系统自校验，以此方法进行标准传递。

三、检查与考核

为加强地表水环境质量自动监测全过程质量管理，分级进行不定期的监督检查与考核是系统质量保证与质量控制的重要环节。

1. 质量保证和管理

检查的主要内容包括：

（1）是否制定水站运行的相关管理制度。如水站运行管理办法；水站运行管理人员岗位职责；水站质控规程；水站仪器作业指导书；岗位培训及考核制度；水站建设、运行和质控档案管理制度等。

（2）从事水站运行维护的技术人员是否实行持证上岗。从事水站运行维护的技术人员是否定期参加技术培训。

（3）是否每周巡视子站 1～2 次，认真填写巡检的各项记录，及时处理和排除故障。

（4）查看各台分析仪器及设备的状态和主要技术参数，判断运行是否正常。

（5）检查水站供电系统和通信线路是否正常。

（6）检查采水系统、配水系统是否正常。

（7）检查自动站运行记录。是否按时清洗电极、泵管、反应瓶等关键部件；检查试剂、标准液和实验用水存量是否有效；是否定期更换使用到期的耗材和备件；是否进行了必要的仪器校准等；是否按要求对流路及预处理装置进行清洗、排除事故隐患，保证水站正常运行。

（8）标准溶液核查：是否按仪器使用说明对水质自动监测仪器定期进行校准。每周对 pH、溶解氧、高锰酸盐指数、氨氮、TOC 等在线分析仪做一次标准溶液核查，相对误差应在 ±10% 以内，否则需要对自动监测仪器重新校准。

（9）对比实验：是否每月对 pH、溶解氧、高锰酸盐指数和氨氮在线分析仪进行 1～2 次对比实验，其结果相对偏差应在 ±20% 以内，项目检测浓度在检测限 3 倍以内时不受此限（其中 pH、DO 对比结果按绝对误差评价，pH 绝对误差在 ±0.2 以内，DO 绝对误差在 ±0.5mg/L 以内）。否则须对自动监测仪器重新校准或进行必要的维护和调整。

2. 数据管理和审核

检查中心站值班记录及相关报告的完整性和规范性。检查的主要内容包括：

（1）控制中心值班人员是否具备计算机、数据采集与传输等方面的知识，并能熟练操作。定期监视系统运行情况和调取监测实时数据，如果发现异常情况是否及时报告和赶赴现场处理。

（2）是否定期备份水质自动站监测的原始数据并每年进行存档。

（3）水质自动站监测数据报出是否按报表要求进行统计和填写，并执行三级审核。报出的监测报告是否严格执行三级审核制度。

（4）监测仪器存贮的数据、数采仪数据与监控中心终端数据相对偏差是否在允许范围内，异常数据的判别及处理。

（5）当仪器一次监测值在前7天的监测值范围内，但连续4次为同一值时，应检查仪器及系统的运行状况，系统或仪器为正常时，确定为正常值。若仪器不正常时，判断为异常值。

（6）当已知仪器或系统运行不正常，电极、泵管等耗材需要更换或仪器的测定结果与国标分析方法的测定结果有显著性差异时，仪器的测定数据予以剔除。

（三）现场考核

现场考核内容有：

监测人员口试、现场操作演示和盲样测试等。

监测人员应能正确回答现场检查专家提出的有关自动站运行管理、质量保证等相关的技术问题。操作演示考核，监测人员应能熟练掌握所运行仪器的使用校准和一般维护技能。盲样测试结果相对误差应在 ±10% 以内。

第八章　水环境生物监测

第一节　水环境生物监测概况

一、水环境生物监测基础

保护人体健康和生态安全是环境保护的根本宗旨，生物及其多样性是全球生态系统的基础和核心。同时，人与环境间的健康问题首先是人的生物学属性受环境污染影响而产生的健康问题。因此，包括水环境生物监测在内的环境生物监测对环境保护具有非常重要的意义，是环境管理的重要技术支撑。

1.什么是环境生物监测

生物监测是一个广泛使用的词汇，不同的领域、不同的行业有不同的含义和应用。例如，除环境生物监测外，还有劳动卫生人体生物监测、口岸及医学病媒生物监测、林业有害生物监测、灭菌器生物监测等。即使是环境生物监测，不同的国家、不同的学者也有不同的定义，以下是一些教科书的定义：

定义1：利用生物的组分、个体、种群或群落对环境污染或环境变化所产生的反应，从生物学的角度，为环境质量的监测和评价提供依据，称为生物监测。

定义2：生物监测是系统地利用生物反应来评价环境的变化，将其信息应用于环境质：量控制程序中的一门科学。

美国环保署对生物监测（Biological Monitoring or Biomonitoring）有如下定义：

定　义1：The use of living organisms to test the suitability of effluents for discharge into receiving waters and to test the quality of such waters downstream from the discharge.（利用生物测试污水对受纳水体的排放是否可以接受并对排放点下游的水体质量进行生物学质量的测试）

定　义2：Use of a biological entity as a detector and its response as a measure to determine environmental conditions.Toxicity tests and ambient biological surveys are common biologicalmonitoring methods.（生物监测利用生物实体作为探测器，通过其对环境的响应来判定环境的状况，毒性试验及环境生物监视是常用的生物监测方法）

定义 3：Analysis of blood, urine, tissues, etc, to measure chemical exposure in humans. （人体中化学品暴露水平的血液、尿液、组织等生物材料的分析测试）

维基百科对水环境生物监测定义如下：

Aquatic biomonitoring is the science of inferring the ecological condition of rivers, lakes, streams, and wetlands by examining the organisms that live there While aquatic biomonitoring is the most common form of such biomonitoring, any ecosystem can be studied in this manner. （水环境生物监测是一门通过检测被检环境中生存的生物来判定河流、湖泊、溪流及湿地的生态状况的科学，这里，水环境生物监测是最常见的生物监测形式，任何生态系统都可以这样的方式进行研究）

Biomonitoring typically takes two approaches：Bioassays, where test organisms are exposed to an environment to see if mutations or deaths occur Typical organisms used in bioassays are fish, water fleas（Daphnia）, and frogs.

Community assessments, also called biosurveys, where an entire community of organisms is sampled, to see what types of taxa remain.In aquatic ecosystems, these assessments often focus on invertebrates, algae, macrophytes（aquatic plants）, fish, or amphibians.Rarely, other large vertebrates（reptiles, birds, and mammals）are considered as well.[生物监测通常采取两种方法：生物检测，将受试生物暴露于环境中，观察是否有变化或死亡出现。用于生物检测的典型生物有鱼、水蚤、蛙等；群落评价，也称生物监视，对整个生物群落进行采样，观察有哪些生物类群生存其中。在水生态系统中，这些评价常关注于无脊椎动物、藻类、高等水生植物、鱼类及两栖类等，其他大型脊椎动物（爬行动物、鸟类及哺乳类）罕有应用]。

根据我国环境监测系统生物监测的实际情况，从实用的角度对生物监测进行如下定义：生物监测是以生物为对象（例如水体中细菌总数、底栖动物等）或手段（例如用 PCR 技术测藻毒素、用生物发光技术测二噁英等）进行的环境监测。

2. 作为保护对象和作为污染因素的生物

生物作为环境监测的对象时，可以有双重身份，它可以是环境保护的对象，即人体健康和生态系统中生物多样性及生物完整性的保护。同时，它也可以是环境管理控制的污染及外来干扰因素。

生物作为保护对象时，环境生物监测就是要搞清环境中生物对各种环境胁迫的响应是怎样的，这是环境生物监测的核心内容。

生物作为污染或干扰因素时，环境生物监测就是要搞清它们的强度和环境负面影响，主要有以下几种类型：

（1）对病原体及其指示生物的监测，属原生性生物污染监测；

（2）对外来生物的监测，属原生性生物污染监测；

（3）对富营养化生物（藻类等）的监测，属次生性生物污染监测。

3.环境胁迫与生物响应

环境胁迫的生物响应是环境生物监测的核心内容，因此，研究环境生物监测必须搞清环境胁迫和生物响应两方面的有关内容。

胁迫是指引起生态系统发生变化、产生反应或功能失调的外力、外因或外部刺激。胁迫可分为正向胁迫（eustress）和逆向胁迫（dysstress），正向胁迫并不影响生态系统的生存力（viability）和可持续力（suatainability）。这种胁迫重复发生，已经成为自然过程的组成部分，许多生态系统依此而维持。如草原上的火烧、潮间带的海浪冲刷等。然而在更为一般的意义上，胁迫通常指给生态系统造成负面效应（退化和转化）的逆向胁迫，主要涉及以下几种：

（1）水生生物等可更新资源的开采（直接影响生态系统中的生物量）；

（2）污染物排放（发生在人类生产生活活动中），如污水、PGB、杀虫剂、重金属、石油及放射性等污染物质的排放，包括点源污染、面源污染等，是环境生物监测重点关注的胁迫因素；

（3）人为的物理重建（有目的地改变土地利用类型），如森林→农田、低地→城市、山谷→人工湖、湿地挤占、河道截弯取直、水利设施建设等；

（4）外来物种的引入、病原体的污染等生物胁迫因素；

（5）偶然发生的自然或社会事件，如洪水、地震、火山喷发、战争等。

环境胁迫在生命系统组建的各个层次（包括酶基因等生物大分子、细胞器、细胞、组织、器官、个体、种群、群落、生态系统、景观等微观到宏观的）上都会有相应的响应。其响应的敏感性随着生命系统组建层次从宏观到微观不断增强，响应的速度不断加快（即时间不断减小），而生态关联性在减少。因此，作为短期预警及应急监测敏感指标的开发和筛选可在个体水平以下进行，作为中长期生态预警指标则更适合在种群以上水平筛选。物种是生命存在的基本形式，从兼顾生态关联性及响应敏感性来看，传统生物毒性检测主要定位在种群水平、生物监视主要定位在群落水平上是必需的，这是环境生物监测的基础。

4.水环境生物监测的内容

按实际工作情况，水环境生物监测的内容主要包括以下四方面：

（1）水生生物群落监测，主要包括大型底栖无脊椎动物、浮游植物、浮游动物、着生生物、鱼类、高等水生维管束植物，甚至微生物群落的监测；

（2）生态毒理及环境毒理监测，前者以水生生物为受试生物，后者以大小鼠及家兔等哺乳动物为受试生物；

（3）微生物卫生学监测；

（4）生物残毒及生物标志物监测。

水环境生物监测是以生态学、毒理学、卫生学为学科基础，广泛吸收和借鉴现代生物技术的一项应用性技术。

水环境生物监测的监测指标包括结构性指标（例如，叶绿素 a 测定）和功能性指标（例如，光合效率测定）。

从研究方法来看，水环境生物监测包括被动生物监测和主动生物监测，前者是指对环境中某一区域的生物进行直接的调查和分析；后者是指在清洁地区对监测生物进行标准化培育后，再放置到各监测点上，克服了被动监测中的问题，易于规范化，可比性强，监测结果可靠。实际上，这反映了观测科学与实验科学的区别。类似地，人工基质采样、微宇宙试验等都具有主动监测的特性。

5. 生物监测的特点及其在环境监测中的地位

生物监测具有直观性、综合性、累积性、先导性的特点，同时它还具有区域性、定量、一半定量的特点，是环境监测的重要组成部分。

生物指标是响应指标，水化学指标是胁迫指标，因此生物监测和理化监测同等重要，不应对立分割，是一个事物的两方面，是两条都不能缺少的"腿"。

生物监测与化学、物理监测三位一体，相互借鉴，全面反映环境质量、服务环境管理。生物监测要重点着眼于其独有的综合毒性和生物完整性指标。

过去往往认为生物指标是理化指标的补充和佐证，这些都是片面的，需要重新认识和定位。

水环境生物监测在环境质量监测、污染源监测、应急监测、预警监测、专项调查监测等环境监测的各方面都具有广泛应用的前景。

二、我国水环境生物监测的发展历史

我国水环境生物监测发端于 20 世纪 80 年代，1986 年颁布《环境监测技术规范第四册生物监测（水环境）部分》时有 20 个城市进行生物监测试点，随后许多城市的监测站涉足这一新的监测领域，到 1992 年前后达到高峰，但由于管理和技术的原因，随着对生态监测和生物监测定位的调整，各级监测站逐渐放弃生物监测，仅有极少数监测站坚持发展这类监测能力，我国环境生物监测出现萎缩的局面。1998 年随着国家"污染防治与生态保护并重"方针的确定，水环境生物监测逐渐又重新受到各级环境管理部门及监测站的重视，特别是，近年来随着环境管理要求的提高及监测技术的发展，水环境生物监测迎来了第二次快速发展的阶段。

我国水环境生物监测可以划分为 4 个阶段：20 世纪 80 年代中期～90 年代初期为第一次快速发展期；20 世纪 90 年代中期～90 年代末期为衰退期；2000～2010 年为恢复期；2010 年到现在为第二次快速发展期。

三、我国水环境生物监测存在的主要问题及当前环境管理需求

1. 水环境生物监测定位不清，观念落后，需要更新

生物监测在环境监测和环境管理中应有怎样的定位，其地位和作用是什么，与理化监测应有怎样的关系？多年来这一问题没有很好解决。当前普遍的看法还停留在 20 世纪 80 年代的水平上，即认为生物指标是理化指标的补充和佐证，同时生物监测仅针对污染问题，缺少"生态系统健康""生物完整性"等现代理念。此外，非常重要的是，生物监测的法律地位不明，环境质量标准中生物学目标普遍缺失，这是环境管理方面的一大缺陷。我们认为目前的定位和观念是片面的，需要重新思考、探讨和更新。

2. 水环境生物监测虽已形成监测技术体系，但标准化、系统化、QA/QC 等方面还存在突出的问题和不足，需要革新

水生生物监测已建立了较为系统的监测方法体系，生态环境部 1986 年颁发了《环境监测技术规范第四册生物监测（水环境）部分》、1993 年出版了《水生生物监测手册》一书、2002 年出版发行了《水和废水监测分析方法第四版》，此外，20 世纪 90 年代还颁布了以下生物监测方法的国家标准：

GB/T 12990-91《水质 微型生物群落监测 PFU 法》；

GB/T 13266-91《水质 物质对蚤类（大型蚤）急性毒性测定方法》；

GB/T 13267-91《水质 物质对淡水鱼（斑马鱼）急性毒性测定方法》；

GB/T 15441-1995《水质 急性毒性的测定发光细菌法》。

近年来，还颁布了：

HJ/T347-2007《水质粪大肠菌群的测定多管发酵法和滤膜法（试行）》；

GB 21903-2008《发酵类制药工业水污染物排放标准》、GB 21904-2008《化学合成类制药工业水污染物排放标准》、GB 21905-2008《提取类制药工业水污染物排放标准》、GB 21906-2008《中药类制药工业水污染物排放标准》、GB 21907-2008《生物工程类制药工业水污染物排放标准》、GB 21908-2008《混装制剂类制药工业水污染物排放标准》等（这六个标准都引入了发光细菌急性毒性 $HgCl_2$ 毒性当量指标）。

但是，在技术方法体系上还存在许多突出的问题，对生物监测应用于环境管理的支持还不到位。例如，对底栖动物采样方法代表性的规定还不足，物种分类方面的规定还几乎是空白，QA/QC 的力度还很薄弱，快速方法及生物在线监测技术发展不足等，这一切需要我们围绕正确的定位来进行不断的改进和革新。

3. 水环境生物监测目前还无应用于环境管理的评价技术体系，需要创新

虽然 1993 年国家总局印发了《环境质量报告书编写技术规定（水质生物学评价部分）

（暂行）》，但生物监测还远未建立起应用于环境管理的评价技术体系，环境质量标准中除有基于卫生学考虑的微生物指标外并没有真正意义上的生物学指标。在水域功能管理中生物群落的指标是缺失的，在污染源及水环境管理中综合生物毒性指标同样是缺失的。目前环境管理缺失。生物学指标处于理化管理的水平，为此，需要我们进行系统的创新，建立应用于管理的环境生物评价技术体系，健全环境管理的技术手段。

4. 当前我国水环境管理对生物监测的需求

当前，环境管理已进入了总量管理、流域管理、风险管理、生态管理的时代，迫切需要生物监测等新的技术手段的支撑。

在总量管理中，随着污染物减排的落实，管理者迫切需要了解减排的生态效应是怎样的。为此，水环境生物监测可以大显身手。

在流域管理中，"一湖一策、一河一策"政策及流域水生态功能分区的实施，离不开水环境生物监测提供具有水体生态特征的生物学信息。

在风险管理中，需快速响应的应急与短期预警需水环境生物监测提供综合生物毒性的信息，中长期预警也需水环境生物监测提供水生生物群落演替的信息，同样，风险评价须了解污染物的污染水平与生物效应的关系，也是生物监测应用的领域。

在生态管理中，随着水质目标管理向生态目标管理的转变，生物学指标将纳入管理目标成为管理指标体系的重要组成部分，水环境生物监测将成为环境监测的主要内容。

四、国际水环境生物监测的发展趋势

发达国家已普遍开展了环境生物监测，借鉴发达国家先进的技术理念和方法是我国环境生物监测技术发展的必由之路。

1. 具有明确的法律地位及监测评价体系

欧盟水框架指令（Water Framework Directive，具有法律效力）和美国清洁水法（Clean Water Act）的条款中都蕴含有明确生物监测法律地位的内容。

2. 在环境监测和管理中具有重要的作用和地位

美国 EPA 俄亥俄州水环境生物监视与化学评价的比较表明有 58% 的情况结论一致，36% 的情况是生物评价认为有损害而化学评价认为无损害（对这 36% 的问题是视而不见好，还是将其客观反映出来好），6% 的情况是生物评价认为无损害而化学评价认为有损害。可见，生物监测对环境损害的检出有更高的覆盖，脱离生物监测就有可能有接近 40% 的环境损害漏检，这从一个侧面反映了生物监测的作用和重要性。

从《美国排污许可证写作指南 NPDES（National Pollutant Discharge Elimination System）Permit Writers'Manual（1996 年）》有关生物监测内容的阐述中可以看出美国生物

监测在环境管理中应用的一些情况。在执行水质标准方面有三个不同层次的方法：特定化学指标控制的方法、综合污水毒性指标（生物毒性指标）控制的方法、生物基准及生物评价方法。生物学指标在 EPA 环境质量报告书中有大量反映，2008 年的环境质量报告书（EPA's2008 Report on the Environment）包括 Air（空气）、Water（水）、Land（土地）、Human Exposure and Health（人体暴露与健康）、Ecological Condition（生态状况）等五大部分，其中 Water 和 Ecological Condition 部分就有许多有关生物监测的指标，例如：Benthic Macroinvertebratesin Wadeable Streams（河溪大型底栖无脊椎动物）、Fish Faunal Intactness（鱼类区系的完整）、Bird Populations（鸟类种群）、Coastal Benthic Communities（沿海底栖群落）、Submerged Aquatic Vegetation in Chesapeake Bay（沉水植被）、Contaminants in Lake Fish Tissue（湖泊中鱼肉中污染物含量）、Harmful Algal Bloom（有害水华）、Non-Indigenous Benthic Species in the Estuaries of the Pacific Northwest（水底外来物种）等。

生物评价为复合型水质问题的管理提供了至关重要的信息，一般而言，达到了生物完整性的要求就意味着良好的水体健康状况。生物评价已应用于美国环境管理的各个领域。

3.现代技术的应用

（1）生物在线监测及早期预警系统。

现代技术的应用使生物在线监测特别是早期预警系统得到较好发展，例如德国 BBE、荷兰 Microlan 公司的藻、湿、鱼及发光菌系统等。

（2）便携式生物毒性测试仪，例如美国SDI、德国WALZ公司的发光菌、微藻系统等。

（3）生物监测用试剂盒，例如加拿大 EBPI 公司的 Ames 试验、sos 试验试剂盒等。

（4）分子生物学及生物技术的应用。

五、我国水环境生物监测的发展方向

1.我国水环境生物监测的发展方向

（1）宗旨：保障生态安全和人体健康，满足环境管理和社会经济发展需要；

（2）理念：水环境生物监测以生态学、毒理学、卫生学等学科为基础，充分应用现代技术手段，更新理念，引入"生态系统健康""生物完整性""环境胁迫""全排水毒性"等现代环境生物监测的基本概念，建立环境生物监测技术发展的理论基础；

（3）目标：生物指标是环境实际状况最客观的指示，应建立环境质量管理的生物学目标，确立法律地位，将污染物目标管理转变到生态目标管理上来；

（4）体系：在技术体系中，首先，要以问题为导向，对环境生物评价技术体系进行创新，建立环境生态健康评价及综合毒性评价指标体系、基准及分级管理标准；其次，要以国际发展趋势为导向，对现行环境生物监测方法体系进行革新，建立包括 QA/QC、快速方法等支持系统在内的现代化生物监测方法体系；

（5）应用：要在全面客观反映环境质量及变化趋势、污染源状况及潜在的环境风险方面切实发挥生物监测的应有作用，确立其管理的地位。

2. 水环境生物监测要重点关注的核心技术

（1）生物完整性监测与评价

我国地大物博，不同地区生物分布的区系是不同的，因此，不可能建立全国统一的水环境生物评价标准，应在生态地理分区（我国已进行了这方面的工作，可比较借鉴北美的生态分区 Ecoregion、Sub-ecoregion）的基础上，建立不同生态地理分区（亚区）的水环境生物评价基准和标准，例如，江苏省可建立本省平原水网地区水生生物评价的地方环境质量标准。

IBI 指数是综合性指数，它强调不同生物类群间的综合以及同一生物类群不同指标的综合。水环境生物评价 IBI（生物完整性指数）指标体系的构建，除在上述生态分区的基础上，重点还要关注：

①参考点位（reference condition site）的选择

选取无人类干扰或干扰极小的一组样点作为参考点位，例如可考虑水质类别Ⅱ类水以上、滨岸及汇水区植被条件好的样点。但无或极小人类干扰的样点往往很难找到，因此，也可用水生态还未受影响时的历史数据作为参考点位数据，还可借用生态地理条件类似地区的参考点位。即便是上述条件都不具备，也应选取所有调查样点中生态条件最好的一组样点作为参考点位建立 IBI 综合评价的基础，随着生态条件的恢复，定期重复以上工作对评级基础进行修正，不断接近客观存在的 IBI 综合评价基准。

②人类干扰梯度与备选指标关联性分析

根据调查地区的水生态条件、自身生物监测能力及前人与同行的经验，尽可能多地选取有潜在评价价值的候选生物学指标。采用参考点位与受干扰点位的生物监测数据，分别计算各候选生物学指标并进行统计分析，剔除那些变化小、干扰点位与参考点位间差异小的不敏感指标，得到一组对干扰有良好响应的初选指标。

③初选指标冗余度分析

对初选指标进行相关性分析，对于相关性高的一组指标，表明其信息有很大的重叠，只要选取其中最能反映当地生态特征及生物学信息的一个指标即可，剔除同一组中的其他指标，避免信息重复。最后，得到若干信息相对独立的一组指标，综合这些指标就可构建 IBI 指数。

④基准及分级标准的建立

以参考点位筛选得到的指标值的 25% 分位数为该指标评价的基准，在此基础上对指数进行等分或非等分分级，对每一指标进行归一化处理，最后对各指标进行平均得到 IBI 指数值。

（2）综合毒性监测与评价

借鉴 EPA 全排水毒性指标 WET（Whole Effluent Toxicity）、毒性鉴别评价 TIE（Toxicity Identification Evaluations）、毒性削减评价 TRE（Toxicity Reduction Evaluations）等建立的方法，发展我国水环境管理的综合毒性指标，这需要选择和整合代表性的水生生物以及急性、亚急性、短期慢性毒性试验指标。要重视 QA/QC 工作，参与国内外实验室能力验证。

（3）微生物卫生学指标测试

微生物卫生学指标是环境管理的重要指标，其测试应重视无菌操作技能培养、环境设施条件的监控以及通过标准菌株和标准样品进行的质量控制和量值溯源。

第二节　水生生物群落监测

一、水生生物采样方法

（一）水生生物采样工具

1. 通用工具

（1）交通工具：车、船、橡皮艇等；

（2）防护工具：水叉、手套、创可贴、探杆等；

（3）测量工具：温度计、酸度计、溶解氧测定仪、米尺、GPS、测距仪、透明度盘等；

（4）样品收集及固定：剪刀、毛刷、手术刀、白瓷盘、脸盆、塑料水桶、镊子、分样筛、采样瓶、固定液、洗瓶等；

（5）照相器具：照相机或摄像机等；

（6）记录工具：记录纸、防水笔等。

2. 专项工具

着生藻类监测定性采样的专用采样工具包括剪刀、牙刷、手术刀或裁纸刀片。剪刀等用于采集挺水、沉水植物的茎、叶；手术刀或裁纸刀片用于刮取石块、沉木、枯枝上的着生藻类；牙刷用于刷下各种基质上的着生藻类。定量采样目前多使用硅藻计，有专业销售的有机玻璃材质的硅藻计，还可以自制简易的硅藻计，用木材制作，降低采样成本，共有 8 个格子，固定载玻片（26 mm×76mm）8 片，采样时可将载玻片插入。聚酯薄膜采样器用 0.25 mm 厚的透明、无毒的聚酯薄膜做基质，规格：4 mm×40 mm，一端打孔，拴绳。

浮游生物监测定性采样采用浮游生物网，呈圆锥形，网口套在铜环上，网底管（有开关）接盛水器。网的本身用筛绢制成，根据筛绢孔径不同划分网的型号。小型浮游生物用

25 号浮游生物网，网孔 0.064 mm（200 孔英寸），用于采集藻类、原生动物和轮虫。大型浮游生物用 13 号浮游生物网，网孔 0.112 mm（130 孔 / 英寸），用于采集枝角类和桡足类。定量采样主要使用定量采水器、浮游生物网。

底栖动物监测定性采样主要有手抄网、踢网、铁锹、彼得森采泥器、三角拖网、分样筛、镊子、毛刷等（采样工具很多、因采样目的而不同）；手抄网用于采集处于游动状态、草丛、枯枝落叶、底泥表层的底栖动物；踢网用于采集底泥中、石缝中、某些隐藏在草丛和落叶中、简易巢穴中的底栖动物；铁锹和彼得森采泥器主要采集底泥中的底栖动物。定量采样主要有彼得森采泥器、索伯网、十字采样器、篮式采样器等。篮式采样器规格为直径 18 cm，高 20 cm 的圆柱形铁笼，此笼携带方便，不怕碰撞。用 8 号和 14 号铁丝编织，小孔为 4 ~ 6cm²，使用时笼底铺一层 40 目的尼龙筛绢，内装长度为 7 ~ 9cm 的卵石，其重量约为 6 ~ 7kg。松花江流域监测主要是篮式采样器，在试点过程中还研制了十字采样器，边长 40cm，高 20 cm，中间十字分格，分别放入鹅卵石、水草、泥和砂，鹅卵石、水草下面放一层 40 目的尼龙绢筛铺底，泥、砂放入尼龙纱绢制作的网兜里。具体采用哪种采样器要根据当地的实际情况而定。

（二）生境的选择

生物监测方法的建立是以环境生物学理论为基础的。根据监测生物系统的结构水平、监测指示及分析技术等，可以将生物监测的基本方法大致分为四大类，即生态学方法、生理学方法、毒理学方法及生物化学成分分析法。

我们这里就是应用生态学方法，利用指示生物群落结构特征反映水体受污染的情况。

1. 基本概念

（1）生境

生境指生物的个体、种群或群落生活地域的环境，包括必需的生存条件和其他对生物起作用的生态因素。生境是指生态学中环境的概念，生境又称栖息地。生境是由生物和非生物因子综合形成的，而描述一个生物群落的生境时通常只包括非生物的环境。

水生生境很多，基本上可分为：单一生境、复合生境。

单一生境：采样点生物栖息环境只有一种类型，如：石头、沙子、泥等。

复合生境：采样点生物栖息环境由两种或以上的类型构成，如：泥 – 草、泥 – 沙、泥 – 石、沙草、石草、沙石 – 草、泥 – 石 – 草、枯枝落叶等。

（2）指示生物

指示生物是对某一环境特征具有某种指示特性的生物。它可分为水污染指示生物、大气污染指示生物。

1909 年德国学者 B· 科尔克维茨和 M· 马松在一些受有机物污染的河流中对生物分布情况进行调查，发现河流的不同污染带，存在着表示这一污染带特性的生物。他们在此基础上提出了指示生物的概念。例如水中存在着蜉蝣目稚虫或毛翅目幼虫，水质一般比较清洁；而颤蚓类大量存在或食蚜蝇幼虫出现时，水体一般是受到严重的有机物污染。摇蚊幼虫、潘和藻类等浮游生物、水生微型动物、大型底栖无脊椎动物对水体受到的有机物污染具有指示作用。

2. 影响指示生物生存的环境因素

生物的生活依赖环境要素，且受到周围环境的影响。大量的研究表明底栖动物在水体中的分布不均匀，但他们的分布还是有规律可循的。了解底栖动物生存规律，有利于样品的采集工作，做到"采得到，有代表性，反映客观实际状况"。

（1）影响底栖动物的环境因素

大量研究表明，底栖动物的分布受多种因素的影响，这里就主要因素归纳如下：

①物理条件

A. 底质

底质是河流生态系统的重要组成部分，是底栖动物等水生生物依存的基本条件，可提供多样的栖息地环境，对许多水生生物繁殖和产卵等重要阶段起到关键的作用，同时还是底栖动物的避难所和栖息地。底质分矿物底质和有机底质，根据主要底质颗粒的中值粒径大小通常将河床底质分为七种类型：基岩、漂石（>200 mm）、卵石（20 ~ 200 mm）、砾石（2 ~ 20 mm）、粗沙（0.2 ~ 2 mm）、细沙（0.02 ~ 0.2 mm）、浮泥（<0.02 mm，为粉沙和淤泥的混合物），因为此类底质均由不同的矿物质组成，故将其称为矿物底质（mineral substrate）。苔藓、大型水生植物、木块、树根、有机碎屑以及由大量嫩叶和树枝等构成的障碍物可作为特殊的河床底质类型，此类底质一方面可以作为底栖动物重要的食物来源，另一方面又可创造比矿物底质异质性更高的栖息地，因此被称为有机底质（organic substrate）。

研究发现，河床底质的粒径、稳定性对底栖动物的影响极其显著，底栖动物多样性随底质的粒径增大而发生规律性变化，在浮泥质河床中较高，当变为沙质河床时骤减，继而随着粒径增大而升高，当增至卵石大小且有水生植物生长时达最多，变为基岩或漂石河床时略有降低。

不同粒径的底质中底栖动物组成及其优势种群不同，每种底质都支持一组特定的底栖动物群。

B. 水深和流速

一般情况下，底栖动物群落的密度和多样性随水深的增加而不断降低，多数时候，浅水中底栖动物的物种丰度和生物密度最高，敏感种类最多。湖泊因水深不同，底栖动物的群落组成也不同。

流速对底栖动物的现存量和种类影响较大，河流生物群一般可分为急流生物群和缓流生物群，底栖动物群落的物种丰度、EPT 丰度和密度的最大值出现在流速为 0.3 ~ 1.2 m/s

的各种底质中。

C. 流量和物理干扰

流量急剧变化和降雨等都会对底栖动物造成干扰，干扰一般会导致底栖动物物种丰富度和密度降低，但一定的干扰可以防止某种物种成为绝对优势种。一般情况，中等程度的干扰对底栖动物群落比较有利。

D. 泥沙沉积和悬沙

虽然泥沙和悬沙不对生物产生直接的毒性，但通过不同的方式影响底栖动物的生命活动，进而影响到群落组成和丰度。

E. 河宽

研究表明，河宽越窄物种丰度越大，岸边的生物量要比中央大。

F. 河流级别和流域面积

近年来的研究成果表明，物种丰度与流域面积之间并没有显著关系，大流域的物种丰度不一定比其他地区的小流域要高。甚至流域面积大于 100 平方英里（约 258.999 km²）时，二者呈负相关，即河流的流域面积越大，物种丰度越低。

G. 河型与上下游沿程变化

一般来说，季节性河流中的底栖动物的物种丰度要低于常年流水河流，上游河流要比下游平原河流底栖动物组成丰富。

②水化学条件

A. 水温

水温影响溪流的底栖动物群落，尤其是喜温或喜冷生物的生存，所以河流是长期大面积受到太阳照射还是受树荫遮掩对河流中的底栖动物组成影响均较大。

B. 溶解氧

氧气是底栖动物的限制因子，溶解氧分布不均，通常水气交界面附近的氧气最丰富，随着深度的增加氧气的含量也逐渐减少。不同的溶解氧含量会养育不同的底栖动物类群。

C. 水质的污染状况

包括生化需氧量、氨、酸碱度、盐度、重金属及其他有毒物质等水质指标的变化均会对底栖动物的群落组成和密度产生影响，敏感的物种消失，耐污种类密度大幅提升，成为绝对的优势种；若污染非常严重，直至底栖动物全面消失。

③生物条件

水生植物、滨河植物都会对底栖动物的分布产生重要的影响，不同底栖动物类群与水生植物的关系表现不同，取决于各类动物的生活习性。一般情况下，底栖动物密度和物种丰富度在水草覆盖的卵石河床中最高，若底质中缺乏必要的附生植物，底栖动物的多样性将大大降低。

④其他条件

纬度和海拔：

纬度对底栖动物群的影响研究较少，目前还没有明确的结论；海拔对底栖动物群的影响较大，但影响的结果不一致，因地域不同而变化。

（2）影响浮游生物、着生生物的环境因素

①营养盐

营养盐是浮游及着生植物赖以生存的物质基础，营养盐含量的变化对浮游及着生植物种类及其数量的变动有很大的影响。S.S.S.Lau等在对英国的Barton湖长期研究中发现，水体中的生物数量与水中N、P的含量存在一定关系。一般认为，浮游及着生植物生长所需的氮、磷的原子个数比近似16∶1，相当于7.2∶1的重量比。但同时以藻类为例，若水体中磷的含量过高，则会导致藻类过度繁殖，水体透明度降低，水质变坏，甚至形成水华。赵倩等在蓝藻越冬机理研究中表明，大量的磷元素对蓝藻成为优势种有很大的促进作用。

②气候因子

光照是浮游及着生植物进行光合作用唯一的能量来源。光照强度和光质对浮游及着生植物的光合作用速率影响较大。一般来说，浮游及着生植物的光合作用会随着光照强度的改变而变化。在低光照条件下，光合速率与光强成正比，当光强达到饱和后，光合速率将会保持平稳，如果光强继续增加，则会产生光抑制，浮游及着生植物的光合作用或下降或停止。然而，强光照对多数藻类的生长有抑制作用，但浮游植物中的蓝藻在生理上对强光有很好的耐受性。

温度是水环境中重要因子之一，水温的高低影响着水体中动植物的新陈代谢速率。在其他条件适宜的情况下，温度每上升10℃浮游及着生植物的代谢强度会增加两倍。温度会随着季节的改变而变化，这不仅影响着浮游及着生植物的生长速率和分布，同时也影响了水体对浮游及着生植物的选择。因此，温度可以通过影响浮游及着生植物的生长速率继而影响水体中浮游及着生植物群落结构的变化。

降雨作为气候因子干扰着浮游及着生植物群落的结构、组成及密度等指标，并且受季节周期性变化的影响。Dellamano-oliveira等在研究中指出在枯水期期间浮游植物的密度显著低于丰水期。

风场对浮游及着生植物的影响很大，主要是影响浮游及着生植物在水体中的迁移。在富营养化或污染严重的湖泊水层，浮游及着生植物随风漂移能够迅速聚集导致水华的发生。有研究认为大约3m/s的风速可以使小型湖泊表面水层水平漂移，可促使浮游及着生植物移向湖泊下风向区域。在较大型的湖泊中，风场引起湖水水平循环，浮游及着生植物最高密集度可出现在中央的循环区。

③生物因子

水生高等植物不仅与浮游、着生植物竞争营养物质和光照，而且还通过分泌化感物质抑制浮游、着生植物的生长繁殖。沉水植物吸收的营养物质的能力较浮游、着生植物更强，它们可以通过根系和植株体直接吸收营养盐，降低水体的营养水平，从而抑制了它们的生长。与此同时，很多大型水生生物也为一些着生植物提供了着生基质，一些种类利用胶质柄在其表面固着。

部分鱼类以水中的浮游生物及着生植物为主要食物，某些鱼类对它们的捕食也是影响种群密度的重要因素之一。同时，浮游动植物之间也有一定的捕食关系，当大量浮游动物繁殖时，对浮游植物大量捕食，势必导致浮游植物数量相应减少。

④其他影响因素

水体的透明度是由水中悬浮颗粒、溶解性有机物、浮游植物的丰度和纯水量共同决定。生物密度大、水体透明度低，这表明水体具有较高的初级生产力。透明度的高低直接影响着浮游生物的光合作用。同时，水中的溶解氧、酸碱度、化学需氧量及生化需氧量的因素，都是影响不同类型水体中浮游及着生动植物生长的重要因素，具体影响机理还在研究中。

（三）生境评价

生境是生物群落的生存条件，生境多样性是生物群落多样性的基础，生物群落多样性随生境的空间异质性增加而增加。对采样点做生境评价，有利于了解栖息地的环境情况，对评价水质有积极的帮助。

1. 生境调查要素

（1）采样点基本信息

记录河流或支流名称、调查日期和时间，进行采样点编号并确定其经纬度，注明负责数据质量和完整性的研究人员。

（2）天气条件

记录调查当天和前几天的天气条件。

（3）河流总体特征

①河流类型

注明河流为冷水性或暖水性。

②河流的时间变化性

如果河流的年内或年际变化（如，季节性干涸等）对生物群落具有重要影响，或者河流的潮汐会改变生物群落的结构及功能，应当对其时间变化性加以描述。

③河流源头

已知的情况下，注明调查河流的发源地，如冰川、山区、湿地或沼泽。

④环境压力要素

土地利用类型：注明该水域主要的土地利用类型，以及其他可能影响水质的土地利用类型。可考虑采用土地利用图精确标注该信息。

非点源污染：注明该水域分散的农业及城区污染物排放以及其他可能影响水质的危害

因子包括养殖场、人工湿地、化粪池系统、水坝和水库、矿井渗漏等。

流域侵蚀：注明该水域是否存在或可能存在土壤流失，通过水域及河流特征的观察，对侵蚀进行定级。

⑤河岸植被

典型的河岸带要包括河流两岸至少18m的缓冲带。在调查过程中，可根据实际情况进行调整。已知的情况下，记录河岸带的优势植被类型及物种。调查河段特征：

河长：测量或估计调查河段的长度。若调查河段长度不一，该信息极为重要。

河宽：估计调查河段典型横断面的两岸距离，若宽度不同，则采用平均值。

河段面积：将调查河段的河长乘以河宽，估算出河段面积。

水深：估计代表性测点自水面至河底的垂直距离，计算平均深度。

流速：在代表性区域测量水体表面流速，若未测量流速，以慢、中、快来估计。

林冠盖度：注明开阔区与覆盖区的大体比例，可用密度计代替肉眼估测。

高水位线：估测河岸丰水期边缘至最高溢流水位的垂直距离。

渠道化：观察调查河段或站位周围是否有过疏浚。

水坝：观察河段或站位下游是否修筑水坝。如果有，记录水流变化的相关信息。

⑥水生植物

观察水生植物的大体类型和相对优势度。仅对水生植物的范围进行估测。已知的情况下，列出水生植物的种类。

⑦常规水体环境

温度、电导率、溶氧、pH、浑浊度：采用经过校准的便携式水质监测仪器，测量并记录每项水质参数表征值，注明使用的仪器类型和数量单位。如果有例行监测的数据也可直接引用。

水体气味：注明调查区域内河水的相关气味描述。

表层油污：描述水体表层的油污量。

浑浊度：若未直接测量浑浊度，根据观察，描述河水悬浮物数量。

⑧常规沉积环境

沉积物气味：注明调查区域内沉积物的相关气味描述。

沉积物油污：描述调查区域内沉积物的油污量。

沉积物组成：观察调查河段出现的沉积物，同时，注明陷入沉积物的岩石底部是否为黑色（通常指示低溶氧或厌氧环境）。

2.生境状态评价

选择调查站位内100 m河段（或其他指定河长，如30~40倍河宽），通过目测，对调查河段的所有评价参数进行评分。评价参数由10个指标构成，包括底质、栖息地复杂性、流速－深度结合特性、河岸稳定性、河道变化、河水水量状况、植被多样性、水质状况、人类活动强度、河岸土地利用类型，评分范围为0~20（最高值）。将分数累加，并与参照环境比较，得到最终的栖息地等级。为确保评价程序的一致性，评分时参照评分表中所描述的物理参数及相应标准。

进行生境状态评价时，应注意以下问题：近距离观察栖息地特征，以便充分评价；避免干扰采样栖息地；至少由2人共同完成栖息地评价。

3. 记录

填写河流栖息地环境调查数据表和河流栖息地评价数据表，并勾画调查河段简图，以箭头标明水流方向。

（四）采样点位的选择

1. 前期准备

采样前要进行必要的准备，除了必需的器材外，还要先查阅相关的地图，对采样断面附近的水域做全面的了解，包括河道弯曲度、纬度、周围的人为干扰情况、河岸的土地利用类型等；如果可能还可以提前进行实地踏勘，并通过向导（如渔民或知情者）了解断面的底质、水深、江水涨落情况等自然条件；底栖动物种类、分布、昆虫羽化时间等相关情况，将有利于采集工作的顺利完成。

2. 采样点的选取原则

野外采样要遵循代表性和客观性的原则，所谓代表性即具有典型水域特征的地区和地带；客观性即能够真实反映采样点的状况。通常布设断面要考虑底质、水深、流速、水体受污染的情况、水生高等植物的组成等影响水生生物生存的各种因素。定性采样主要有以下几点：

（1）尽量采集不同的生境，石头、沉水植物、沙子、草丛、底泥等各种生境。单一生境采样采用梅花布点、一字布点，还可以采用"S"形布点，样方的大小视环境而定；复合生境采样要考虑到生境、水深、流速等要素进行布点。

（2）尽量采集不同深度的样品，0 ~ 20 cm，20 ~ 50 cm，50 ~ 100 cm，大于100 cm。

（3）尽量采集不同流速的样品，主流（可涉）、浅滩、回水湾。

（4）采样范围在断面上下100m，每个断面需要采集至少3个样点，最好代表着不同的生境。可涉河流采样人员要下水，采集不同的基质。大河要左右岸采样。

（5）要有分层采样的概念，按照水体的透明度来定，透明度以上、以下的都应该采集，尤其是大河（不可涉河流）。

定量采样主要选择采样断面上下一定范围内生境最好的点位，以便表达出水质最佳的状态。

3. 采样频率

根据不同的研究需要进行，要考虑到生物的习性，比如昆虫的羽化时间等。

（五）采样方法

1. 底栖动物采样

（1）定性采样

结合点位的底质、水流、水深等环境条件确定相应的采样方法。

①踢网法：踢网规格为 1m×1m，孔径为 0.5 mm，主要适用于底质为卵石或砾石且水深小于 1m 的流水区。采样时，网口与水流方向相对，用脚或手扰动网前 1 m 的河床底质，利用水流的流速将底栖动物驱逐入网。用踢网进行采样，移动性强的一些物种会向侧方游动而不被采获。

②抓取法：彼得逊采泥器用于大型河流湖泊等深水区的底栖动物的采集，但仅适用于软底质河床且水流较缓的区域。彼得逊采泥器重 8 ~ 10 kg，每次采集面积 1/16 m²，每点采样两次。每断面几个样方最少折合采样面积 1 m²，对于底质的采集厚度，河流一般为 10 ~ 15 cm，基本能具代表性；对于疏松湖底至少应穿透 20 cm 才能采到 90% 的生物。

使用时将采泥器打开，挂好提钩，将采泥器缓缓放至底部，然后抖脱提钩，轻轻上提 20 cm，估计两页闭合后，将其拉出水面，置于桶或盆内，用双手打开两页，使底质倾入桶内。经 40 目分样筛筛去污泥浊水后，检出底栖动物放入装有 30% 酒精的广口瓶中，带回实验室。同一采样点一般选择 3 个位点，每个位点采集 2 ~ 3 斗。采泥器拉出后如发现两页未关闭，则须另行采集。

③手抄网法：适用范围较广，迎水站立，深水可以采用"∞"形画法，采集一定面积；浅水可一手将手抄网迎水插到底质表面并握紧，用另一只手将其前面 50 ~ 60 cm 见方小面积上的石块捡起，在手抄网前将附着的底栖动物剥离，以水流冲入网兜，然后用脚扰动底质，使底栖动物受到扰动，冲入网兜，持续大约 30s。提起手抄网，转移采集的样品，每个点位采集几次，然后挑拣所采集的样品。

具有典型生态意义的样品，应拍照、观察并记录。

（2）定量采样

定量采样选用哪种方法要根据底质等各种情况综合分析，试验后确定。

①人工基质法

为了将人为的干扰或破坏降到最低，应该将人工基质隐藏在视野之外，避开走航、观光河流的主干道。放置时间为 14 天，如果在样品孵育期间发生洪水或冲刷等情况，待水体平稳后，重新安置人工基质。定期了解采样器材放置情况，如果样品丢失要及时补样。如果条件允许可以雇渔民看护。

篮式采样器：

适用于河流湖泊，在每个采样点至少放置两个采样器，两个采样器用 5 ~ 6m 的尼龙绳连接，或用尼龙细绳固定岸边的固定物上，或用浮漂做标记。

河流水体可涉的至少两个，要考虑到流速和生境的不同；不可涉河流需要左右岸采样，各下两个，考虑到流速和生境；湖泊水库至少要下两个，另外防止丢失，可以多下。采样深度一般为 1m 左右，采样器放置时间为 14 天。

采样器提出水面后，放置到白瓷盘或盆里（以免采到的样品丢失）运到岸边，将卵石转入盛有少量水的桶里，附在卵石上的底栖动物用尖角镊子直接拣到盛有 30% 酒精的广口瓶中；再用猪毛刷将卵石上的泥沙刷下，经 40 目的分样筛过滤，将生物拣出，装入广口瓶；筛绢上的直接拣到盛有 30% 酒精的广口瓶中，带回实验室。捡拾动物时要轻拿轻放，保持动物个体完整。根据采集种类多少，可将坚硬的甲壳类和软体动物与水生昆虫幼虫及蛭类等分开保存。来不及分检的样品，应放入冰箱内保存，以免虫体腐烂不利于分析。

十字采样器：

方法与篮式采样器采集方法基本相同。

②抓取法：同定性采样方法。

③索伯网法：网口迎水，扰动所围面积内的底质，将底栖动物收集到网兜里。其他资料上还有一些定性、定量采样的方法，可以通过试验，总结经验后加以应用。

（3）几个需要注意的问题

①岸上、草上的生物怎么算

样点水边的螺、蚌（水中、岸上均能生活的种类）可以算入底栖动物定性样品；草上的蜉蝣目、蜻蜓目等昆虫蜕的壳、皮等，如果完整、满足鉴定要求，也可以算入底栖动物的定性样品。

②成虫怎么算

采样过程中，羽化的成虫捕获后，可以算入底栖动物，尤其是飞行能力较弱的成虫。飞行能力较强的成虫，不能算入。

③人工基质外面的枯草上附着的生物怎么算

少量枯草中的底栖动物可以算定量样，大量的枯草需要将其清除，不算定量，但如果定性采样时未采到，可以算定性。

④湖泊、水库防浪问题

大型湖泊、水库岸边浪大，放置点应该尽量避免浪区，减少狂浪冲刷。

⑤石头种类：一定要放卵石，不能放毛石，尤其是山上刚采集的毛石效果差。

（4）固定及保存

采样现场用 30% 的酒精或 1% 的福尔马林固定，没过样品，贴上标签，回实验室后换用 70% 的酒精或 5% 的福尔马林固定（因福尔马林有害尽量少用），固定液的体积应为动物体积的 10 倍以上，常温保存，每隔几周检查防腐剂，必要时进行添加，直至完成种类鉴定，可选择部分样品或具有生态意义的样品制作标本，长期保存。

将永久性标签分别附于样品瓶内外侧，附以下信息：水体名称、点位编号、采样时间、采集人姓名、防腐剂类型。

2. 着生生物采样

（1）定性采样

安排在放样的当天，采用天然基质作为定性采样器材，以采样点周围的植物叶片、石块和木块等为天然基质，尽可能多地采集不同的基质，要记录基质的名称。

（2）定量采样

器材选用人工基质，在河流中避开急流和漩涡，采样时必须固定好器材，可以与底栖动物的篮式采样器相连，以此作为重物或缚在钉入河流底部的钢筋或其他结构上。通过调节绳子的长短，保证硅藻计距离水面 5～10 cm，使之得到合适的光照。每个采样点至少放置 2 个人工基质，避免不确定的事故，确保采样成功。

为了将人为的干扰或破坏降到最低，应该将人工基质隐藏在视野之外，避开走航、观光河流的主干道。条件允许可以雇渔民看护。

放置时间为 14 d。如果在样品孵育期间发生洪水或冲刷等情况，待水体平稳后，重新安置人工基质；定期了解采样器材放置情况，如果样品丢失要及时补样。

（3）样品的保存和制备

①定性样品

装入盛有少量水的塑料袋里。贴好标签，做好记录，带回实验室。

用牙刷、毛刷或硬胶皮等将所选基质上的藻类全部刮到盛有蒸馏水的烧杯中。当基质的手感从光滑、黏腻变为粗糙、不黏时，才能判断着生藻类已经被完全取下。

刮取后，用福尔马林液或鲁哥氏液（Lugols solution）固定（按每升水加 15mL 鲁哥氏液的比例），经 24h 沉淀，弃去上清液，用虹吸法或用移液管，将导管放在水面下水体的中间，勿搅动、勿贴壁，剩余的液体量适宜时，将液体搅动，无须定容，直接将样品移入贴有标签的试剂瓶中即可，并用上清液冲洗烧杯。

②定量样品

采样现场将所取基质（硅藻计 – 载玻片法、聚酯薄膜法）放入装有采样点水样的广口瓶中，做好记录，贴好标签，带回实验室，并尽快对样品进行处理。

用牙刷、毛刷或硬胶皮等将所选基质（载玻片取 3 片、聚酯薄膜取中段 4 cm×15 cm，根据着生的情况可以增减面积，一定要记录）上的藻类全部刮到盛有蒸馏水的烧杯（贴有采样点名称标签）中，并用蒸馏水将基质冲洗多次，用鲁哥氏液或福尔马林液固定，经 24 h 沉淀，弃去上清液，将剩余的液体搅动，转移至比色管中，并用之前的上清液冲洗，定容至 30mL，贴上标签，备用。如果液体总量超过 30 mL，可以再沉淀，并弃去上清液，定容至 30mL。

保存时，每隔几周检查固定液，必要时进行添加，直至完成种类鉴定。如需长期保存可按 5% 浓度加入福尔马林溶液长期保存。

将永久性标签放入样品瓶内，附以下信息：水体名称、站位编号、日期、采集人姓名、固定液类型，应注意鲁哥氏液或其他碘固定液可使纸质标签变黑。同时，在样品瓶外标注采样地点、站位编号、日期与样品类型。

3. 浮游生物

尽量选择在晴天采样，每次采样需要采集 3 个样品，即每天的 9 点、12 点和 16 点分别采集。但落实到每个监测点最好经过试验，了解不同时间浮游生物的差异，如果差异较小，可减少采样次数。

（1）定性采样

同次采样过程中，浮游藻类的定性样品和定量样品均须进行采集，定性样品的采集应当在定量样品采集结束后进行。采样深度在表层至 50cm 深处之间，以 20 ～ 30 cm/s 的速度做 "∞" 形循回缓慢拖动，采样时间不少于 5min，应注意网口必须面朝水流方向，与水面垂直，并且网口上端不能露出水面。如果采样点无水流，可将浮游生物网拴长绳，抛出去，往回拉，反复 3 ～ 4 次也可。或在水中沿表层拖滤 1.5 ～ 5.0 m³ 水，过滤取样 30 ～ 50 mL。

将过滤后的样品转移至样品瓶中，用蒸馏水冲洗浮游生物网，所得过滤物并入样品瓶中，重复该过程 2 ～ 3 次。水样采集之后，马上加固定液固定。

注：用浮游生物网采集样品时，先检查网头，关好阀门，待水样聚集网头，打开网头的阀门，将水样注入标本瓶中。

（2）定量采样

在湖泊和水库中，水深 5m 以内的，采样点可在水表面以下 0.5m、1m、2m、3m 和 4m 等五个水层采样，混合均匀，从中取出定量水样。水深 2m 以内的，仅在 0.5 m 左右深处采集亚表层水样即可，若透明度很小，可在下层加取一样，并与表层样混合制成混合样。深水水体可按 3 ～ 6 m 间距设置采样层次。变温层以下的水层，由于缺少光线，浮游植物数量不多，浮游动物数量也很少，可适当少采样。对于透明度较大的深水水体，可按表层、透明度 0.5 倍处、1 倍处、1.5 倍处、2.5 倍处、3 倍处各取一水样，再将各层样品混合均匀后再从混合样中取一样品，作为定量样品。

浮游生物密度高，采水量可少些，密度低采水量要多些。常用于浮游生物计数的采水量：对藻类、原生动物和轮虫，以 1L 为宜。甲壳动物要采 10 ～ 50L，并且通过 25 号网过滤浓缩。

每次采样均加固定剂，然后混合成一个样品，再取 1 L 混合样作为鉴定样品，带回实验室。

对藻类、原生动物和轮虫水样，每升加入 15 mL 左右鲁哥氏液固定保存。可将 15 mL 鲁哥氏液事先加入 1L 的玻璃瓶中，带到现场采样，固定后的样品贴上标签，送实验室保存。

鲁哥氏液配制方法：40g 碘溶于含碘化钾 60g 的 1 000 mL 水溶液中。福尔马林固定液的配制方法是：福尔马林（市售的 40% 甲醛）4mL，甘油 10mL，水 86 mL。对枝角类和桡足类水样，现场按 100 mL 加 4～5 mL 福尔马林固定液保存。

采样结束后，检查所有标签和表格记录信息的准确性和完整性。

二、水生生物分类鉴定

（一）浮游生物

浮游生物（plankton）是指悬浮在水体中的生物，它们多数个体小，游泳能力弱或完全没有游泳能力。浮游生物可划分为浮游植物和浮游动物两大类。在淡水中，浮游植物主要是藻类，它们以单细胞、群体或丝状体的形式出现。浮游动物主要由原生动物、轮虫、枝角类和桡足类组成。浮游生物是水生食物链的基础，在水生生态系统中占有重要地位。许多浮游生物对环境变化反应敏感，可作为水质的指示生物。

1. 器材

解剖镜、显微镜、解剖针、标本瓶（30～50 mL）、浮游生物计数框。

2. 实验室处理

（1）样品浓缩

从野外采集并经固定的水样，带回实验室后必须进一步沉淀浓缩。为避免损失，样品不要多次转移。水样直接静置沉淀 24h 后，用虹吸管小心抽掉上清液，余下 20～25 mL 沉淀物转入 30 mL 定量瓶中。为减少标本损失，再用上清液少许冲洗容器几次，冲洗液加到 30mL 定量瓶中。

（2）样品鉴定、计数

个体计数仍是目前常用的浮游生物定量方法。浮游动物计数时，要将样品充分摇匀，将样品置于计数框内，在显微镜或解剖镜下进行计数。常用计数框容量有 0.1 mL、1 mL、5 mL 和 8 mL 四种。用定量加样管在水样中部吸液移入计数框内。移入之前要将盖玻片斜盖在计数框上，样品按准确定量注入，在计数框中一边进样，另一边出气，这样可避免气泡产生。注满后把盖玻片移正。计数片子制成后，稍候几分钟，让浮游生物沉至框底，然后计数。不易下沉到框底的生物，则要另行计数，并加到总数之内。

藻类：吸取 0.1 mL 样品注入 0.1 mL 计数框，在 10×40 倍或 8×40 倍显微镜下计数，藻类计数 100 个视野。计数两片取其平均值。如两片计数结果个数相差 15% 以上，则进行第三片计数，取其中个数相近两片的平均值。

也可采用长条计数法，选取两相邻刻度从计数框的左边一直计数到计数框的右边称为一个长条。与下沿刻度相交的个体，不计数在内，与上、下沿刻度都相交的个体，以生物体的中心位置作为判断的标准，也可在低倍镜下，按上述原则单独计数，最后加入总数之中。一般计数三条，即第 2、5、8 条，若藻体数量太少，则应全片计数。硅藻细胞破壳不计数。

若计数种属的组成，分类计数 200 个藻体以上。用画"正"字的方法，则每划代表一个个体，记录每个种属的个体数。参照《中国淡水藻类》进行鉴定。

原生动物的计数：吸取 0.1 mL 样品注入 0.1 mL 计数框，在 10×40 倍或 8×40 倍显微镜下计数，全片计数。轮虫则取 1 mL 注入 1 mL 计数框内，在 10×8 倍显微镜下全片计数。以上各类均计数两片取其平均值。如两片计数结果个数相差 15% 以上，则进行第三片计数，取其中个数相近两片的平均值。参照《中国淡水轮虫志》《淡水微型生物图谱》和《原生动物学》进行鉴定。

甲壳动物的计数：将浓缩样吸取 8mL（或 5 mL），注入计数框，在 10×10 倍或 10×20 倍倒置显微镜或显微镜下，计数整个计数框内的个体。亦可将 30 mL 浓缩样分批按此法计数，再将各次计数相加得到 30 mL 样的总个体数。参照《中国动物志（淡水枝角类）》《中国动物志（淡水桡足类）》进行鉴定。

3. 质量控制

实验室须建立、积累和更新自己的系统分类学检索资料库及参考标本库，参考标本要有外部分类学专家确定和签名，要保证其固定剂质量，定期更换。

每一个鉴定出的物种须由第二个分类鉴定员复检确认并做好记录。遇到本实验室无法确认的标本需外送鉴定时，要做好外送的日期、目的地、返还日期和鉴定人的姓名等信息记录。

每个分类鉴定员均须定期参加分类学培训及考核，增强分类技能，确保物种的准确鉴定。

10% 的样品进行平行处理，包括种类鉴定，数据统计。用 Bray-Curtis 指数来检验数据的质量，相似度达到 90%。

4. 主要检索工具书

《中国淡水藻类——系统、分类及生态》，科学出版社，2006；

《微型生物监测新技术》，中国建筑工业出版社，1990；

《中国淡水藻志》，科学出版社；

《淡水浮游生物图谱》，农业出版社，1980；

《淡水微型生物图谱》，化学工业出版社，2005；

《水和废水监测分析方法》（第三版），中国环境科学出版社，1989；

《中国动物志——节肢动物门甲壳纲淡水枝角类》，蒋燮治；

《中国淡水轮虫志》，王家楫主编；

《中国动物志——淡水桡足类》，中国科学院动物研究所编著；

《原生动物学》，沈韫芬主编。

（二）大型底栖无脊椎动物

大型底栖无脊椎动物，指栖息生活在水体底部淤泥内或石块、砾石的表面或其间隙中，以及附着在水生植物之间的肉眼可见的水生无脊椎动物。一般认为体长超过 2mm，不能通过 40 目分样筛的种类。它们广泛分布在江、河、湖、水库、海洋和其他各种小水体中。它们包括许多动物门类。主要包括水生昆虫（aquatic insecta）、大型甲壳类（macrocrutaceans）、软体动物（mollusks）、环节动物（annelids）、圆形动物（roundworms）、扁形动物（flatworms）以及其他无脊椎动物（aquatic invertebrates）。

1. 试剂及设备器材

（1）试剂

①甘油；

②加拿大树胶：

③普氏（Puris）胶：用阿拉伯胶 8g，蒸馏水 10mL，水合氯醛 30g，甘油 7mL，冰醋酸 3 mL 配制而成。配制时，先在烧杯中用蒸馏水溶解阿拉伯胶，置箱于 80℃恒温水浴，用玻璃棒搅动，胶溶后，依次加入其他各物，用玻璃棒搅拌均匀，然后以薄棉过滤即成。

（2）设备器材

分样筛：（40 目，孔径 0.635 mm）、培养皿若干、细吸管若干、尖嘴镊若干、解剖针若干、标本瓶若干、解剖镜、显微镜、普通药物天平、扭力天平。

2. 实验室处理程序

（1）样品的再清洗

通常现场采样的时间安排比较紧凑，经常存在样品就地清洗不彻底的情况。如果样品中还含有淤泥等容易引起水体浑浊的杂质，就会给标本分选时带来困难，造成视场不清晰。所以在分选前，还应将样品反复淘、过筛（40 目），直至澄清。一方面可以去除淤泥洗净样品；另一方面可以部分洗脱固定剂，保护分选操作人员的健康（尤其是固定剂为福尔马林溶液时）。清洗用福尔马林溶液固定的样品时，洗液应回收并集中统一处理。

（2）样品的分样

一般而言，较大型的螺、蚌、蜻蜓稚虫等大型底栖无脊椎动物可全部拣出，较小型的摇蚊等、水栖寡毛类等大型底栖无脊椎动物要全部拣出工作量太大，没有必要，可进行分样处理。

分样前，应先随机取少量样品镜检观察，根据该样品的生物密度大致预估分样量。分样时，必须将某点所采集到的全部底栖样品充分混合均匀后，按二分法逐级减少取样量（如 1/2 样、1/4 样、1/8 样、1/16 样等），使每份样中的生物个体为 20 ~ 50 个。

（3）标本的挑拣

直接用肉眼分选样品，容易造成某些小个体物种（如线虫、仙女虫等）的遗漏，因此最好选用解剖镜。解剖镜下分选时，将样品放入培养皿中加入少量水，使视场内样品舒展开，避免因植物残屑的缠裹掩埋引起底栖动物标本的漏拣。镜选时的放大倍数可根据个人的适宜度调节，放大倍数过高、视野窄，影响分选效率；放大倍数过低，又容易漏拣部分小个体的生物标本。

用细吸管、尖嘴镊、解剖针等逐份挑拣分样样品，当有形态大小各异的个体拣出时，进行下一份分样挑拣，直至没有新的形态大小各异的个体拣出时，可停止挑拣，同时必须保证拣出的标本个数 ≥ 100 个。记录挑拣的分样份数。

如分选过程中发现小个体或罕有生物样品时，应立即单独分装保存，避免与其他大量生物样混杂后遗失。

样品标本的挑拣周期不宜超过 2 天，且当日工作结束时应将待挑拣样品冷藏保存。

（4）标本的固定与保存

软体动物可用 5% 甲醛溶液或 75% 乙醇溶液固定，用 75% 乙醇溶液保存。

水生昆虫可用 5% 乙醇溶液固定，数小时后移入 75% 乙醇溶液中保存。

水栖寡毛类应先放入培养皿中，加少量清水，并缓缓滴加数滴 75% 乙醇溶液将虫体麻醉，待其完全舒展伸直后，再用 5% 甲醛溶液固定，用 75% 乙醇溶液保存。

上述固定和保存液的体积应为所固定动物体积的 10 倍以上，否则应在 2 ~ 3 天后更换一次。

（5）标本的物种鉴别

根据实验室积累的系统分类学检索资料及参考标本进行物种检索分类和参考标本实物比对，标本的物种鉴别尽可能到属种，不能到种的也尽可能区分为不同的种。

底栖动物标本的鉴定多因缺乏系统的资料而有较大的难度。水生昆虫幼虫，例如摇蚊幼虫，要确切鉴定到种，需有生活史资料，应以成虫为根据，这需要进行幼虫的培养。摇蚊幼虫（以及其他水生昆虫幼虫或稚虫）皆以末龄期的形态为种的依据。水栖寡毛类中的颤蚓种类，只有成熟时（形成环带）才能识别。

通常，水生昆虫除摇蚊科及其他少数科属外，皆可在解剖镜下鉴定到属，在低倍镜下确定目、科，在高倍镜下对照资料鉴定到属。摇蚊科幼虫主要依据头部口器结构的差异来定属、种，并需制片，用甘油透明观察。优势种类或其他因有异议而需要观察和研究的种类，可用 Puris 胶封片，可保存 1 年至 3 年。

（6）标本物种的结果统计

每个采样点所采得的底栖动物应按不同种类准确地统计个体数，在标本已有损坏的情况下，一般只统计头部，不统计零散的腹部、附肢等。

每个采样点所采得的底栖动物应按不同种类准确地称重。软体动物可用普通药物天平称重，水生昆虫和水栖寡毛类应用扭力天平称重。待称重的样品必须符合下列要求：

已固定 10 天以上；

没有附着的淤泥杂质；

标本表面的水分已用吸水纸吸干；

软体动物外套腔内的水分已从外面吸干；

软体动物的贝壳没有弃掉。

（7）标本的标识和记录

标本标识应包括以下内容：

标本的名称、学名及门类；

采样时间及地点；

标本编号；

固定剂成分；

鉴定日期；

鉴定及确认人员签名等。

3. 结果表达

应分析软体动物、水生昆虫和水栖寡毛类的种类组成，按分类系统列出名录表，并标明物种密度和生物量，同时统计总的及各大类群大型底栖无脊椎动物分类单元数、总物种密度、总生物量等。

4. 质量保证和质量控制

（1）标本挑拣

在挑拣完后剩余的残渣中，质控员对每个挑拣人员选取 10% 的分样抽检，如质控员挑拣出的标本数小于挑拣人员挑出标本数的 10%，则该份样品合格，否则，进行第二次抽检，如仍不合格，则该样品须重新挑拣。

实验室挑拣工作完成后，所有挑拣工具需进行彻底清洗检查，将残留在其中的标本放入相应的标本收集容器中。

（2）标本鉴定

实验室需建立、积累和更新自己的系统分类学检索资料库及参考标本库，参考标本要有外部分类学专家确定和签名，要保证其固定剂质量，定期更换。

每一个鉴定出的物种须由第二个分类鉴定员复检确认并做好记录。遇到本实验室无法确认的标本需外送鉴定时，要做好外送的日期、目的地、返还日期和鉴定人的姓名等信息记录。

每个分类鉴定员均须定期参加分类学培训及考核，增强分类技能，确保物种的准确鉴定。

5. 主要检索工具书

《中国动物志 环节动物门 蛭纲》，科学出版社，1996；

《中国动物志 无脊椎动物 第三十六卷 甲壳动物亚门 十足目 匙指虾科》，科学出版社，2004

《中国动物志 无脊椎动物 第四十三卷 甲壳动物亚门 端足目 钩虾亚目》，科学出版社，2006；

《淡水生物学》农业出版社，1982。

（三）鱼类

在水生食物链中，鱼类代表着最高营养水平。凡能改变浮游生物和大型无脊椎动物生态平衡的水质因素，也可能改变鱼类种群。因此，鱼类的状况是水的总体质量作用的结果。此外，由于鱼类和无脊椎动物的生理特点不同，对某些毒物的敏感性也不同。尽管某些污染物对低等生物可能不引起明显的变化，但鱼类却可能受到影响。因此，鱼类的生物调查对于环境监测具有十分重要的意义。

1. 器材及试剂

体式显微镜、光学显微镜、拖网、围网、刺网、撒网、电子捕鱼器、镊子、搪瓷盘、放大镜、电子天平、5% ~ 10% 福尔马林溶液。

2. 采样

根据不同情况可通过以下三种方法采集鱼类样品：

（1）结合渔业生产捕捞鱼类样品；

（2）从鱼市购买鱼类样品，但一定要了解其捕捞水域基本情况；

（3）对非渔业区域可根据监测工作需要进行专门捕捞采集，根据水域的不同分类可采用不同的捕捞方法进行鱼样采集，具体捕捞采集方法如下：

①拖网类：适于在底质平坦的水域使用；

②围网类：捕捞中、上层鱼类的效果较好，不受水深和底质限制；

③刺网类：适于捕捞洄游或游动性大的鱼类，不受水文条件的限制，操作简便灵活；

④撒网：是在鱼类密集的地方罩捕鱼类的一种小型网具。这种网具有成本低，网具轻巧、操作简便的特点，很适于鱼类调查者自备使用。

电子捕鱼器：适用于河道、水溪、池塘等小面积水域使用，不受水深和底质限制，很适于鱼类调查者自备使用。

注意事项：

采样时应在采样区域的上下游都设置拦网，采样由下游至上游。

在样本区所有采集的鱼（大于 20 mm 的总长度）必须确定种系（或亚种）。确实不能确认种系的标本被保存在标记的含有 5% ~ 10% 的福尔马林溶液的瓶中，方便以后化验鉴定。

使用电子捕鱼器采样时，所有采样成员必须接受训练，包括电气捕鱼的安全防范和由电子捕鱼设备操作的各种程序。每个小组成员必须穿戴长达胸部的防水靴和橡胶手套以隔绝水和电极。电极和伸入网兜中的设备必须是由绝缘材料（如木材、玻璃纤维）制造的。电气捕鱼设备 / 电极必须配备安全开关功能。现场采样成员不得进入到水中，除非电极已从水中取出或电气捕鱼设备已脱离。建议至少 2 名鱼标本采样成员经过心肺复苏技术的培训。

3. 样品的固定与保存

（1）采得的标本应用水洗涤干净，并在鱼的下颌或尾柄上系上带有编号的标签。采集时间、地点、渔具等应随时记录。

（2）标本应置于解剖盘等容器内，矫正体形，撑开鳍条，用 5% ~ 10% 福尔马林溶液固定。个体较大的标本，应用注射器往腹腔注射适量的固定液。

（3）标本宜用纱布覆盖，以防表面风干。待标本变硬定型后，移入鱼类标本箱内，用 5% ~ 10% 福尔马林溶液保存，用量至少应能淹没鱼体。

（4）对鳞片容易脱落的鱼类，应用纱布包裹以保持标本完整。对小型鱼类，可不必逐一系上标签，将适量的标本连同标签用纱布包裹，保存于标本箱内。

4. 实验室处理程序

（1）鱼类形态和内部性状的观测

鱼类形态和内部性状观测项目：体长、体高、体重、头长、吻长、尾柄长、尾柄高、眼径、侧线鳞、背鳍、臀鳍和色彩。

（2）种类鉴定和区系分析

所有标本必须鉴定到种或亚种。鉴定时要根据对鱼体各部位的测量、观察数据等查找检索表。为避免出现同物异名或同名异物，造成混乱，所用名称，要求以《中国鱼类检索》（成庆泰，1987）鱼类名称为准，如根据文献引用资料，要求注明引用的参考文献，以便汇集时备考，鉴定完的标本，要妥善保存。

每种鱼的观测数据，应进行统计处理，求出各种性状的大小比例及变动范围。

应分析水体中鱼类种类组成，包括区系组成特点和生态类型，并按分类系统列出名录表。

（3）种群组成分析

重量和数量组成：取出的样品应按种类计数和称重，并计算每种鱼所占的百分比。主要经济鱼类体长、体重和年龄组成，样品中的主要经济鱼类应逐尾测定体长和称重，同时采集鳞片等年龄材料并逐号进行鉴定。

测定鱼龄主要采用鳞片法：测龄用的鳞片一般取自鱼体中部侧线上方附近的部位，通常取5~6片。取后用清水洗净，夹于两块载玻片之间。鳞片上的环片排列一般为两种类型，一为疏密型，如虹鳟鱼等；另一类为切割型，大部分鲤鱼科鱼类属此类型。疏密型：所谓疏密，在鳞片上的表示就是环片间的距离宽窄不等，宽区和窄区有规律的相间排列，通常把窄区过渡到宽区之间的分界线看作年轮；切割型：环片切割是由于环片群走向不同而造成的，一年中环片间的配置排列大体上都是平行的，但新的一年形成的第一条环片则与上一年形成的若干环片相切割，切割线就是年轮。

5.质量控制要求

（1）采样时应选择典型区域进行测量，点位的选择应该包括该河流所有生境的特征。采样区域应该远离主支流以及桥梁、航道，减少上游对总体栖息地质量的影响。记录采样点的经度和纬度。进行相同的采样时，每次都要进行栖息地评估和水质量的物理化学特征检测。

（2）所有标本都应贴上相应的标签，按序排列，存放在实验室指定的样品贮藏室中，建立标本库以供将来参考。标本瓶内须加入适量（以将标本完全浸没为宜）的10%的甲醛溶液作为固定剂，同时须定期检查固定剂是否变质，如有变质现象，须及时清理更换新的固定剂。

（3）每一个已鉴定完毕将被保存的标本均须由第二个分类鉴定员复检。复检合格后，须在该标本上贴上相应的标签，标签上要注明鉴定人员的姓名、鉴定日期、标本名称等详细信息。同时鉴定员要将标本的相关信息记录在"分类学鉴定"笔记本上备案。遇到本实验室无法确认的标本须外送到其他实验室进行鉴定时，须记录下标本外送的日期和目的地，当标本被返还时，也须记录下标本返还日期和鉴定人的姓名。

（4）标本鉴定的详细过程需记录在"标本鉴定"的记录本上，以便追踪标本鉴定分析过程中每一步的进展情况，并及时发现分析过程中的错误。

（5）实验室须建立一个基础的生物分类学资料库，提供一系列分类学参考资料以辅助分类鉴定员更好地完成鉴定工作。同时，每个分类鉴定员均须定期参加分类学培训，增强分类技能，确保能准确鉴定物种。

（6）监测人员要持证上岗，首先要参加上岗证理论考试，理论考试合格后方能上岗。同时进行操作技能考核、培训，考核合格后方能持证上岗，定期进行换证的理论考试、操作技能考核。

三、水生生物评价方法

用于水生生物评价的生物类群包括细菌、藻类、高等水生植物、浮游动物、大型底栖动物和鱼类等。在评价指标的选定时，不仅要考虑水生生物的种类和群落，而且要考虑季节、地形、水流、底质、水温、营养盐类和射入光量等环境因素的作用。因此，指示生物物种的选定时必须要注意以下几方面：种类的鉴定要准确；要选定优势种；充分掌握选定种同环境的物理、化学、生物的相互关系；查明选定种对环境的耐受性范围，希望选择耐受性范围狭窄，对环境变化反应敏感的种类；要考虑种类、群落的季节变化；有的即使同一种类，环境不同时其形态也变化；即使同一种，其耐受性也不一定相似，所以选择时要利用不同的群或群落，提高指标性，可能使环境分析更严密、更准确。比如，溪流及浅水型河流生物评价的常用生物类群为着生藻类、大型底栖动物以及鱼类；深水型河流生物评价可以选择浮游藻类作为着生藻类的补充，可增选浮游动物；湖泊及水库的生物评价以浮游藻类替代着生藻类，并增选浮游动物。另外，较大范围内环境变化的长期（几年）效应评价，首选鱼类；环境变化的短期效应评价，则选择大型底栖动物或藻类。在充分达到既定评价目的的前提下，评价类群可以根据现场采样条件以及人员、仪器的配备情况酌情增减。在北美，生物评价的发展近20世纪50年来经历了三个阶段：20世纪60年代以传统的定性评价为主，根据指示生物的出现与否来判定水体受污染程度；20世纪70年代起，大量采用各种多样性指数来评价水质，强调定量采样和复杂的统计分析，十分耗时和费力；20世纪80年代初，人们又将兴趣转向定性评价，并在方法上对其做了重要改进，提出一个全新的概念"快速生物评价法"（rapid bio-asessment method）。最早用以快速评价的生物是鱼类，近年来，大型底栖无脊椎动物以其独特的优越性已被美国、英国、加拿大和澳大利亚等国生态环境部门广泛使用。在亚洲，日本和韩国走在最前列，早在20世纪70年代就开展了这方面的研究；90年代初期，已开始采用底栖动物类群的耐污值和生物指数来评价水质。目前，许多发展中国家也陆续开始应用该技术来监测和评价水环境。

1. 指示生物法

指示生物法是指根据对水环境中有机污染或某种特定污染物质敏感的或有较高耐受性的水生生物种类的存在或缺失，来指示其所在水体污染状况的方法。它是经典的生物学水质评价方法。各种生物对环境因素的变化都有一定的适应范围和反应特点，生物的适应范围越小，反应越典型，对环境因素变化的指示越有意义。选作指示种的生物是生命期较长、活动场所比较固定、易于采集的生物，可在较长时期内反映所在环境的综合影响。静水中指示生物主要为底栖动物或浮游生物，流水中主要用底栖动物或着生生物，鱼类也可作为指示生物，大型无脊椎动物是应用最多的指示生物。如石蝇稚虫、蜉蝣稚虫等多的地方表明水域清洁，颤蚓类和蜂蝇稚虫等多的地方表明水域受有机物严重污染。多毛类小头虫是海洋污染的指示生物。人们根据科尔克维茨和马松污水生物系统列出污水生物分类表（其中包括细菌、藻类、原生动物和大型底栖动物），并根据种类组成的特点将水质分成寡污带、β-中污带、α-中污带和多污带四级，通常分别以蓝、绿、黄、红四种颜色表示。指示生物对环境因素的改变有一定的忍耐和适应范围，单凭有无指示生物评价污染的可靠性还有待进一步的研究。

2.种类多样性指数法

种类多样性指数法是应用数理统计法求得表示生物群落的种类和个体数量的数值，用以评价环境质量。它是定量反映生物群落结构（种类、数量）及群落中各种类组成比例变化的信息。其理论基础是：在清洁水体中，生物种类多样，数量较少；在污染水体中，敏感种类消失，耐污种类大量繁殖，种类单纯，数量很大。多样性指数法的优点在于确定物种、判断物种耐性的要求不严格，因此较为简便。比较常用的多样性指数有马格列夫（Margalef）多样性指数、香农－威纳（Shannon–Wiener）多样性指数、辛普森（Simpson）多样性指数和 Pielou 均匀度指数等。

3.生物指数法

生物指数是利用筛选的指示生物（indicator organism）或生物类群与水体质量的相关性，特别是考虑它们与污染物之间的关系，从而划分不同污染程度的水体。长期以来，水生态系统中生物的结构组成以及它们的种类、数量及丰度随水污染程度而变化，这一现象受到人们的极大关注。很多研究致力于使这种变化数量化，并与水体质量建立联系，从而有效地评价和监测水污染状况。

第三节　水中微生物卫生学监测

微生物在自然界中分布最为广泛，可以说是无处不在、无时不有、数量众多。从地表土壤到几百米的地下、几千米的高山；从空气到河流、湖泊及海洋；从动植物体表到体内，以及各种各样极端生境如高温、高盐、高压、极地和缺氧等生境都存在微生物，从而形成了复杂多样的微生物生态系统。

水是一切生命赖以生存的基本条件，它作为一种良好的溶剂，可以溶解多种无机物和有机物，满足了微生物营养需求。因此，水体是除土壤以外，微生物栖息的第二大天然场所。淡水和海水两类水体中微生物的种类与数量分布存在很大的差异。水中微生物的含量和种类直接影响着水质；同时也能反映水质变化，因而成为水环境监测的重要指标之一。

一、微生物监测的基本知识

微生物（Microorganism）是指个体微小、结构简单，肉眼难以看清、需要借助光学显微镜或电子显微镜才能观察到的一切微小生物的总称。它们大多为单细胞，少数为多细胞，还包括一些没有细胞结构的生物。

1.分类

微生物的种类很多，主要包括：细菌、放线菌、支原体、立克次氏体、衣原体、蓝细菌、真菌（酵母菌、霉菌及蕈菌）、原生动物、病毒、类病毒、朊病毒等。根据不同的进化水平和性状上的显著差异，微生物可分为以下三大类群：

（1）非细胞型生物（即分子生物）：病毒、类病毒、朊病毒、拟病毒；

（2）原核生物：细菌、放线菌、蓝细菌（蓝藻、蓝绿藻）、支原体、立克次氏体、衣原体；

（3）真核生物：真菌（丝状真菌—霉菌、酵母菌、大型真菌—蕈菌）、单细胞藻类、原生动物。

目前我们在环境监测领域主要开展的微生物监测如：细菌总数、总大肠菌群数和粪大肠菌群数等项目均属于原核生物中细菌的范畴。

2.细菌的细胞结构特点

大多数细菌具有一定的基本细胞形态并保持恒定。形状近圆形的细菌称为球菌；形状近圆柱形的称为杆菌；螺旋形的细菌称为螺旋菌。细胞的形状明显地影响着细菌的行为和其稳定性。例如球菌，由于是圆形，在干燥时较不易变形，因而它比杆菌和螺旋菌更能经受高度干燥的考验而得以存活。杆菌较球菌每单位体积有较大的表面积，因而比球菌更易从周围环境中摄取营养。螺旋菌呈螺旋式运动，因而较之运动的杆菌受到的阻力要小。

细菌细胞全部的化学组成与动物、植物和其他微生物等所有生物细胞的组成非常相近。细菌细胞的一般结构包括：细胞壁、细胞膜、细胞质、间体、核糖体、核质、内含物颗粒。特殊结构有荚膜、鞭毛、伞毛、芽孢。

（1）细胞壁

细胞壁（cell wall）是细菌细胞的外壁，较坚韧而略有弹性，具保护和成型的作用，是细胞的重要结构之一。细胞壁的重量约占细胞重量的 10% ~ 20%，各种细菌的壁厚度不等，如金黄色葡萄球菌为 15 ~ 20 nm；大肠杆菌为 10 ~ 15 nm。用光学显微镜很难观察清细胞壁，可用电子显微镜通过细胞的超薄切片观察。

根据细菌细胞壁结构的区别，可将细菌分为革兰氏阳性菌(G+)与革兰氏阴性菌(G−)两大类。革兰氏阳性菌中细胞壁主要由肽聚糖组成，革兰氏阴性菌则主要由脂多糖和蛋白质组成，而且覆盖在肽聚糖层的外面。

（2）细胞膜

细胞膜（cell membrane）是细胞质外的一层薄膜，其厚度约为 5 ~ 8 nm。该膜有时亦称为原生质膜或质膜。细胞膜是使细胞的内部同它所处的环境相隔离的最后屏障。细胞膜是选择性膜，在营养的吸收和代谢物的分泌方面具有关键作用，如果膜被弄破，细胞膜的完整性就受到破坏，将导致细胞死亡。

（3）间体

由于细胞质膜的面积比包围细胞所需要的面积大许多倍，使大量的细胞质膜内陷，因此形成了细菌细胞的间体（mesosome）。它主要起着真核细胞中多种细胞器的作用。革兰氏阳性菌中均有发达的间体，但许多阴性菌中却没有。只在一些具有较强呼吸活性的阴性菌中才有发达的间体，这是为了增加呼吸活性中心。间体数目随菌种而异，枯草芽孢杆菌平均4个，蜡状芽孢杆菌平均6个。

（4）核质

在细菌细胞中有一个或几个核质，其功能是存储、传递和调控遗传信息。核质（nuclein）外面没有核膜，核质中极大部分空间被卷曲的DNA双螺旋所填满。例如，大肠杆菌的细胞约2um长，而它的DNA长度是1000～1400um。每个核质可能只有一个单位DNA分子，而且呈环状。由于细菌核质不具核仁、核膜，所以不是真正的核。

（5）内含物颗粒

细菌细胞的细胞质常含有各种颗粒，它们大多为细胞储藏物质，称为内含物颗粒（granule）。颗粒的多少随菌龄和培养条件的不同而有很大的变化。其成分为糖类、脂类、含氮化合物及无机物等。这些颗粒物质主要有以下五种：异染颗粒、聚 β-羟丁酸颗粒、肝糖、脂肪粒、液泡。

（6）核糖体

在用电子显微镜观察细胞的超薄切片时，常可看见细胞质内有一些小的深色的颗粒，这些颗粒是细胞内合成蛋白质机构的一部分。它们含有的核酸体，由大约60%的核糖核酸和40%的蛋白质组成，直径约为20 nm，其沉降系数为70S。

在完整细胞中，核糖体（ribosome）常聚结成不同大小的聚合体，称作聚核糖体。但细胞被打碎后，聚核糖体易分开，各个核糖体自由浮动。聚核糖体颗粒间的联键是一个长的RNA分子，称为信使RNA，它在蛋白质合成系统中起着关键的作用。

（7）细胞质

除核区以外，包在细胞膜以内的无色、透明、黏稠的胶状物质均为细胞质（cytoplasm），细胞质的主要成分为水、蛋白质、核酸、脂类、少量糖和无机盐。细胞质是细胞的内在环境，含有各种酶系统，具有生命活动的所有特征，能使细胞与周围环境不断地进行新陈代谢活动。由于细胞质内含有固形物量15%～20%的核糖核酸，所以具有酸性，易为碱性和中性染料着色。但由于老龄细胞中核酸可作为氮源和磷源消耗，所以其着色力不如幼龄细胞强。

3.特点

微生物除具有生物的共性外，也有其独特的特点，包括：个体微小、结构简单、表面积大；吸收多，转化快；生长旺，繁殖快；适应强，变异快；分布广，种类多。正因为其具有这些特点，才使得这样微不可见的生物类群引起人们的高度重视。

（1）个体微小、结构简单、比表面积大

微生物的个体极其微小，一般以"um"或"nm"做单位描述之。根据常识，把一定体积的物体分割得越小，它们的总表面积就越大。若把某一物体单位体积所占有的表面积称为比表面积。物体体积越小，其比面值就越大。如果把人的比表面积值定为 1，则大肠杆菌的比表面积竟然高达 30 万。在采用高密度细胞发酵时，干细胞量竟达到 100g/L。

（2）吸收多，转化快

由于微生物的比表面积大得惊人，所以与外界环境的接触面积特别大，这非常有利于微生物通过体表吸收营养和排泄代谢产物。有资料表明：在适合的条件下，Escherichia coli（大肠杆菌）在 1 小时内可分解其自重 1 000 ~ 10000 倍的乳糖；Candida utilis（产朊假丝酵母）合成蛋白质的能力比大豆强 100 倍，比食用公牛强 10 万倍；一些微生物的呼吸速率也比高等动、植物的组织强数十至数百倍。微生物的这个特性，使其具有高速生长繁殖和合成大量代谢产物提供了充分的物质基础，从而使微生物能在自然界和人类实践中更好地发挥其"超小型活的化工厂"的作用。

（3）生长旺盛，繁殖快

微生物具有极高的生长和繁殖速度。在适合的生长条件下，Escherichia coli（大肠杆菌）细胞分裂 1 次仅需要 12.5 ~ 20s；若按照平均 20s 分裂 1 次计算，则 1 个小时可分裂 3 次，每昼夜可分裂 72 次，这样原初的一个细菌已经产生了 4.7×109 万亿个后代，总重量约可达 4722t。事实上，由于营养、空间和代谢产物等条件的限制，微生物的几何级数分裂速度充其量只能维持数小时而已，因而在微生物液体培养过程中，细菌细胞的浓度一般仅达 108 ~ 109 个 /mL。而微生物的这一特性在发酵工业上具有重要意义，可以提高生产效率，缩短发酵周期。此外，其在生物学基础理论的研究中的应用也有极大的优越性，因而成为理想的生物研究和实验的材料。

（4）适应强，易变异

微生物具有极其灵活的适应性或代谢调节机制，因此对环境条件尤其是地球上那些恶劣的"极端环境"，例如对高温、高盐、高酸、高辐射、高压、低温、高碱或高毒等的惊人适应力，堪称生物界之最。

微生物的个体一般都是单细胞、简单多细胞甚至是非细胞的，它们通常都是单倍体，加之具有繁殖快、数量多以及与外界环境直接接触等特点，因此即使其变异频率十分低（一般为 10^{-5} ~ 10^{-10}），也可在短时间内产生出大量变异的后代。

（5）分布广，种类多

微生物因其体积小、重量轻和数量多等原因，可以到处传播以致达到"无孔不入"的地步，只要条件适合，它们就可以"随遇而安"。地球上除了火山的中心区域等少数地方外，从土壤圈、水圈、大气圈至岩石圈，到处都有它们的踪迹。

除了分布广，微生物种类繁多，迄今为止我们所知道的微生物约有 10 万种，可能是地球上物种最多的一类。微生物的种类即微生物多样性主要体现：物种的多样性、生理代谢类型的多样性、代谢产物的多样性、遗传基因的多样性和生态类型的多样性五方面。这些决定了微生物资源是极其丰富的，目前在人类生产和生活中仅开发利用了发现微生物种类的 1%。

二、水中微生物监测的作用和意义

微生物在自然界的分布极其广泛，土壤、水体、工农业产品和动植物体内外是它们的主要栖息地，空气中也有大量微生物分布，是环境生物的主要组成之一。微生物在自然界物质循环中发挥着至关重要的作用，在整个生态系统中它们主要担负着分解者（还原者）的角色，对生物圈的碳、氮、磷、硫等元素的生物地球化学循环起着关键作用，不仅与生物圈协调和发展有重大关系，还与农业生产、污染防治和金属矿产的开发利用等密切相关。

由于微生物细胞与环境接触的直接性和对其反应的敏感性，使微生物成为环境监测中的重要指示生物。当环境受到人、畜污染时，环境中微生物的数量可大量增加。通过监测环境中的微生物群落（种类、数量），可反映环境污染状况，对于环境质量评价、环境卫生监督等方面具有重要的意义。目前微生物监测工作主要用于水环境质量评价领域中。

（一）水中微生物的生态条件

地球表面的 70% 为各类水体所覆盖。根据形成因素可分为天然水体和人工水体两大类。天然水体包括海洋、江河、湖泊、湿地和泉水等，人工水体包括水库、运河以及各种污水处理系统。不同的水生环境其微生物种类和数量有较大差异，但总体来说水体是适宜于微生物生存的主要生态环境之一。

1. 营养状况

水体是一种很好的溶剂，溶解有氮、磷、硫等无机营养和以污水、根叶、动植物尸体以及类似的形式进入水中的有机物质。各种水体中营养状况有很大差异。

2. 温度

各种水体有较大差异，并随着季节等有较大变化。一般淡水在 0 ~ 36℃ 之间，海洋水温在 5℃ 以下，温泉水温可在 70℃ 以上。

3. 氧气

水体中空气供应较差（氧在水中溶解度较小，易被微生物耗尽），因此，对于微生物生长而言，氧气是水生环境里最重要的限制因子。静水湖泊更为明显，江河水域由于水的流动溶解氧能不断得以补充。

4.pH

不同水体的 pH 变化范围也较大，在 3.7 ~ 10.5 之间。大多数淡水 pH 6.5 ~ 8.5，适于大多数微生物生长。而在一些酸性和碱性水体中也有相应的微生物类群生长。

（二）水中微生物的来源

水体中的微生物大致来源于以下几方面：

1. 水体"土著"微生物

水体"土著"微生物是水体中固有的微生物，主要有硫细菌、铁细菌等化能自养菌，光合细菌、蓝细菌、真核藻类以及一些好氧芽孢杆菌等。

2. 来自土壤的微生物

由于水体的冲刷，将土壤中的微生物带到水体中，主要包括氨化细菌、硝化细菌、硫酸还原菌、芽孢杆菌和霉菌等。

3. 来自空气微生物

雨雪降落时，将空气中的微生物带入水体中，主要是由于空气中有许多尘埃造成的。

4. 来自生产和生活的微生物

各种工业废水、农业废水、生活污水、人和动物排泄物和动植物残体等夹带微生物进入水体，主要包括大肠菌群、肠球菌、各种腐生细菌、梭状芽孢杆菌以及一些致病性微生物，如霍乱弧菌、伤寒杆菌和痢疾杆菌等。

（三）水中微生物的种类、数量和分布

水体中微生物的种类、数量和分布受水体类型、有机物含量、温度及深度等多种因素的影响。大气水中一般含微生物较少，主要来源于空气中的尘土。地面水中微生物的数目容易发生巨大的变化，既决定于土壤中微生物的数目，也决定于被水分由土壤中溶解出的营养物的种类和数量。微雨的主要结果是增加地面水中细菌的污染，而长期下雨的结果则相反。聚积水体（江河、湖泊、海洋和水库等）可分为很多类型，其微生物种类、数量差异较大。清洁湖泊、水库中有机物含量少，微生物也少，数量约为 $10^2 \sim 10^3$ 个 /mL，并以自养型为主，包括铁细菌、硫细菌、光合细菌、蓝细菌、藻类及少量寡营养型的异养细菌。有机物多的湖泊，停滞的池塘，污染的江河水以及下水道的沟水中，有机物含量高，微生物种类和数量都很多，数量约为 $10^7 \sim 10^8$ 个 /mL，并以异养型腐生菌、真菌和原生动物为多。一般海水含盐量约为 30g/L，因此海洋微生物大多数是耐盐或嗜盐微生物，主要有藻类、假单胞菌、弧菌、黄色杆菌及一些发光细菌等。地下水水体是无菌的，这是由于在水渗入地下时土层过滤掉了大多数微生物和营养物质。

尽管随水体类型不同，微生物的种类和数量有较大差异，但微生物在不同水体中（主要指聚积水体）的分布却有相同或相近的规律。微生物在水体中水平分布主要受有机物含量的影响，一般在沿岸水域有机物较多，微生物的种类和数量也较多。微生物在水体中的

垂直分布随深度变化表现出有规律的变化，浅水区（表层水）因阳光充足和溶解氧量大，适宜蓝细菌、光合藻类和好氧微生物生长，而厌氧微生物较少；深水层内好氧微生物较少，厌氧和兼性厌氧微生物增多；水底淤泥中只有一些厌氧菌生长，而在海洋的超深海区，只有少数耐压菌才能生长。

（四）水中微生物监测的作用和意义

开展微生物监测时，一般选择有代表性的一种或一类微生物作为指示微生物；通过对指示微生物的检测，来了解水体是否受到过的微生物污染。在实际工作中，通常以检验细菌总数、总大肠菌群、粪大肠菌群、大肠埃希氏菌、肠道病毒等作为指示微生物，来间接判断水的卫生学质量。同时，结合高锰酸盐指数、BOD、COD、DO、氨氮及氮磷等理化指标也可以综合反映环境中污染的水平。此外，微生物的生长、繁殖量和其他生理、生化反应也是鉴定微生物生存的环境质量优劣的常用指标。例如发光细菌利用生物发光监测环境污染是一个既灵敏又有特色的方法。

水环境中的微生物监测方法也是利用了微生物与环境接触的直接性和对其反应的敏感性。当自然水体受空气沉降、土壤、工业废水、生活废水及人畜粪便的影响时，水中有机物不断增加，从而促进了水体中微生物生长及繁殖。我们通过监测水体中特定微生物的数量和种类的变化，即可评价水质状况，反映水质变化趋势，保障水质的卫生安全。

三、微生物监测的基本原理

微生物不论其在自然条件下还是在人为条件下发挥作用，都是通过"以数取胜"或"以量取胜"的。生长和繁殖就是保证微生物获得巨大数量或生物量的必要前提。而微生物监测的主要核心指标是微生物的生物量。因此，我们的监测人员在持证上岗之前，就必须掌握微生物的生长繁殖规律，其是微生物监测的基本原理。

1. 生长与繁殖

一个微生物细胞在合适的外界环境条件下，会不断地吸收营养物质，并按其自身的代谢方式不断进行新陈代谢。如果同化（合成）作用的速度超过了异化（分解）作用，则其原生质的总量（重量、体积、大小）就不断增加，于是出现了个体细胞的生长。如果这是一种平衡生长，即各种细胞组分是按恰当比例增长时，则达到一定程度后就会引起个体数目的增加，对单细胞的微生物来说，这就是繁殖。不久，原有的个体已经发展成一个群体。随着群体中各个个体的进一步生长、繁殖，就引起了这一群体的生长。群体的生长可用其重量、体积、个体浓度或密度等做指标来测定。所以个体和群体间有以下关系：

个体生长→个体繁殖→群体生长

群体生长 = 个体生长 + 个体繁殖

事实上，微生物个体细胞的生长时间一般很短，很快就进入繁殖阶段，生长和繁殖实际上很难分开。除特定的目标以外，在微生物的研究和应用中，只有群体的生长才有意义。因此，在微生物学中，凡提到"生长"时，一般均指群体生长。

2.微生物生长的测定

生长是一个复杂的生命活动过程。微生物细胞从环境吸取营养物质，经代谢作用合成新的细胞成分，细胞各组成成分有规律地增长，致使菌体重量增加，这就是生长。随着菌体重量的增加，菌体数量也增多，这就进入到繁殖阶段。生长是繁殖的基础，繁殖是生长的结果。

微生物的生长繁殖是其在内外各种环境因素相互作用下生理、代谢等状态的综合反应，因此有关生长繁殖的数据就可作为研究多种生理、生化、遗传及生态等问题的重要指标，也为我们开展微生物工程、有害微生物防治及环境监测提供必要的技术手段。

既然生长意味着原生质含量的增加，所以测定生长的方法也都直接或间接地以此为根据，而测定繁殖则都要建立在计算个体数目这一基础上。

描述微生物生长，对不同的微生物和不同的生长状态可以选取不同的指标。通常对处于旺盛生长期的单细胞微生物，既可选细胞数，又可以选细胞质量作为生长指标，因为此时这两者是成比例的。对于多细胞微生物的生长（以丝状真菌为代表），则通常以菌丝生长长度或者菌丝重量作为生长指标。

常用的测定或估计微生物生长的方法有以下几种：

（1）显微镜计数法

单细胞的微生物，例如细菌，主要采用计数器（又称血球计数板）直接在显微镜下计数。这些计数器的底部都有棋盘式刻度，可以数一定面积内的菌数。对于能运动的细菌，一般可以设法用 4% 聚乙烯醇停止其运动后计数。

（2）平皿活菌计数法

这是采用平皿涂布或混匀的方法，计算固体培养基上长出的菌落数。此法适用于各种好氧菌或异氧菌。其主要操作是把稀释后的一定量菌样通过浇注琼脂培养基或在琼脂平板上涂布的方法，让其内的微生物单细胞——分散在琼脂平板上（内），待培养后，每一活细胞就形成一个单菌落，此即"菌落形成单位（CFU）"。每一个菌落是由一个细胞繁殖而成。根据每皿上形成的 CFU 数乘以稀释度就可推算出水样中的含菌数。

（3）稀释培养 MPN 法

最大或然数（Most Probable Number，MPN）计数又称稀释培养计数，适用于测定在一个混杂的微生物群落中虽不占优势，但却具有特殊生理功能的类群。其特点是利用待测微生物的特殊生理功能的选择性来摆脱其他微生物类群的干扰，并通过该生理功能的表现来判断该类群微生物的存在和丰度。

MPN 计数是将待测样品做一系列稀释，一直稀释到将少量（如 1mL）的稀释液接种到新鲜培养基中没有或极少出现生长繁殖。根据没有生长的最低稀释度与出现生长的最高稀释度，采用"最大或然数"理论，可以计算出样品单位体积中细菌数的近似值。具体地说，菌液经多次 10 倍稀释后，一定量菌液中细菌可以极少或无菌，然后每个稀释度取 3 ~ 5 个样品重复接种于适宜的液体培养基中。培养后，将有菌液生长的最后 3 个稀释度（即临界级数）中出现细菌生长的管数作为数量指标，由最大或然数表上查出近似值，再乘以数量指标第一位数的稀释倍数，即为原菌液中的含菌数。我们开展的总大肠群落和粪大肠菌群项目都是采用稀释培养 MPN 法。

（4）比色（比浊）法

在科学研究和生产过程中，为及时了解培养中微生物的生长情况，须定时测定培养液中微生物的数量，以便适时地控制培养条件，获得最佳的培养物。比浊法是常用的测定方法，是在浊度计或比色计上进行测定培养液中微生物的数量。某一波长的光线，通过混浊的液体后，其光强度将被减弱。入射光与透过光的强度比与样品液的浊度和液体的厚度相关。由于在一定范围内，单细胞微生物的光吸收值与液体中的细胞数量成正比，因此可用作溶液中计算总细胞的技术，但需要用直接显微镜计数法或平板活菌计数法制作标准曲线进行换算。比浊法虽然灵敏度较差，然而却具有简便、快速、不干扰或不破坏样品的优点。

（5）干重测定法

干重法一般可以分为粗放的测体积法（在刻度离心管中测沉淀量）和精确的称干重法。将一定量的菌液中的菌体通过离心或过滤分离出来，然后烘干（干燥温度可采用 105℃、100℃或 80℃）、称重。微生物的干重一般为其湿重的 10% ~ 20%。据测定，每个 Escherichia coli（大肠杆菌）细胞的干重为 2.8×10^{-13}g，故 1 颗芝麻中（近 3 mg）的大肠杆菌团块，其中所含的细胞数目竟可达到 100 亿个。

（6）生理指标法

与微生物生长量相平行的生理指标很多，可以根据实验目的和条件适当选用。最重要的如测含氮量法，一般细菌的含氮量为其干重的 12.5%，酵母菌为 7.5%，霉菌为 6.5%，含氮量乘以 6.25 即为粗蛋白含量。另有测含碳量以及测磷、DNA、RNA、ATP、DAP（二氨基庚二酸）、几丁质或 N- 乙酰胞壁酸等含量的；此外，产酸、产气、耗氧、黏度和产热等指标，有时也应用于生长量的测定。

3. 微生物生长的规律

微生物的细胞是极其微小的，但是它与一切其他细胞和个体（病毒例外）一样，也有一个自小到大的生长过程。在整个生长过程中，微小的细胞内同样发生着阶段性的极其复杂的生物化学变化和细胞学变化。其中单细胞微生物（例如：细菌）的生长曲线尤为典型。

定量描述液体培养基中微生物群体生长规律的实验曲线，称为生长曲线。如以细胞数目对数值作为纵坐标，以培养时间做横坐标，就可画出一条曲线，这就是微生物的典型生长曲线。生长曲线代表了细菌在新的环境中从开始生长、分裂直至死亡的整个动态变化过程。每种细菌都有各自的典型生长曲线，但它们的生长过程却有着共同的规律性。根据微生物的生长速率常数，即每小时分裂次数的不同，一般可以将典型生长曲线划分为延滞期、指数期、稳定期和衰亡期等四个时期。

（1）延滞期

又称停滞期、调整期、适应期。指将少量菌种接入新鲜培养基后，在开始一段时间内菌数不立即增加或增加很少，生长速度接近于零，细胞形态变大或增多；酶合成迅速，为物质合成做准备，细胞内的 RNA 尤其是 rRNA 含量增高，原生质呈嗜碱性；合成代谢十分活跃，核糖体、酶类和 ATP 额合成加速，易产生各种诱导酶；对外界不良条件敏感，细胞在适应环境。

①特点：分裂迟缓、代谢活跃。生长速率常数为零、菌体粗大、RNA 含量增加、代谢活力强、对不良环境的抵抗能力下降。

②原因：调整代谢。微生物刚刚接种到培养基之上，其代谢系统需要适应新的环境，同时要合成酶、辅酶及其他代谢中间代谢产物等，所以此时期的细胞数目没有增加。

③实践意义：通过遗传学方法改变种子的遗传特性使延滞期缩短；利用对数生长期的细胞作为种子；尽量使接种前后所使用的培养基组成不要相差太大；适当扩大接种量。

（2）指数期

又称对数期，指在生长曲线中，紧接着延滞期的一段细胞数以几何级增长的时期。这一阶段，菌体细胞代谢旺盛，生长速率最快（常数 R 最大），数量急剧增加，代谢最短；细菌内各成分按比例有规律地增加，酶系活跃代谢旺盛。

①特点：生长速率最快、代谢旺盛、酶系活跃、活细菌数和总细菌数大致接近、细胞的化学组成形态理化性质基本一致。

②原因：经过调整期的准备，为此时期的微生物生长提供了足够的物质基础，同时外界环境也是最佳状态。

③实践意义：适宜做发酵菌种或提取初级代谢产物。

（3）稳定期

又称恒定期或最高生长期。细胞重要的分化调节阶段，储存糖原等细胞质内含物，芽孢杆菌在此阶段形成芽孢或建立自然感受态等。该期是发酵过程积累代谢产物的重要阶段，某些放线菌抗生素的大量形成也在此时期。

①特点：活细菌数保持相对稳定、总细菌数达到最高水平、细胞代谢产物积累达到最高峰、是生产的收获期、芽孢杆菌开始形成芽孢。

②成因：营养的消耗使营养物比例失调、有害代谢产物积累、pH 值 EH 值等理化条件不适宜。

③实践意义：稳定期是产物的最佳收获期，也是最佳测定期，通过对稳定期到来原因的研究还促进了连续培养原理的提出和工艺技术的创建。生产上常通过补充营养物质（补料）或取走代谢产物、调节 pH、调节温度、对好氧菌增加通气、搅拌或振荡等措施延长稳定生长期，以获得更多的菌体物质或积累更多的代谢产物。

（4）衰亡期

营养物质耗尽和有毒代谢产物的大量积累，细菌死亡速率超过新生速率，整个群体呈现出负增长。该时期死亡的细菌以对数方式增加，但在衰亡期的后期，由于部分细菌产生抗性也会使细菌死亡的速率降低，仍有部分活菌存在。细菌代谢活性降低，细菌衰老并出现自溶，产生或释放出一些产物，如氨基酸、转化酶、外肽酶或抗生素等。细胞呈现多种形态，有时产生畸形，细胞大小悬殊，有些革兰氏染色反应阳性菌变成阴性反应等。

①特点：细菌死亡速度大于新生成的速度、整个群体出现负增长、细胞发生多行化、开始畸形、细胞死亡出现自溶现象。

②成因：主要是外界环境对继续生长越来越不利、细胞的分解代谢大于合成代谢，继而导致大量细菌死亡。

③实践意义：生产过程中要控制连续培养的速率及条件，避免或延迟消亡期的出现。

4.影响微生物生长的主要因素

微生物与所处的环境之间具有复杂的相互影响和相互作用：一方面，各种各样的环境因素对微生物的生长和繁殖有影响；另一方面，微生物生长繁殖也会影响和改变环境。研究环境因素与微生物之间的关系，可以通过控制环境条件来利用微生物有益的一面，同时防止它有害的一面。

研究表明：环境的化学和物理特性对微生物生长的影响很大。环境因子对微生物的影响大致可分为三类：在适宜环境中，微生物正常地进行生命活动；在不适宜环境中，微生物正常的生命活动受到抑制或暂时改变原有的一些特性；在恶劣环境中，微生物死亡或发生遗传变异。理解环境因子对微生物生长的影响，可从另一个侧面揭示微生物生命活动的规律，有助于说明微生物在自然界的分布，使我们更能够对所开展的微生物监测的原理、方法及过程加深理解。

（1）温度

温度是影响微生物生长的一个重要因子。温度太低，可使原生质膜处于凝固状态，不能正常地进行营养物质的运输或形成质子梯度，因而生长不能进行。当温度升高时，细胞内的酶反应和代谢速率加快，生长速率加快。

然而当超过某一温度时，蛋白质、核酸和细胞其他成分就会发生不可逆的变性作用。因此，当温度在一个给定的范围内增加时，生长和代谢功能就会随之增加，但超过某一最大值后，失活反应开始发生，细胞功能急速下降到零。

温度对微生物生长的影响具体表现在：

①影响酶活性。温度变化影响酶促反应速率，最终影响细胞合成。

②影响细胞膜的流动性。温度高，流动性大，有利于物质的运输；温度低，流动性降低，不利于物质运输。因此温度变化能影响营养物质的吸收与代谢产物的分泌。

③影响物质的溶解度。微生物总体上生长温度范围较广，但对每一种微生物来讲只能

在一定的温度范围内生长。每种微生物都有三个基本温度；最低生长温度，低于这种温度微生物不再生长繁殖；最适生长温度，在此温度时生长速率最快；最高生长温度，在此温度以上微生物生长停止，出现死亡。微生物有各自的最适温度，一般是在 20 ~ 70℃左右。个别微生物可在 200 ~ 300℃的高温下生活。

各类微生物的适宜温度范围随其原来寄居的环境不同而异。根据微生物的最适生长温度范围，可将微生物粗略地划分为嗜冷微生物、嗜温微生物和嗜热微生物。

嗜冷微生物：最适生长温度在 5 ~ 20℃，主要存在于长期寒冷的环境中，分布在地球的两极、冷泉、深海、冷冻场所及冷藏食品中。短时间处于室温下，它们很快就会被杀死。

嗜温微生物：最适生长温度在 20 ~ 40℃。自然界中绝大多数微生物均属于这一类。这类微生物的最低生长温度在 10℃左右，低于 10℃便不能生长；最高生长温度在 45℃左右。嗜温微生物分为寄生型和腐生型两类，最适生长温度相对较高（37℃左右）的为寄生型，如粪大肠菌群。有一些人类病原菌也属于此类。最适生长温度相对较低（25℃左右）的为腐生型，如黑曲霉、酿酒酵母、枯草芽孢杆菌等。

嗜热微生物：最适生长温度一般在 50 ~ 60℃。它们主要分布在草堆、堆肥、温泉和地热区土壤中。

了解微生物的生长温度，有助于我们对于试验中与温度相关内容的理解。

A. 微生物的培养温度。一般选择其最适温度为该类微生物的培养温度，例如：细菌可在有氧条件下，37℃中放置 18 ~ 24h 生长；厌氧菌则须在无氧环境中放 2 ~ 3d 后生长；个别细菌如结核菌要培养 1 个月之久。控制培养温度即可筛选其培养微生物的种类。这样我们就能理解为什么在开展总大肠菌群监测时，我们采用的是 37℃培养温度；而开展粪大肠菌群监测时，采用的是 44.5℃培养温度。总大肠菌群中的细菌除生活在肠道中外，在自然环境中的水与土壤中也经常存在，但在自然环境中生活的大肠菌群培养的最合适温度为 25℃左右，如在 37℃培养则仍可生长，但如将培养温度再升高至 44.5℃，则不再生长；而直接来自粪便的大肠菌群细菌，习惯于 37℃左右生长，如将培养温度升高至 44.5℃仍可继续生长。因此，可用提高培养温度方法将自然环境中的大肠菌群与粪便中的大肠菌群区分。在 37℃培养生长的大肠菌群，包括在粪便内生长的大肠菌群称为"总大肠菌群"；在 44.5℃仍能生长的大肠菌群，称为"粪大肠菌群"（又称耐热大肠菌群），粪大肠菌群在卫生学上更具有重要的意义。

B. 微生物的保藏温度。当环境温度低于微生物的最适生长温度时，微生物的生长繁殖停止，当微生物的原生质结构并未破坏时，不会很快造成死亡并能在较长时间内保持活力，当温度提高时，可以恢复正常的生命活动。低温保藏菌种就是利用这个原理。开展微生物监测时，规定从取样到检验不宜超过 2h，否则应使用 10℃以下的冷藏设备保存样品，且不得超过 6h，一些细菌、酵母菌和霉菌的琼脂斜面菌种通常可以长时间地保藏在 4℃的冰箱中。

（2）pH

pH 影响微生物的生长，是因为介质 pH 影响生活环境中营养物质的可给态和有毒物质的毒性，影响菌体细胞膜的带电荷性质、膜的稳定性及膜对物质的吸收能力，使菌体表面蛋白变性或水解。

各种微生物都有其生长的最低、最适和最高 pH。低于最低或超过最高生长 pH 时，微生物生长会受抑制或导致死亡。每种微生物都有一个可生长的 pH 范围，以及最适生长 pH。不同的微生物最适生长的 pH 不同。微生物的生长 pH 值范围极广，从 pH 小于 2 至 pH 大于 8 都有微生物能生长，但是绝大多数种类都生活在 pH5 ~ 9 之间，只有少数微生物能够在低于 pH 为 2 或 pH 大于 10 的环境中生长。大多数自然环境 pH 为 5 ~ 9，适合于多数微生物的生长。

根据微生物生长的最适 pH，将微生物分为：①嗜碱微生物：能够在 pH 7.0 ~ 11.5 范围内生长的微生物，通常分布在碱湖、含高碳酸盐的土壤等碱性环境中。例如：硝化细菌、尿素分解菌、多数放线菌；②耐碱微生物：许多链霉菌；③中性微生物：能够在 pH 5.4 ~ 8.5 范围内生长的微生物，包括绝大多数细菌，一部分真菌；④嗜酸微生物：能够在 pH 5.4 以下生长的微生物，例如：硫杆菌属、硫化叶菌属和热原体属；⑤耐酸微生物：乳酸杆菌、醋酸杆菌。

目前我们环境监测中所涉及的微生物指标，均属于中性微生物。在实际监测中，一些酸性或碱性污染物排放后，会直接影响水体中 pH 的高低，也会影响微生物监测的结果。如果常规监测的断面微生物监测结果，尤其是细菌总数突然为 0，我们在进行复合监测时，也要增加理化指标如 pH 等指标的同步监测。

此外，同一种微生物在其不同的生长阶段和不同的生理生化过程中，对环境 pH 的要求也不同。在发酵工业中，控制 pH 尤其重要。例如：黑曲霉（Aspergillus niger）在 pH 2.0 ~ 2.5 范围时有利于合成柠檬酸；当在 pH 2.5 ~ 6.5 范围内时以菌体生长为主；而在 pH 7.0 时，则以合成草酸为主。

值得注意的是，虽然微生物能够生长的 pH 范围比较广泛，但细胞内部的 pH 却相当稳定，一般都接近中性。这是因为细胞内的 DNA、ATP 等对酸性敏感，而 RNA 和磷脂类等对碱性敏感，所以微生物细胞具有控制氢离子进出细胞的能力，维持细胞内环境中性。

（3）溶解氧

氧对微生物的生命活动有着极其重要的影响。微生物对氧的需要和耐受能力，在不同类群中变化很大。根据它们和氧的关系可分为好氧微生物和厌氧微生物两大类。其中，好氧微生物又可分为专性好氧菌、兼性好氧菌和微好氧菌三种；厌氧微生物可分为耐氧菌和专性厌氧菌两种。

好氧菌：包括大多数细菌，几乎全部的放线菌、蓝细菌、藻类和丝状真菌，它们以氧为呼吸链的最终电子受体，氧最后与氢离子结合成水。在呼吸链的电子传递过程中，释放出大量能量，供细胞维持生长和合成反应使用。氧还参与一些生化反应。好氧菌缺氧就不能生长。

厌氧菌：主要包括细菌和原生动物中的少数类群，它们利用结合态的氧。由于在有氧条件下会产生电子结构特殊的单一态氧，超氧化物游离基和过氧化物等有害化合物，而厌氧菌缺少过氧化氢。酶、过氧化物酶和超氧化物歧化酶，无法消除这些毒物的作用。所以它们暴露在空气中将停止生长，甚至很快死亡。

兼性厌氧菌：包括许多细菌、酵母菌和病原微生物中的一些类群。它们具有两套呼吸酶系，有氧时以氧作为受氢体进行呼吸作用，无氧时则以代谢的中间产物为受氢体进行发酵作用，通常在有氧时长得更好些。

微好氧菌：在充分通气或严格厌氧的环境中均不能生长，只能在含氧量为 2% ~ 10% 的微好气条件下生长，如片球菌属（Pediococcus）的细菌。

耐氧菌：与兼性厌氧菌类似，只是在无氧时长得更好些。

因此培养不同类型的微生物时，要采用相应的措施保证不同微生物的生长。培养好氧微生物时，须震荡或通气，保证充足的氧气。培养专性厌氧微生物时，须排除环境中的氧气，同时在培养基中添加还原剂，降低培养基中的氧化还原电位势。培养兼性厌氧或耐氧微生物，可深层静止培养。

了解溶解氧对微生物生长的影响，有助于我们对于试验中与氧相关内容的理解。例如：监测的目标微生物属于哪个类群？测定采样时，微生物水样能不能过瓶肩？多管发酵法为什么常常选用震荡培养装置？

（4）营养物质

从外界环境中获取营养是微生物的重要生理特性之一。营养是生命活动的物质基础和新陈代谢的起点。微生物和其他所有生物一样，在营养要求上有着高度的统一性，即在元素水平上都需要 20 种左右同样种类和数量的元素，而在营养要素水平上则都有相似的六大类，包括碳源、氮源、能源、生长因子、无机盐和水。微生物培养基的选用、设计、改进和配制是在微生物营养理论指导下的一种实践过程。

培养基中营养物质的组成不同往往对微生物生长有很大的影响。同一种微生物，在不同的氮源、碳源组成的培养基中，在相同的培养时间内其生物量的增加可以相差很大，甚至有的不能生长。

为了培养不同的微生物，必须有适用于不同微生物的培养基。所有的培养在配制时要注意以下几点：

①含有可被迅速利用的碳源、氮源、无机盐以及其他成分；

②含有适量的水分；

③调至适合微生物生长的 pH；

④具有适合的物理性能，例如透明度、固化性。目前培养基的配制是微生物监测质量控制的关键环节之一，相关要求如下：

每批培养基在使用前，须经无菌检验。可将培养基置于 37℃ 培养箱培养 24h 后，证明无菌，同时再用已知菌种（例如：标准菌株）检查在此培养基上生长繁殖情况，符合要求后方可使用。

对每批培养基，要做阳性和阴性对照培养检查试验。

配制每批培养基均要做好记录，登记配制日期、批次、培养基名称、成分、pH、灭菌条件、配制方法及配制人。配制好的培养基，不宜存放过久，以少量勤配制为宜。

四、微生物监测的基本项目

环境监测是测定代表环境质量的各种指标数据的过程，包括环境分析、物理测定和生物监测。其中生物监测是利用各种生物信息作为判断环境污染状况的一种手段。生物生活在环境中，不仅可以反映多种因子污染的综合效应，而且还能反映环境污染的历史状况。因此，生物监测可以弥补物理、化学测试的不足。

开展微生物监测时，我们可以通过监测水体中特定微生物的数量和种类的变化，反映水质变化趋势。但是环境中微生物的数量和种类太庞大，工作量巨大，因此无法对水体中各种可能存在的有害致病微生物一一进行检测。通常还可以选择适当的指示菌作为监测的主要对象，来预报水质的污染趋势，以保证水质的卫生安全。虽然微生物作为环境污染的指示物在应用上不及动植物广泛，但是微生物的某些特性使微生物在环境监测中具有特殊的作用。

（一）项目种类

目前我们已经开展的微生物监测项目可以分为三大类：粪便污染指示菌监测、微生物菌种鉴定和微生物毒性检测。

1. 粪便污染指示菌的监测

粪便中肠道病原菌对水体污染是引起霍乱、伤寒等流行病的主要原因。沙门氏菌、志贺氏菌等肠道病原菌数量少，检出鉴定困难，因此要想把直接检测病原菌作为常规的监测手段，对我们大多数监测站来说，无论是软、硬件上均有一定难度。因此，我们目前大部分是检验与病原菌并存于肠道且具有相关性的"指示菌"数量，来判断水质污染的程度和饮用水的安全，包括细菌总数、总大肠菌群数、粪大肠菌群数（耐热大肠菌群数）、大肠埃希氏菌群数、粪链球菌群数等。

2. 微生物菌种（致病菌和环境菌）的鉴定

自然界中微生物资源极其丰富，在环境中的利用前景也十分广泛。但由于微生物发现相对较晚，加上微生物种类鉴定技术及种类划分的标准等问题较复杂，至今已被研究和记载的还不到总量的10%。随着微生物监测技术的发展，尤其是分子生物技术的引入，16SrRNA分析已经成为微生物鉴定中常采用的方法之一。结合传统的形态学观察、培养筛选、生理生化分析、药敏试验及分子生物技术，开展微生物菌种鉴定与分析工作已经成为环境微生物监测的下一个热点工作。目前已经开展的微生物菌种鉴定包括致病菌的鉴定和环境菌的鉴定，包括：金黄色葡萄球菌、沙门氏菌、志贺氏菌、溶血性链球菌、酵母菌、铁细菌、霉菌、硫酸还原菌。

3. 微生物毒性检测

人们在生活过程中不断地与环境中的各种化学物质接触，这些物质对人类影响与危害怎样，特别是致癌效应如何，是人们普遍关心的问题。采用传统的动物实验和流行病学调查法已经远远不能满足需求，至今世界上已发展了数百种快速测试方法，其中发光菌综合毒性试验和致突变试验（Ames 试验）应用最广，其测试结果不仅可以反映化学物质的毒性和致突变性，而且可以反映其对环境的综合效应。

Ames试验：由美国Ames教授于1975年建立。其原理是利用鼠伤寒沙门氏菌(Salmonella typhimurium) 组氨酸营养缺陷型菌株发生回复突变的性能检测物质的突变性。这种试验准确性高，周期短，方法简便，可以反映多种污染物联合作用的总效应。人们称此法是一种良好的致突变物与致癌物的初筛报警手段。

发光菌综合毒性试验：利用发光菌的发光强度高低来监测环境中的有毒污染物，反映水体综合毒性的微生物监测方法。发光细菌是一类非致病菌的革兰氏阴性兼性厌氧细菌，在适宜条件"下培养会发出蓝绿色的可见光，当发光细菌接触有毒污染物时，细菌的新陈代谢则受到影响，发光强度可减弱或熄灭，发光强度的变化可用发光检测仪测定。

（二）基本项目

1. 细菌总数

细菌总数是指 1 mL 水样在营养琼脂培养基中，于 37℃经 24 h 培养后，所生长的细菌菌落的总数。检测意义：菌落数和水体受有机物污染的程度呈正相关。作为一般性污染的指标，可评价被检样品的微生物污染程度和安全性。水样菌落总数越多，说明水被微生物污染程度越严重，病原微生物存在的可能性越大，但不能说明污染的来源。监测方法：平板法、"3M"纸片法等，以传统的平皿法应用最为广泛。由于没有单独的一种培养基或其一环境条件能满足水样中所有细菌的生理要求，所以由此法所得的菌落数实际上要低于被测水样中真正存在的活细菌的数目。

试验所需器材与试剂包括：无菌蒸馏水、营养琼脂培养基、1 mL 吸管、10 mL 吸管，平皿、营养琼脂。主要检验程序：检样→稀释液→选择 2 ~ 3 个适宜稀释度→接种 1 mL→加入适量营养琼脂→混匀→倒置培养 37℃→菌落数→报告。

2. 大肠菌群

大肠菌群是根据检测技术来定义的。大肠菌群（多管发酵法）是指一群需氧或兼性厌氧的，37℃生长时能使乳糖发酵产酸产气的革兰氏阴性无芽孢杆菌。该菌群细菌可包括大肠埃希氏菌、柠檬酸杆菌、产气克雷白氏菌和阴沟肠杆菌等。大肠菌群（酶底物法）指一群需氧或兼性厌氧的，能在37℃生长，并且能产生能分解邻硝基苯β-D-吡喃半乳糖苷（ONPG）的β半乳糖苷酶，从而使培养液呈现颜色变化的方法的细菌群。大肠菌群并非细菌学分类命名，而是卫生细菌领域的用语，它不代表某一个或某一属细菌，而指的是具有某些特性的一组与粪便污染有关的细菌。无论是多管发酵法，还是酶底物法，其归根结底都是MPN法，是以最可能数（most probable number）简称MPN来表示试验结果的。实际上它是根据统计学理论，估计水体中的大肠杆菌密度和卫生质量的一种方法。其检测意义为：作为描述粪便污染的指标，大肠菌群数的高低，表明了被粪便污染的程度，间接地表明有肠道致病菌存在的可能，从而反映了对人体健康潜在危害性的大小。如果从理论上考虑，并且进行大量的重复检定，可以发现这种估计有大于实际数字的倾向。不过只要每一稀释度试管重复数目增加，这种差异便会减少，对于细菌含量的估计值，大部分取决于那些既显示阳性又显示阴性的稀释度。因此在实验设计上，水样检验所要求重复的数目，要根据所要求数据的准确度而定。

开展大肠菌群监测时，要区分总大肠菌群、粪大肠菌群、耐热大肠菌群、大肠杆菌、大肠埃希氏菌等的基本含义。

（1）总大肠菌群（Total coliform）：指一群需氧或兼性厌氧的，37℃生长时能使乳糖发酵，在24 h内产酸产气的革兰氏阴性无芽孢杆菌。

（2）粪大肠菌群（Fecal coliform）：是指在44.5℃温度下能生长并发酵乳糖产酸产气的大肠菌群，又称耐热大肠菌群。

（3）大肠埃希氏菌（Escherich.Coli）：通常称为大肠杆菌，是Escherich在1885年发现的，大多数是不致病的，主要附生在人或动物的肠道里，为正常菌群；少数的大肠杆菌具有毒性，可引起疾病。

大肠菌群多管发酵法的主要监测方法包括：MPN法、酶底物法、滤膜法、"3M"纸片法等。试验所需器材与试剂包括：水样、90 mL无菌水、9mL无菌水、5 mL乳糖蛋白胨、10mL吸管、1mL吸管、酒精灯、吸球、EC肉汤。主要检验程序：国家标准采用三步法，即：乳糖发酵试验、分离培养和证实试验。国家商检局标准（美国FDA）采用两步法，即推测试验、证实试验。根据证实为大肠杆菌阳性的管数，查MPN表，报告每100mL（g）大肠菌群的MPN值。

大肠菌群酶底物法是利用专利技术固定底物技术酶底物法（DST）同时检测总大肠菌群或粪大肠菌群和大肠埃希氏菌的方法。其中两种指示剂ONPG（Ortho-nitrophenyl-β-D-galactopyranoside）和MUG（4-methyl-umllifery-β-D-glucuronide）是可以被大肠菌群的β半乳糖苷酶和大肠埃希氏菌的β葡萄糖醛酸酶分解代谢。

目前酶底物法在全球广泛地被使用在检测水中大肠杆菌群以及大肠杆菌。在美国，90%以上的实验室使用酶底物检测技术。在我国环境监测系统，酶底物技术日益普及，全国各地使用此法的监测站达到百余家，遍布全国各地。2006 年总大肠菌群酶底物法方法标准已经编制完成（见：GB 5750–2006《生活饮用水标准检验方法》）。《水质粪大肠菌群酶底物法》也已经被列为 2011 年国家生态环境部标准项目。

五、微生物监测的基本技能

微生物学是一门实验性很强的学科，它有一套独特的实验技术和方法，并与生产实践密切相关。微生物学的发展就是理论与实践密切结合的过程，是实验技术与方法创立的基础，发展与理论相互促进、相得益彰的结果。因此，我们在开展微生物监测工作中，必须重视基本实验技能的学习，及时掌握现有的和最新的微生物综合实验技能，提高拓展综合实验技能和科技创新能力，将所学习到的微生物基本实验技能融会贯通到实践工作中。

（一）显微技术

微生物是一类肉眼无法辨别的微小生物，因此我们必须依靠各种光学显微镜和电子显微镜才能观测到它们的形态结构和特征。其中常用的包括明视野显微镜、暗视野显微镜、相差显微镜和荧光显微镜。掌握不同显微技术对于成功开展微生物各个监测项目是十分重要的。

1. 显微镜结构

光学显微镜是利用光学原理，把人眼所不能分辨的微小物体放大成像，以供人们提取微细结构信息的光学仪器。光学显微镜一般由载物台、聚光照明系统、物镜、目镜和调焦机构组成。

载物台用于承放被观察的物体。利用调焦旋钮可以驱动调焦机构，使载物台作粗调和微调的升降运动，使被观察物体调焦清晰成像。它的上层可以在水平面内做精密移动和转动，一般都把被观察的部位调放到视眼中心。

聚光照明系统由灯源和聚光镜构成，聚光镜的功能是使更多的光能集中到被观察的部位。照明灯的光谱特性必须与显微镜的接收器的工作波段相适应。

物镜位于被观察物体附近，是实现第一级放大的镜头。在物镜转换器上同时装着几个不同放大倍率的物镜，转动转换器就可让不同倍率的物镜进入工作光路，物镜的放大倍率通常为 5 ~ 100 倍。

显微镜一般结构由上到下依次是：目镜、镜筒、转换器、粗焦螺旋、细准焦螺纹、物镜、镜臂、载物台、压片夹、通光孔、遮光器、反光镜、镜座。

2. 正确使用步骤

（1）取显微镜时，必须双手拿显微镜。一手拿镜臂，另一手托住镜座，并保持镜身上下垂直切不可一只手提起，以免坠落和甩出反光镜及目镜。将显微镜放在自己身体的左前方，离桌子边缘 10cm 左右，右侧可放记录本或绘图纸。

（2）必要时，只能使用擦镜纸或镜头清洗剂来清洁所有镜头。不要使用面巾纸，它们会刮花镜头。

（3）使用油镜之前须如上述顺序，先用低倍镜找到被检物，然后转换成高倍镜，将被检物观察的部位移至视野中心，然后转换油镜观察。

（4）由于油镜工作距离很短，因此用粗条路螺旋下降镜筒时，一定要从侧面注视油镜头移动情况，在进行观察时，只能在油镜头提升过程找物像，而绝不能用粗调螺旋或细调螺旋将镜头下降，以防镜头与标本相碰撞。

（5）显微镜使用完毕后，将低倍物镜对准目镜，将镜筒降到最低位置，用擦镜纸和清洁器清除油镜上的油，然后将显微镜放回存放处。

（二）细菌染色技术

染色是细菌学上一个重要而基本的操作技术。因细菌细胞小而且透明，当把细菌悬浮于水滴内，用光学显微镜时，由于菌体和背景没有显著的明暗差，因而难以看清它们的形态，更不易识别其结构，所以用普通光学显微镜观察细菌时，往往要先将细菌进行染色，借助于颜色的反衬作用，可以更清楚地观察到细菌的形状及其细胞结构。

用于微生物染色的染料是一类苯环上带有发色基团和助色基团的有机化合物。发色基因赋予化合物的颜色特征，助色基团则给予化合物能够成盐的性质。染料通常都是盐，分酸性染料和碱性染料两大类。在微生物染色中，碱性染料较常使用，如美蓝、结晶紫、碱性复红、沙黄、孔雀绿等都属于碱性染料。其中，革兰氏染色是微生物实验中最有价值和应用最为广泛的方法之一。

1. 染色原理和机制

革兰氏染色法是细菌学中最重要的鉴别染色法，通过革兰氏染色可把细菌区分为革兰氏阳性菌（G+）和革兰氏阴性菌（G−）两大类。由于 G+ 细菌和 G− 细菌细胞壁化学成分的差异，引起了两者对染料（紫色结晶紫 – 碘复合物）物理阻留能力的不同，最终因 G+ 细菌的细胞壁阻留了紫色染柳，故呈紫色，而 G 细菌则褪成无色，再经沙黄（番红）复染后呈红色。

2. 基本步骤

革兰氏染色的基本步骤：先用结晶紫初染、次经碘液初染、再用 95% 乙醇脱色、最后用番红复染。经过此法染色后，细胞保留初染剂蓝紫色的细菌为革兰氏阳性菌；如果细胞染上复染的红色的细菌为革兰氏阴性菌。所需试剂和器具包括：结晶紫、卢戈碘液、95% 乙醇、酸性复红、生理盐水、酒精灯、载玻片、滤纸。主要步骤如下：

（1）涂片：用接种环挑取菌落，生理盐水一滴，涂匀；

（2）热固定：通过火焰若干次；

（3）初染：结晶紫一滴，1 min，水洗；

（4）媒染：卢戈碘液一滴，1 min，水洗；

（5）脱色：95% 乙醇，30s 或至无色为止；

（6）复染：复红一滴，30s。

除了革兰氏染色外，其他染色方法还包括：芽孢染色、荚膜染色、鞭毛染色等。

（三）灭菌技术

在微生物实验中，尤其是在接种、培养过程中，不能有任何杂菌污染，因此必须对所用器材、培养及工作场所进行灭菌和消毒。灭菌是指杀死一定环境中的微生物，包括微生物的营养体、芽孢和孢子。实验室常用的灭菌方法包括：直接灼烧、恒温干燥箱灭菌、高压蒸汽灭菌、间歇灭菌、煮沸灭菌等方法。这些方法的基本原理是通过加热使微生物体内蛋白质凝固变性，从而达到灭菌的目的。所谓消毒，是指消除附着在器具或食品中的有害（或者引起疾病，或者使食品腐烂）的微生物。但消毒不一定能消灭全部微生物。

1. 干热空气灭菌法

干热空气灭菌室在电热干燥箱内利用高温干燥空气（160 ~ 170℃）进行灭菌，它利用高温使微生物细胞内的蛋白质凝固变性而达到灭菌目的。此法适用于玻璃器皿如移液管、试管和培养皿的灭菌。培养基、橡胶制品、塑料制品不能采用干热灭菌。

2. 高压蒸汽灭菌

高压蒸汽灭菌是将物品放在密闭的高压蒸汽灭菌锅内，在一定的压力下保持 15 ~ 30 min 进行灭菌。此法适用于培养基、无菌水、工作服等物品的灭菌，也可用于玻璃器皿的灭菌。实验室常用的灭菌锅有非自控手提式高压蒸汽灭菌锅和自控式灭菌锅，具体操作步骤包括：加水、装料、加盖、排气、升压、保压和降压。此外，针对灭菌的培养基须根据要求开展无菌检查。

3. 过滤除菌

有些物质，如抗生素、血清、维生素、糖溶液等采用加热灭菌法时，容易受热分解而被破坏，因而要采用过滤除菌法。过滤除菌是通过机械作用滤去液体或气体中细菌的方法，该方法最大的优点是不破坏溶液中各种物质的化学成分。过滤除菌法除实验室用于溶液、试剂的除菌外，在微生物工作中使用的净化工作台也是根据过滤除菌的原理设计的，可根据不同的需要来选用不同的滤器和滤板材料。

4. 无菌操作技术

无菌操作技术主要是指在微生物实验工作中，控制或防止各类微生物污染及其干扰的一系列操作方法和有关措施，其中包括无菌环境设施、无菌实验器材及无菌操作方法。一般是在无菌环境条件下，使用无菌器材进行检验或实验过程中，防止微生物污染和干扰的一种常规操作方法。无菌操作的目的，一是保持待检物品不被环境中微生物所污染，二是防止被检微生物操作中污染环境和感染操作人员，因而无菌操作在一定意义上讲又是安全操作。无菌操作技术不仅在微生物学研究和应用上起着举足轻重的作用，在许多生物技术中也被广泛应用，例如转基因技术、单克隆抗体技术等。

（1）无菌环境

无菌室是微生物实验室内专辟的一个小房间，室外设一个缓冲间，缓冲间的门和无菌室的门不要朝向同一方向，以免气流带进杂菌。无菌室和缓冲间都必须密闭，无菌室内的地面、墙壁必须平整，不易藏污纳垢、便于清洗，室内装备的换气设备必须有空气过滤装置。工作台的台面应该处于水平状态，无菌室和缓冲间都装有紫外线灯（距离工作台面1m），工作人员进入无菌室应穿戴灭过菌的服装、帽子。超净台，主要功能是利用空气层流装置排除工作台面上部包括微生物在内的各种微小尘埃，通过电动装置使空气通过高效过滤器具后进入工作台面，使台面始终保持在流动无菌空气控制之下。在条件较困难的地方，也可以用木制无菌箱代替超净台（正面开有两个洞，不操作时用推拉式小门挡住，操作时可以将双臂伸进去：正面上部装有玻璃，便于在内部操作，箱内部装有紫外线灯，从侧面小门可以放进去器具和菌种、细胞株等）。

（2）无菌器材

无菌器材是无菌技术的主要组成部分，微生物检验和实验用器材可分为两类。第一类是器材灭菌，凡是检验中使用的器材，能灭菌处理的必须灭菌。第二类是消毒器材，凡是检验用器材无法灭菌处理的，使用前必须经消毒处理。

（3）无菌操作方法

除无菌环境、无菌器材，对于监测人员来说需要掌握必要的无菌操作方法。无菌操作过程中要注意：①在操作中不应有大幅度或快速的动作；②使用玻璃器皿应轻取轻放；③在火焰上方操作；④接种用具在使用前、后都必须灼烧灭菌；⑤在接种培养物时，协作应轻、准；⑥不能用嘴直接吸吹吸管：⑦带有菌液的吸管、玻片等器材应及时置于盛有消毒剂的消毒容器内消毒。

六、微生物监测的质量控制要求

当水环境受到人畜粪便、生活污水、工业废水、空气沉降、土壤污染时，环境中微生物的数量可大量增加，通过监测环境中的微生物群落（种类、数量），可反映环境污染状况，对于环境质量评价、环境卫生监督等方面具有重要的意义。与常规的理化监测相比较，微生物监测具有综合性、直观性、灵敏性和连续性的特点。但是由于受到实验生物本身生理、生长、生态等问题的限制，生物试验的干扰因素多，重复性较差，再加上各地监测水平参差不齐，又缺乏标准样品，因此质量保证与质量控制一直是微生物监测中的薄弱环节。

下面我们在质量保证与质量控制理论的基础上，结合国内微生物监测现状及工作实践，以及 2006 年国家实验室认可委颁布的 CNAS-CL09 要求，从监测人员、设施设备与环境条件、供试生物和标准样品、现场监测、实验室分析（包括实验室内和实验室间）、数据和报告审核等方面介绍一下质量控制的相关要求和重点。

（一）监测人员的质量控制要求

监测人员的质量一直是生物监测的关键和瓶颈，是直接影响监测结果和质量的主要因素。从微生物监测的对象来看，是一群个体微小、结构简单的低等生物，微生物通常人的肉眼看不见，必须借助于光学显微镜或电子显微镜才能看到。种类繁多，分类复杂，主要包括：细菌、放线菌、支原体、立克次氏体、衣原体、蓝细菌、真菌（酵母菌、霉菌及蕈菌）、原生动物、病毒、类病毒、朊病毒等。从整个微生物监测过程来看，其受环境条件和基体效应影响也很大。根据这些特点，生物监测实验室对人员的要求是有别于一般的理化分析实验室，既要保量，还要保质，要注重人员岗位设置、专业背景审核及业务培训计划等重要环节。

1. 人员岗位设置

根据生物监测对象和过程复杂的特点，实验室应设置试验负责人、质量监督员及试验人员等岗位，加强监测过程中的质量保证和监督。

（1）试验负责人应对某试验项目的全过程负责。根据承担的职责，试验负责人应具备相关试验的专业技术背景，本科以上学历，工程师以上职称，并具有 5 年以上相关工作经验。

（2）质量监督员应熟知其负责监督控制的试验。实验室应配备至少 1 名质量监督员，其职能包括：确认试验人员已得到试验计划和相关作业指导书；监督试验是否按照试验计划和作业指导书的要求进行，是否实施了质量保证措施，应定期检查实验室工作和审核试验过程并将检查和审核的结果记录备案；对未经许可的偏离试验计划和作业指导书的行为或质量保证措施未被实施时应立即通知试验负责人，并记录备案；检查试验报告，确证报告中准确描述了试验方法、试验过程和观察结果，报告中的结果准确无误地反映了原始数据。根据承担的职责，质量监督员应具备相关试验、质量保证和质量控制的专业技术背景，本科以上学历，工程师以上职称，并具有 10 年以上相关工作经验。

（3）试验人员应具备生物学、生态学、毒理学等专业基础知识，或具有相关专业背景，并熟悉生物安全知识和消毒知识，具备相应的理论和实际操作技能。非生物专业的技术人员须在带教老师的指导下，在该岗位实践 1 年以上，通过专门的考核，才能从事该岗位的工作。

2. 专业背景审核

从事微生物监测技术人员需要具有微生物学、临床医学等专业背景，熟悉微生物接种、培养、染色、鉴定、计数、灭菌及消毒等安全操作技能。此外，有颜色视觉障碍人员不能执行某些涉及辨色的试验。

3. 业务培训计划

凡承担微生物监测工作的人员必须参加专业技术培训，并通过环境保护相关部门组织的岗位考试合格后，方可持证上岗。上岗证有效期不超过 5 年，到期后应重新进行上岗考核。对于特殊的生物监测项目，还应根据地方和行业内相关的技术规定，参加特殊工种的培训，具备相关上岗证，例如：从事压力容器（主要指高压灭菌锅）操作人员需要具备"特种设备作业人员证"。

（二）设施设备与环境条件的质量控制要求

实验室的设施设备和环境条件应便于微生物监测工作的正常运行。

1. 实验设施设备齐全，环境条件良好

实验室应具备与所开展生物监测项目要求相符合的设施和设备，包括必要的废弃物收集、存储和生物安全防护设施，并符合有关人身健康和环保要求，必要时还须配备环境监控设施，诸如温度、湿度等。

根据微生物监测特点，应配备微生物采样设备、灭菌设备，如：灭菌设备高压蒸汽灭菌器、电热干燥箱、紫外灭菌灯等；培养设备，如恒温培养箱或培养室、恒温水浴箱等；样品保存设备，如普通和超低温冰箱、冷库等；相对独立的无菌操作区域，可以根据日常监测样品数量以及防护要求，选择超净工作台、无菌室或生物安全柜等设施。

2. 布局合理，功能区域分开

根据不同微生物监测特点和要求，对整个实验区域进行合理布局，不同功能工作区应是相对独立分隔的工作区域，并有明显的标志，避免交叉污染和干扰。清洁与污染区域分开，驯养和染毒区域分开，培养和检测区域分开，无菌室等特殊工作区域的布局应符合相关规定和要求。

3. 设施和设备检定、校准和维护

微生物监测设施和设备应按照有关规定和标准定期送计量监督部门检定、校准和维护。对目前计量监督部门无法检定、校准的微生物监测设备，实验室应建立相应的自校程序，用于定期自检和自校以确保设备正常运行。

（三）标准菌株的质量控制要求

微生物监测实验室必须保存满足试验需要的标准菌种，并编制相关程序管理和控制程序，以确保其质量和溯源性：实验室应根据规定的程序和期限对标准物质进行核查、转接传代及确认试验，以保证其校准状态的置信度；特殊标准菌种和藻种的进口、采购、使用、保藏、运输、安全处理还需要遵守国家相关法规和标准。

（四）现场采样的质量控制要求

微生物受环境变化影响较大，建议全年采样频次不少于 6 次，饮用水水源地全年采样不少于 12 次。采集的样品应尽可能地代表所采的环境水体特征，应采取一切预防措施尽力保证从采样至实验室分析这段时间间隔里不受污染和干扰。

样品采集时，应遵循相应的标准和规范，应先完成微生物采样，再完成其他生物监测项目及理化样品的采集。采集地表水样时，可瓶口朝水流方向，从水中直接采集水样，水样至瓶肩，然后盖上瓶盖，并快速重新扎上牛皮纸。采集样品时要记录采样点位周围环境及底质特点，必要时需要测量水深、流速、水温、水色、溶解氧、电导率、pH、透明度等指标，为结果分析时提供原始依据。

各种水体，特别是地表水、污水和废水的水样，易受物理、化学或生物作用的影响，从采水至检验的时间间隔内会很快发生变化。因此，当水样不能及时运到实验室，或运到实验室后，2h 内不能立即进行分析时，应使用 10℃ 以下的冷藏设备保存样品，但不得超过 6h。如果因路途遥远，6 h 内不能完成检测工作的，应考虑现场检测或采用延迟培养法。

（五）实验室分析的质量控制要求

实验室分析过程的质量控制是微生物监测质量保证的重要组成部分。在开展微生物监测项目时，应充分考虑微生物生长及生理生化分析的特点，加强分析过程中各重点环节的质量控制要求，包括试验用水、培养基质量、无菌室管理、消毒和灭菌效果及实验分析过程等环节的质量控制。每年应根据实验室的具体情况，编制合理的《年度质量控制计划》，其中：试验用水的质量监控测试一年不少于 2 次；培养基的质量监控测试一年不少于 1 次，换供应商、换批次应酌情增加；按照测试样品批次，定期开展无菌性检验、精密度检验；按照测试样品数量，定期开展标准菌的阳性率检验及质保样品的测试，一年不少于 1 次；人员比对的质量监控检查（培训、监督、比对）一年不少于 1 次。

（六）实验室比对的质量控制要求

考虑到微生物监测的特殊性，实验室间应积极参与实验室间的比对活动，可根据实验室的运行状况，定期或不定期地组织系统内实样比对，参加国际比对。微生物实验室间开展比对其主要目的是加强实验室间人员及技术的交流，各实验室应相互创造条件、制订计划，落实措施，关注和加强对生物标样的研究工作，提出切合实际的质量控制管理办法。

（七）数据和报告审核的质量控制要求

1. 加强数据的审核工作

审核人应有相关微生物专业背景、专业年限并聘请有专业职称的人员担当；应检查数据的可靠性、数据录入的准确性、数据统计分析的合理性。

2.加强报告的审核工作

审核人应由相关微生物专业背景、专业年限和专业职称的人员担当；应核对报告中的数据与原始数据及统计结果的一致性；检查报告内容和格式的完整性；评价结果和判别依据的合理性进行检查。

3.报告内容

鉴于生物监测的复杂性和专业性，生物监测报告内容应包括试验方法、检测过程及环境条件等内容。根据这方面的质量控制要求，微生物监测实验室应制订相关的质量控制计划，对外部质量控制和内部质量控制活动的实施内容、方式、责任人做出明确的规定，对内部质量控制活动，计划中还应给出结果评价依据。

目前，我国微生物监测还没有完整的质量保证体系，在质量控制方面还存在很多问题，一方面是生物监测技术本身特点所决定的，尤其对人员要求高；另一方面是因为各地生物监测工作水平参差不齐，实验室建设尚缺乏统一的要求和规范，严重制约了生物监测的应用和发展。但随着国家对生物监测工作的不断重视，生物监测的质量体系也将不断发展和完善。

第四节　生物毒性监测技术

目前，突发性污染事故及水质突变现象时有发生，且呈现出明显的增加趋势，水质突发性污染事故直接危害生活饮水和城市集中供水的安全，并对水生态系统造成很大的冲击。常规的理化监测能定量分析污染物中主要成分的含量，但不足以直接、全面地反映水污染状况及各种有毒物质对环境的综合影响。而生物监测可以综合多种有毒物质的相互作用，判定有毒物质的质量浓度和生物效应之间的直接关系，为水质的监测和综合评价提供科学依据，因而得到了迅速发展。它利用活体生物在水质变化或污染时的行为生态学改变，对多种有毒物响应并能做出综合评价，可作为先导进行预警，反映水质毒性变化。

生物毒性检测方法包括急性毒性试验（acute toxicity test）、慢性毒性试验（chronic toxicity test）和遗传毒性试验（genetic toxicity）。急性毒性试验是一种使受试生物群体在短时期（一般为 24 ~ 96h）内产生一定死亡数量或其他反应的毒性试验。其目的在于测试某种毒物或废水对某些水生生物的致死浓度范围，预测和预防毒物对受纳水体中生物的急性伤害。其毒性的强弱用半数致死浓度（LC50）表示，即该毒物在限定时间内使 50% 的受试生物个体死亡的浓度。慢性毒性试验指水生生物长时间（几个月至几年）暴露在低浓度毒物下所产生的可观察的生物效应。其目的是观察毒物与生物反应之间的关系，从而估算安全浓度或最大容许浓度（MATC）。遗传毒性试验主要研究生物体接触外源化学物质所产生 DNA 直接损伤或基因和染色体改变的效应，一般主要包括环境物质对生物体健康的致畸、致癌、致突变作用。

一、鱼类急性毒性试验

鱼类是水生食物链的重要环节，对水环境的变化十分敏感，当水体中有毒物质达到一定质量浓度时，就会引起一系列中毒反应。通过鱼类毒性试验可以评价受试物对水生生物可能产生的影响，以短期暴露效应表明受试物的毒害性，因此在人为控制的条件下所进行的各种鱼类毒性试验，不仅可用于化学品毒性测定、水体污染程度检测、废水及其处理效果检查，而且也可为制定水质标准、评价水环境质量和管理废水排放提供科学依据。在鱼类急性毒性试验中，受试鱼的选择很重要，其选择原则一般为对污染物敏感、在生态类群中有一定代表性、来源丰富、饲养方便、遗传稳定和生物学背景资料丰富的种类。目前，国际通用的急性毒性试验的标准用鱼是斑马鱼，国内常用的试验鱼有鲢鱼、鳙鱼、草鱼、青鱼、金鱼、鲤鱼、食蚊鱼、非洲鲫鱼、尼罗罗非鱼、马苏大马哈鱼、泥鳅和斑马鱼等。

试验用鱼在受试物水溶液中饲养一定的时间，以 96 h 为一个试验周期，每隔 24 h 记录试验用鱼的死亡率，确定鱼类半数致死浓度，用 24 h LC_{50}>48 h LC_{50}、72 h LC_{50} 或 96 h LC_{50} 来表示。具体试验方法可参照《环境监测技术规范》（生物监测）、国内标准 GB/T 13267–1991《水质物质对淡水鱼（斑马鱼）急性毒性测定方法》、GB/T 21814–2008《工业废水的试验方法鱼类急性毒性试验》和国际标准 ISO 7346。

目前采用的急性毒性试验方法有静态试验、半静态试验（换水试验）和动态试验（流水试验）。试验方法的选择主要取决于受试材料的性质和实验室的设备条件。如果条件具备，不论对何种毒物或废水都要尽可能地采用流水试验。

二、溞类活动抑制试验

溞类是淡水生物的重要类群，是水体中初级生产者（藻类）和消费者（鱼类）之间的中间环节，以溞类、真菌、碎屑物及溶解性有机物为食，对水体自净起着重要作用。溞类繁殖快、生命周期短、培养简便、对许多毒物敏感、产仔多且试验项目使用的参数在个体间相对恒定，可以为试验结果统计学处理提供方便，因此被选定为国际标准毒性测试生物。已广泛应用于评价化学污染物、工业废水等毒性的研究上。

溞类急性活动抑制试验是将幼溞（试验开始时溞龄小于 24h）以一定的浓度范围暴露于受试物溶液中 48h，相对于空白对照组，观察记录 24h 和 48h 受试物对溞类活动抑制情况。通过对结果分析，计算 48 h 的 EC_{50}。

大型溞是溞科中个体最大的种类，体长可达 6 mm，生殖量多，是毒性试验使用最广的一种。具体试验方法可参照国内标准 GB/T 16125-2012《大型溞急性毒性实验方法》、GB/T 21830-2008《化学品溞类急性活动抑制试验》和国际标准 ISO 6341。

三、藻类生长抑制试验

在水生生态系统及水生食物链中，藻类是水体中主要的初级生产者，在光的作用下它们吸收水中的无机营养盐类和二氧化碳，合成有机物，是水生态系统中物质循环和能量流动中的最基础环节。通过各种途径进入水体的污染物首先作用于藻类，对其产生危害，因此藻类是评价化学物质对水生生物的影响的主要环节之一。藻类对于许多毒物比鱼类、甲壳类更敏感，具有生长周期短、易于分离培养、可直接观察细胞水平上的中毒症状和可以得到化学物质对许多世代及种群水平影响等特点，是较为理想的毒性分析试验材料。

藻类生长抑制试验是在加有不同浓度毒物或废水的藻类培养液中，接种数量相等的处于指数生长期的淡水绿藻和（或）蓝藻，在藻类生长最适宜的环境条件下（如温度、光照等），定时（每隔24h）测定并记录藻类生长情况，试验周期为72 h。受试物的浓度不同，会对藻类生长产生不同程度的抑制。根据各浓度组和对照组的生长情况比较，计算抑制率，求出抑制一半藻类生长的毒物浓度，即半数有效浓度（EC_{50}），及其95%置信区间，并统计得出最低可观察效应浓度（LOEC）和（或）无可观察效应浓度（NOEC）。具体试验方法可参照国内标准 GB/T 21805-2008《化学品藻类生长抑制试验》、国际标准 ISO 8692 和 ISO 14442。

测定不同时间藻类的生物量，以量化藻类的生长和生长抑制。由于藻类干重难以测定，多使用其他参数替代，如细胞浓度、荧光性和光密度等。但应知晓所使用的替代参数与生物量之间的换算系数。

测定终点为生长抑制。可以试验期间平均比生长率或生物量的增加来表达。从一系列试验浓度下的平均比生长率或生长量可以获得致使藻类生长率或生长量受到 x% 抑制（如50%）的被试物质浓度，并表达为 E_rc_x 或 E_yC_x（如 E_rC_{50} 或 EyC_{50}）。

四、发光细菌的急性毒性试验

发光细菌是一类在正常的生理条件下能够发射可见荧光的细菌，因含有荧光素、荧光酶、ATP 等发光要素，该类细菌在有氧条件下通过细胞内生化反应而产生微弱荧光。当细胞活性升高，处于积极分裂状态时，其 ATP 含量高，发光强度增强。

发光细菌法是一种利用灵敏的光电测量系统测定毒物对发光细菌发光强度影响的方

法。发光细菌在毒物作用下，细胞活性下降，ATP含量水平下降，导致发光细菌的发光强度降低。研究表明，毒物浓度与发光细菌的发光强度呈线性负相关关系。毒物的毒性可以用EC50表示，即发光细菌的发光强度降低50%时毒物的浓度。因此，可以根据发光细菌的发光强度来判断毒物的毒性大小，用发光强度表征毒物所在环境的急性毒性。

发光细菌的发光机理的研究表明，不同种类发光细菌的发光机理相同，都是由特异性的荧光酶（LE）、还原态的黄素单核苷酸（FMNH2）、八碳以上长链脂肪醛（RCHO）、氧分子（O2）所参与的复杂反应，大致历程如下式所示：

$$FMNH_2 + LE \rightarrow FMNH_2 \cdot LE + O_2 \rightarrow LEFMNH_2 \cdot O_2 + RCH \rightarrow LEFMNH_2 \cdot O_2 \cdot RCHO \rightarrow LE + FMN + H_2O + RCOOH + 光$$

有毒物质主要通过两个途径来抑制细菌发光，其一为直接抑制参与发光反应的酶活性，其二为抑制细胞内与发光反应有关的代谢过程。凡能够干扰或破坏发光细菌呼吸、生长、新陈代谢等生理过程的任何有毒物质都可以根据发光强度的变化来测定，主要的敏感毒物为有机污染物和重金属类。

发光细菌法因其简便、快速、灵敏且成本较低而日益受到关注，并于1998年列入德国国家标准（DIN 38412）和国际标准（ISO 11348），我国也于1995年将其列为水质急性毒性检测的标准方法（GB/T 15441–1995《水质急性毒性的测定——发光菌法》）。该方法采用海水发光细菌——明亮发光杆菌（Photobacterium phosphoreum T3），即费氏弧菌（Vibrio fischeri T3）进行检测。但是，发光细菌法具有发光强度本底值差异较大、检测期间发光变化幅度宽的问题，且由于该菌需要2%的NaCl维持其正常发光生理状态，对物质毒性会造成一定程度的干扰。1985年，我国学者分离得到一种兼性厌氧的淡水型发光菌——青海弧菌（Vibrio qinghaiensis sp.nov），其典型菌株为Q67。该菌生长时对环境NaCl浓度要求低，pH耐受范围广，且检测金属毒物与海洋发光菌相比具有较高的灵敏度，因此越来越多地受到重视。该方法可参照《水和废水监测分析方法（第四版）》。

五、种子发芽和根伸长的毒性试验

种子的萌发和生根对于植物具有重要意义，该过程是一个非常活跃的植物胚胎生长发育过程，更是一个多种酶参与的生理生化变化过程。当种子暴露于污染物或有害环境中时，发芽和根伸长常受到抑制，表现为发芽率低、根长短。

种子发芽和根伸长的毒性试验即根据上述特点，将种子放在含一定浓度受试物的基质中，使其萌发。当对照组种子发芽率达65%以上，根长（即从胚轴和根之间的转换点到根尖末端）达20 mm时，结束试验，并测定种子的发芽率和根伸长抑制率。最终评价受试物对植物胚胎发育的影响。具体试验方法可参照《水和废水监测分析方法（第四版）》和我国环境保护行业标准 HJ/T153-2004《化学品测试导则》299 种子发芽和根伸长毒性试验。

六、植物微核试验

微核（micronuclei）是真核类生物细胞中的一种异常结构，往往是细胞经辐射或化学药物的作用而产生的。微核是在间期细胞时能观察到的染色体畸变遗留产物。微核试验（Micronuclei Test）是一种快速、简便的检测环境诱变物的方法，可用来检测水体环境诱变物，为环境监测提供细胞学方面的依据。

1. 紫露草微核试验

紫露草（Tardescantia paludosa）又名沼泽紫露草，为鸭跖草科（Commelinaceae）、紫鸭跖草属（Tradescantia）多年生草本植物。紫露草是现在所知的对辐射和诱变剂反应最敏感的植物之一，处在减数分裂过程中的花粉母细胞尤为明显。在花粉母细胞减数分裂的早期，如果受到诱变因子的作用，可能会发生染色体断裂，产生染色体片段。这些染色体片段有的可能重新愈合、恢复正常，有的则由于缺少着丝点、不能受纺锤丝牵引移动到细胞两级，从而游离在细胞质中，当新细胞形成时，这些片段就会形成大小不等的微核，分布在主核的周围。形成的微核越多，说明环境中的诱变物越强，所以可以根据微核率的高低说明环境污染程度。

紫露草微核试验中常选用的品种是 Tradescantia paludosa 三号，因为此品种的本底微核率比较低（一般为 5% ~ 9%），植物体比较小，同时很容易用无性繁殖法大量繁殖。具体试验方法可参照《环境监测技术规范》（生物监测）和《水和废水监测分析方法（第四版）》。

2. 蚕豆根尖微核试验

蚕豆（Vicia faba）根尖细胞在进行有丝分裂时，染色体复制的过程中常发生断裂，断裂下来的片段在正常情况下能自行复位愈合，如果此时受到外源性诱变剂或物理诱变因素的作用，会诱导细胞内染色体发生畸变，阻碍染色体的愈合，影响纺锤丝和中心粒而产生微核，其直径大小多为主核的二十分之一至五分之一。物理或化学因素诱发微核的剂量与效应关系，以及微核率与染色体畸变间的相关关系非常显著，所以微核技术代替了染色体畸变分析用于环境监测中。由于产生的微核数量与外界诱变因子的强弱成正比，所以可用微核出现的百分率来评价环境诱变因子对生物遗传物质影响的程度。

松滋青皮豆是筛选出的较为敏感的品种，具体蚕豆根尖微核试验方法可参照《环境监测技术规范》（生物监测）和《水和废水监测分析方法（第四版）》。

七、细菌回复突变试验

1. 鼠伤寒沙门氏菌法（Ames 试验）

美国科学家 Dr.Bruce Ames 等于 1975 年建立并不断发展完善的鼠伤寒沙门氏菌回复突变试验（Ames 试验）已被世界各国广为采用。Ames 试验是以微生物为指示生物的遗传毒理学体外试验，遗传学终点是基因突变，用于检测受试物能否引起鼠伤寒沙门氏菌（Salmonella typhimurium）基因组碱基置换或移码突变。该法比较快速、简单、敏感、经济，且适用于测试混合物，反映多种污染物的综合效应。

鼠伤寒沙门氏菌的野生型菌株（his⁺）因其自身能合成组氨酸，从而在不另加组氨酸的基本培养基中生长良好。发生突变后，菌株的组氨酸基因失活，在不另加组氨酸的培养基中不能生长，因此，把这种突变菌株称为组氨酸营养缺陷型菌株（his⁻）。鼠伤寒沙门氏菌的标准试验菌株即为这种组氨酸缺陷突变型菌株（his⁻）。该菌株能自发地回复突变成野生型菌株（his⁺），但在自然条件下，自发回复突变的频率是相当低的，诱变剂能大大提高回复突变频率。因此，可根据在无组氨酸的培养基上生成的菌落数量来衡量该物质的致突变能力。

一些诱变剂必须在动物体内代谢活化后才有诱变作用。对于这种间接诱变剂，可用经多氯联苯（PGB）诱导的大鼠匀浆制备的 S-9 混合液（其中含有细胞色素 P450 等微粒体酶系）作为代谢活化系统。因此，Ames 试验又称鼠伤寒沙门氏菌 / 哺乳动物微粒体酶试验。

具体试验方法可参照国内标准 GB 15193.4–2003《鼠伤寒沙门氏菌 / 哺乳动物微粒体酶试验》和国际标准 ISO 16240；2005。

2.Ames 试验的发光测定法（工程菌法）

Ames 试验有一些缺点，如假阳性高、操作烦琐、须用人工操作进行平皿计数因而费时费力等，故多年来不断有人提出改进方法。Ames 试验的发光测定法是将发光细菌的荧光酶基因（lux gene）转入 Ames 试验用的鼠伤寒沙门氏菌（his–）各个菌株中，使它们获得合成细菌荧光酶的能力，从而像发光细菌那样也产生蓝绿色荧光。另外，因其细胞内尚缺少发光底物脂肪醛，所以须人为加入脂肪醛后才可产生发光反应。

已知发光强度与细菌数量呈线性关系，细菌数量越多则发光越强。发光的强度可以用发光仪检测。由于鼠伤寒沙门氏菌的各个菌株（his）必须发生回复突变方能生长，故回复突变的菌越多，则发光越强，因此，可以用来估测回复突变的数量。具体试验方法可参照《水和废水监测分析方法（第四版）》。

由于发光仪有足够的灵敏度，对微小的发光变化均可检测出来，因此本方法的灵敏度较好。与通常的 Ames 试验相比，由于不用平皿菌落计数，而是对发光强度进行检测，所以操作要简单得多，而且获得结果的时间也较快。

八、姐妹染色单体交换试验

姐妹染色单体交换（SCE）是 20 世纪 70 年代发展的新技术，是化学毒物引起的一种细胞遗传损伤。细胞在胸腺嘧啶核苷类似物 5- 溴脱氧尿苷（BrdU）或 5- 碘脱氧尿苷存在的条件下，经过两个复制周期，BrdU 掺入到一条染色单体的 DNA 单链和另一条染色单体的双链，经分化染色，前者为深色，后者为浅色。两条染色单体在同源位点上发生片段性交换，称之为姐妹染色单体交换。

SCE 可以看成是染色体同源位点上 DNA 复制产物的互相交换，与 DNA 断裂、复制有关。SCE 频率可反映细胞在 DNA 合成期的受损程度，作为一个灵敏的遗传毒理学检测指标，已经得到广泛应用。具体试验方法可参照《水和废水监测分析方法（第四版）》。

结　语

目前我国水资源污染严重，水资源缺乏，地面水污染、地表水严重超采以及用水浪费等问题，考验着我国河流水资源的可持续供给和社会经济的可持续发展。水环境的科学管理是保证优良水质的重要措施，它关系到人类的生存、社会的稳定和生态的平衡，资源水环境管理的基础和关键是污染源的管理、污染物的迁移扩散规律和对污染事故的应急管理。因此如何实现河流水质水文监测，提高水质水文监测信息数据传输与处理分析的效率和水质污染事故的预警能力，是水质水文监测工作中的重点工作。

随着当前科技的不断进步和快速发展，各个大型工厂和设备制造业都积极投入到生产运营中，为了谋求自身的经济效益不惜破坏自然和生态环境，水资源大量短缺和环境污染的现象越来越严重。这不仅是当前社会生态环境的现象，也是一个需要引起全人类高度重视的社会问题。相关的科学研究部门都知道，水资源的严重短缺以及对水环境的严重污染，不仅困扰着国计民生，阻碍了全社会对水资源的有效开发，更是对我国社会主义经济的健康发展和经济社会的持续进步带来极大的制约。

水环境污染严重导致资源短缺，它影响了我们的生活，而水环境监测在我国水资源的利用方面有着很重要的作用，我们应该加强对水环境监测，不断解决存在的问题，从而促进我国水资源的合理利用以及水环境优化治理。

参考文献

[1]Zheenbek E. Kulenbekov,Baktyiar D. Asanov. Water Resource Management in Central Asia and Afghanistan[M].:2021-05-14.

[2]Girish Chadha,Ashwin B. Pandya. Water Governance and Management in India[M].:2021-05-08.

[3]Pankaj Kumar Roy,Malabika Biswas Roy,Supriya Pal. Advances in Water Resources Management for Sustainable Use[M].:2021-04-28.

[4] 张芳 . 水资源管理中的水质监测与服务分析 [J]. 农业科技与信息 ,2021(07):25+33.

[5]Ramesh Teegavarapu,Chandramouli V. Chandramouli. Dynamic Simulation and Virtual Reality in Hydrology and Water Resources Management[M].CRC Press:2021-03-18.

[6]章雨乾,章树安.水资源与水文监测主要差异分析研究[J].水利信息化,2021(01):67-70.

[7]杨四海,高坤.水资源取用水监测系统的分析与设计[J].现代盐化工,2021,48(01):80-81.

[8] 贾梦 . 水文与水资源管理在水利工程中的应用研究 [J]. 四川水泥 ,2021(01):139-140.

[9] 刘刚 . 遥感技术在资源环境监测中的应用探讨 [J]. 环境与发展 ,2020,32(09):102-103.

[10] 侯晓芬 , 张光磊 . 遥感技术在资源调查及环境监测中的运用探讨 [J]. 科技创新与应用 ,2020(30):171-172.

[11] 李勇 , 韩征 , 李敏 . 城市地质资源环境承载力监测预警平台建设思路及关键技术 [J]. 城市地质 ,2020,15(03):239-245.

[12] 王铭铭 . 水资源取水监测远程故障诊断技术研究——以安徽省为例 [J]. 中国水利 ,2020(05):29-31+39.

[13] 王铭铭 . 水资源取水监测体系故障监测与运维管理技术探讨 [J]. 中国农村水利水电 ,2020(01):97-99+105.

[14] 刘文 . 水文水资源监测现状及应对措施的思考 [J]. 中国水运 (下半月),2019,19(10):176-177.

[15] 陈培杰 . 水资源监测中物联网技术的应用研究 [J]. 科技风 ,2019(24):104.

[16] 李玲玲 . 遥感技术在水资源监测中的应用探讨 [J]. 科学技术创新 ,2019(19):52-53.

[17] 马丽娜 . 水资源开发利用及水文水资源监测分析 [J]. 能源与节能 ,2019(06):88-89.

[18] 牛宇波 . 水环境监测工作现状问题及对策 [J]. 内蒙古水利 ,2019(04):26-27.

[19]张群智,黄侃.水文水资源监测现状及应对措施的思考[J].节能与环保,2019(02):34-35.

[20] 田质胜 , 赵芳 , 张晨 , 唐克银 . 水资源监测信息化与数字经济发展 [J]. 信息技术与

信息化 ,2018(12):142–145.

[21] 严洋 , 蔡紫昊 . 地下水环境监测技术探究 [J]. 环境与发展 ,2018,30(09):158+160.

[22] 王茹 , 邵莉 . 环境检测中地表水监测的现状分析及发展 [J]. 资源节约与环保 ,2018(09):52.

[23] 李斌杰 . 我国水文水资源领域技术需求分析及推广应用 [J]. 内蒙古水利 ,2017(10):57–58.

[24] 尤玉明 . 水资源监测技术的要点以及应用分析 [J]. 中国资源综合利用 ,2017,35(10):100–102.

[25] 吴琼 , 梅军亚 , 杜耀东 , 元浩 . 长江流域水资源监测实践及认识 [J]. 人民长江 ,2017,48(19):12–15+20.

[26] 邓磊 . 水资源监测与管理分析讨论 [J]. 化工设计通讯 ,2017,43(09):220+258.

[27] 朱金峰 , 章树安 , 戴宁 , 杨丹 , 丁瑶 . 地下水水资源量监测分析技术应用探讨 [J]. 水文 ,2017,37(03):58–62.

[28] 刘平 . 水资源监测技术的要点 [J]. 中国资源综合利用 ,2017,35(04):33–34.

[29] 徐剑秋 , 卞俊杰 . 加强水环境监测 为长江大保护提供技术支撑 [J]. 水利水电快报 ,2016,37(11):1–2.

[30] 张兵 , 黄文江 , 张浩 , 倪丽 . 地球资源环境动态监测技术的现状与未来 [J]. 遥感学报 ,2016,20(06):1470–1478.

[31] 苏琴 . 环境水质分析监测技术与监测数据处理 [J]. 能源与节能 ,2016(08):105–106.

[32] 程燕 . 简述环境监测与治理技术 [J]. 科技与企业 ,2014(16):366.

[33] 王晶 . 关于水质监测工作中存在的技术问题探讨 [J]. 建设科技 ,2013(19):90–91.

[34] 吴应春 . 关于水质监测工作中存在的技术问题探讨 [J]. 中国新技术新产品 ,2012(09):208.

[35] 张树山 . 水质自动监测系统在水环境中的技术应用 [J]. 中国新技术新产品 ,2012(08):197.

[36] 杨中华 , 庞海 . 我国资源环境监测中遥感技术应用现状及展望 [J]. 中外企业家 ,2009(12):164–165.

[37] 伍开宝 . 水环境监测的质量控制体系与保障措施 [J]. 化学工程与装备 ,2008(05):122–124+115.

[38] 张增祥 . 我国资源环境遥感监测技术及其进展 [J]. 中国水利 ,2004(11):52–54+5.

[39] 李红清 . 遥感技术在水环境保护中的应用初探 [J]. 水利水电快报 ,2003(03):24–25.

[40] 冯筠 , 黄新宇 . 遥感技术在资源环境监测中的作用及发展趋势 [J]. 遥感技术与应用 ,1999(04):59–70.

[41]Paul van Hofwegen,Frank G.W. Jaspers. Analytical Framework for Integrated Water Resources Management:IHE monographs 2[M].CRC Press:2020–08–26.

[42]M.M. Sherif,V.P. Singh,M. Al Rashed. Hydrology and Water Resources:Volume 5-Additional Volume International Conference on Water Resources Management in Arid Regions, 23–27 March 2002, Kuwait[M].CRC Press:2020–08–19.

[43] 李大军. 环境监测技术的应用现状及发展趋势 [J]. 当代化工研究 ,2019(04):13–14.

[44] 孙玉红. 环境监测技术在生态环境保护中的应用分析 [J]. 科学技术创新 ,2018(34):36–37.

[45] 房田甜. 中国水能利用还不足 [N]. 21 世纪经济报道 ,2011–03–15(T02).